テキスト 理系の数学 8

曲面 幾何学基礎講義

古畑 仁 著

泉屋周一・上江洌達也・小池茂昭・徳永浩雄 編

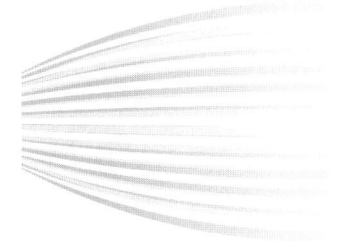

数学書房

編集

泉屋周一
北海道大学

上江洲達也
奈良女子大学

小池茂昭
東北大学

徳永浩雄
首都大学東京

シリーズ刊行にあたって

　数学は数千年の歴史を持つ大変古くから存在する分野です．その起源は，人類が物を数え始めたころにさかのぼると考えることもできますが，学問としての数学が確立したのは，ギリシャ時代の幾何学の公理化以後であると言えます．いわゆるユークリッド幾何学は現在でも決して古ぼけた学問ではありません．実に二千年以上も前の結果が，現在のさまざまな科学技術に適用されていることは驚くべきことです．ましてや，17 世紀のニュートンの微積分発見後の数学の発展とその応用の広がり具合は目を見張るものがあります．そして，現在でも急速に進展しています．

　一方，数学は誰に対しても平等な結果とその抽象性がもたらす汎用性により大変自由で豊かな分野です．その影響は科学技術のみにとどまらず人類の社会生活や世界観の本質的な変革をもたらしてきました．たとえば，IT 技術は数学の本質的な寄与なしには発展しえないものであり，その現代社会への影響は絶大なものがあります．また，数学を通した物理学の発展はルネッサンス期の地動説，その後の非ユークリッド幾何学，相対性理論や量子力学などにより，空間概念や物質概念の本質的な変革をもたらし，それぞれの時代に人類の生活空間の拡大や技術革新を引き起こしました．

　本シリーズは，21 世紀の大学の理系学部における数学の標準的なテキストを編纂する目的で企画されました．理系学部と言っても，学部の名称が多様化した現在では理学部，工学部を中心にさまざまな教育課程があります．本シリーズは，それらのすべての学部で必要とされる大学 1 年目向けの数学を共通基盤として，2 年目以降に理系学部の専門課程で共通に必要だと思われる数学，さらには数学や物理等の理論系学科で必要とされる内容までを網羅したシリーズとして企画されています．執筆者もその点を考慮して，数学者ばかりではなく，物理学者の方たちにもお願いしました．

　読者のみなさんには，このシリーズを通して，現代の標準的な数学の理解のみならず数学の壮大な歴史とロマンに思いを馳せていただければ，編集者一同望外の幸せであります．

2010 年 1 月　　　　　　　　　　　　　　　　　　　　　　　　　　　編者

まえがき

　目に見える曲線や曲面の形をどのように記述し調べることができるだろうか．この素朴かつ深遠なテーマは，今日に至るまで幾何学の故郷として絶えることなく研究が続けられている．本書は，オイラー (Leonhardt Euler, 1707-1783) やガウス (Johann Carl Friedrich Gauß, 1777-1855, ここでは Gauss と綴る) といった輝かしい数学の巨人たちの成果を紹介し，現代幾何学を学ぶための基礎を習得するための教科書として書かれた．やさしい微分幾何学および位相幾何学 (トポロジー) の解説になるように努めたつもりである．

　本来ならここで微分幾何学，位相幾何学がどんな学問かを説明しなくてはならないかもしれない．ここではその代わりにこんな問いを発してみよう．我々のいる宇宙はどんな形をしているか．空間に対して形という言葉を使うことは，日常的な感覚とは相容れないかもしれないが，もしも我々の宇宙を外から眺めることができたなら，この問いに答えることができるかもしれないという気がする．こんな思考実験をしてみよう．曲面を思い描く．我々の宇宙がこの曲面で，我々はそこに住み，その曲面を全世界としている．超越的なるものだけが，曲面を外側から見てその形を理解できる．はたして曲面の形は我々にはわからないだろうか．それにそもそも形とはなんだろう．

　この問いに答えるためにはつぎのような方針がとれるだろう．第 1 段階として，超越的なるものの立場で形をどう記述すべきか検討する．形は定性的にも定量的にも計測されなければならない．第 2 段階として，我々には感知できない外側を考えず，内なる世界の中で完結した幾何学を整備する．もしも世界が歪んでいれば，それは我々の感覚とは異なる新しい幾何学となるかもしれない．第 3 段階として，第 2 段階で定めた「内部の幾何学」と第 1 段階で定めた「外から見た形」の概念との関係を調査する．

　本書を読めば問いへの答えがすぐにわかる，というわけではない．しかし問題は明確に定式化され，それに対して先人が与えた解答を古典的な定理として知ることになるだろう．それはさらなる課題を生み，然して読者は幾何学 ── 形の探究へと巻き込まれる．

曲線と曲面の微分幾何学についても位相幾何学についても，すでに多くの教科書が出版されているので，あらたにこのような本を送り出す機会を与えられてもじつは躊躇せざるを得なかった．しかしながら，現在の実際の大学生の顔を見て行った講義の記録としてなら幾分価値のあることと思うし，他書にはあまり取り上げられない話題があれば手に取っていただける可能性もあると思い，執筆を開始した次第である．

　本書の主要部は，北海道大学において 2009 年度に開講した講義「幾何学基礎」で毎回の講義時に配布した資料をもとにしている．2012 年度に再び担当する機会に改訂が加えられた．「幾何学基礎」は，2008 年度からの新設科目で，数学専攻のおもに 3 年生を対象としている．前期に 90 分を週 2 回，15 週にわたって開講される．本編は 1 章が 1 回分の講義に相当している．実際に講義中に十分時間が割けない部分 (で練習以外の項目) には * 印をつけた．24 回分しかないのは，演習や試験に 6 回が充てられたからである．受講生は，入学以来 2 年間にわたる微分積分学と線型代数学，半期の微分方程式論と位相数学の講義を受けていることを期待されている．ということなら，かなり本格的な「幾何学基礎」になりうるかもしれないが，実際は，1 年次で学ぶ微分積分学と線型代数学からなるべく滑らかに接続するように心がけたつもりである．この「幾何学基礎」に引き続き，後期には，多様体論とホモロジー論の科目が用意されている．可微分多様体やホモロジーの概念は，現代数学を学ぶ土台といってもよい非常に重要なものである．多くの学生にうまくそちらに進んでもらえるように願いつつ題材を選んだ．

　本書の一つの目標は，曲線や曲面の曲がり方を記述する量を具体的に計算できるようになることにある．計算できるものは計算せよ．計算できないものは計算ができるようにせよ．単純な計算でも，コンピュータでもできるからといって，この楽しみを放棄するのはもったいない．講義でもそうしたように簡単な計算はなるべく省略せずに書いたつもりである．

　さらに，いわゆる閉曲面の分類を題材に位相幾何学という分野の雰囲気を紹介する．ガウス・ボンネの定理は他書と同様，本書でもその中心に位置するだろう．19 世紀末から 20 世紀前半の大域的な微分幾何学の結果もいくつか紹介した．多様体論へという配慮から，「曲線」や「曲面」の定義は若干工夫してあ

る．また，曲面を局所的にあつかうときに通常「曲面片」という用語を用いるが，ここでは「座標曲面」なる語をあてている．

　クライン (Felix Christian Klein, 1849-1925) は，空間とその変換群が与えられたとき，その変換で不変な図形の性質を研究する学問が幾何学であると定式化して見せた．なじみのあるユークリッド幾何学として曲線や曲面を調べてきた本編に対して，付録 A は，曲線や曲面をベクトル空間内の図形として取り扱う．正則線型変換によって図形が大きくゆがむ様子を想像できると思うが，そのような変換で不変な曲線や曲面の性質をどのように調べるかを解説する．さらに，ベクトル空間内の曲面の微分幾何学では，クリストッフェル記号とよばれる関数の組が曲面の形のすべての情報をもっていることが明らかになるだろう．

　行列がたとえば線型変換の一つの表示と理解できることと同じように，このクリストッフェル記号は接続とよばれるものの一つの表示と理解できる．付録 B は，接続の定義を与えるとともに微分幾何学とくに部分多様体論の最先端の講演や論文がある程度理解できるように，記号や用語を準備することを目標とした．

　この付録 A, B は，2010 年度北海道大学でおこなった講義「幾何学続論」(おもに 4 年生向け) および 2008 年度北海道教育大学札幌校でおこなった集中講義 (おもに 2 年生向け) の内容の一部である．

　現在，多くの大学では幾何学入門コースとして，15 回分の曲線論曲面論を提供している．本書をそのテキストとする場合は，

　　　　第 1 章から第 5 章，第 8 章から第 11 章，第 14 章から第 16 章

の 12 回分を用いることができる．その場合は，ガウスをしてエレガントな定理と言わしめた定理 16.2 がよい目標になるだろう．また，第 17 章から第 20 章までは位相幾何学入門として独立して読むことができる．ここで雰囲気をつかんでから，代数学の準備を整えて本格的な位相幾何学の教科書へ進むことも薦められる．

　本書の練習問題には，たんなる計算問題から本文では扱えなかった定理までいろいろなものが混ざっている．読者は，練習が自力で解けないからといって

気にする必要はないし，はじめて読むときに全部に時間をかけて取り組む必要もないだろう．ただし，問題文には目を通して，いくつかを選んで挑戦してみてほしい．あとで用いることになる練習には ◇ 印をつけた．数学を学ぶときに大切なことは，典型的な例を自分のものにすることである．定義と例は異体同心，定理の証明はとばしても例はとばしてほしくない．

　最後に，本書の執筆を薦めてくださった泉屋周一氏，数学書房の横山伸氏に感謝の意を表したい．泉屋先生には原稿に目を通していただき，誤りをいくつか指摘して頂いた．つぎの諸氏からも多くの有益なコメントを頂戴した (順不同，敬称略)．剱持勝衛，浦川肇，西川青季，長谷川和泉，小野薫，藤岡敦．いつもお世話になっているこれらの先生方のご協力なくして本書は完成しなかっただろう．ここに深く感謝したい．上でも述べたとおり，本書は一種の講義録である．実際に講義を聞いてくれた学生諸君にもお礼を申し上げる．この講義が彼らにとって広い意味で有益であったこと，そしてそれが読者にもあてはまることを願いつつ．

2012 年 12 月　札幌にて
著者

目 次

第 1 章　曲線のパラメータ表示　　　　　　　　　　　　　　1
第 2 章　Frenet-Serret の公式　　　　　　　　　　　　　　10
第 3 章　Euclid 変換　　　　　　　　　　　　　　　　　　20
第 4 章　曲線論の基本定理　　　　　　　　　　　　　　　27
第 5 章　平面曲線としての曲率　　　　　　　　　　　　　32
第 6 章　閉曲線　　　　　　　　　　　　　　　　　　　　39
第 7 章　閉曲線の曲率の積分　　　　　　　　　　　　　　53
第 8 章　曲面のパラメータ表示　　　　　　　　　　　　　62
第 9 章　座標曲面の接平面　　　　　　　　　　　　　　　69
第 10 章　座標曲面の第 1 基本量　　　　　　　　　　　　74
第 11 章　座標曲面の第 2 基本量　　　　　　　　　　　　84
第 12 章　曲面論の基本定理 (1)　　　　　　　　　　　　91
第 13 章　曲面論の基本定理 (2)　　　　　　　　　　　　96
第 14 章　座標曲面の Gauss 曲率　　　　　　　　　　　103
第 15 章　座標曲面の測地線　　　　　　　　　　　　　114
第 16 章　座標曲面の Gauss 曲率の積分　　　　　　　　124
第 17 章　位相多様体　　　　　　　　　　　　　　　　132
第 18 章　射影平面と商位相　　　　　　　　　　　　　139
第 19 章　標準曲面と連結和　　　　　　　　　　　　　147
第 20 章　多面体と Euler 標数　　　　　　　　　　　　155
第 21 章　曲面のパラメータ変換　　　　　　　　　　　164
第 22 章　曲面の基本形式　　　　　　　　　　　　　　174
第 23 章　正規閉曲面と Gauss-Bonnet の定理　　　　　180

第 24 章　Riemann 多様体とその実現	186
付録 A　中心アファイン微分幾何学	191
付録 B　Euclid 空間内の超曲面論	209
あとがき——参考文献と練習のヒント	224
索　引	241

■ **章相関図**

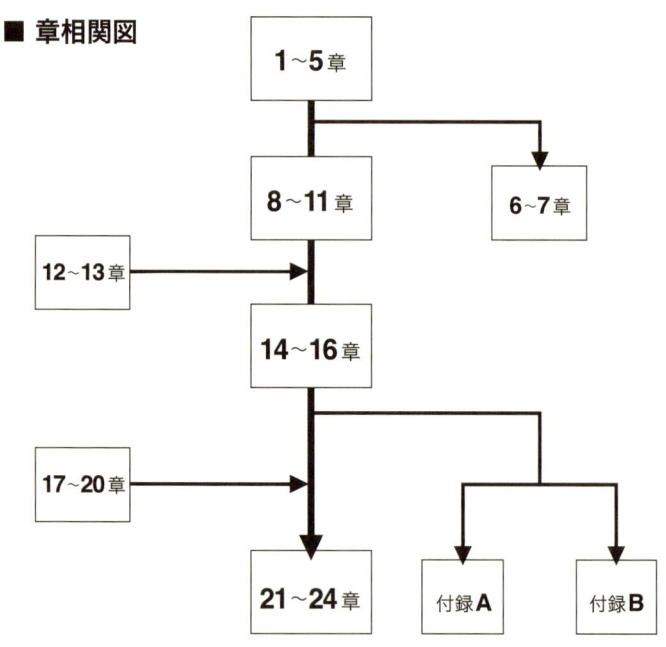

第1章

曲線のパラメータ表示

この講義を通して，実数全体を $\mathbb{R}$ とあらわす．$t \in \mathbb{R}$ と書いたら，t は実数であるということを示している．我々がなじんでいる縦，横，高さの世界を3つの実数の組

$$\mathbb{R}^3 = \left\{ x = \begin{bmatrix} x^1 \\ x^2 \\ x^3 \end{bmatrix} \middle| \, x^1, x^2, x^3 \in \mathbb{R} \right\}$$

と考えて，この中の図形，とくに曲線や曲面をどのように調べるかを紹介するのがこの講義の目標である．「世界」を $\mathbb{R}^3$ と理解するのがよいかは反省と深い考察が必要だが，もう少し後で取り組むべき問題だろう．

ここではまず，記号に関する注意をしておく．読者の多くは xyz 空間，x 軸，y 軸，z 軸，x 座標，y 座標，z 座標というような言葉になじんでいると思うが，ここでは，かわりに $x^1 x^2 x^3$ 空間，x^1 軸，x^2 軸，x^3 軸，x^1 座標，x^2 座標，x^3 座標という言葉を使うことにする．さらに，添字は下につけるのではなく，x^i のように上につけていることにも注意が必要である．x^2 を x の2乗と混乱してはいけない．当初は面倒かもしれないが，$\mathbb{R}^2$ と $\mathbb{R}^3$ のことを同時に書いたり，将来一般の $\mathbb{R}^n$ の場合について調べるときにも役に立つ．また，上のように $x \in \mathbb{R}^3$ という書き方をして，x を太くしたり矢印をつけないことにした．したがって，当然のことではあるが，たとえば x が何をあらわしているか，どんな集合の元なのかを，つねに注意している必要がある．

記号 1.1 ベクトル $u = \begin{bmatrix} u^1 \\ u^2 \\ u^3 \end{bmatrix}, v = \begin{bmatrix} v^1 \\ v^2 \\ v^3 \end{bmatrix} \in \mathbb{R}^3$ に対して，

$$\langle u, v \rangle := {}^t uv = \sum_{i=1}^{3} u^i v^i,$$
$$|u| := \langle u, u \rangle^{1/2}$$

と定める. □

記号 := はコロン側の記号を反対側で定義することを意味する. 以後, 頻繁に用いられるだろう. 記号 ${}^t\cdot$ は行列の転置をあらわしている.

実数 $\langle x, y \rangle$ は 2 つの $\mathbb{R}^3$ の元に対して定まっているから, $\langle \cdot, \cdot \rangle$ は, $\mathbb{R}^3 \times \mathbb{R}^3$ から $\mathbb{R}$ への写像と理解できる ($\mathbb{R}^3 \times \mathbb{R}^3$ は $\mathbb{R}^3$ と $\mathbb{R}^3$ の直積集合をあらわしていた). 写像 $\langle \cdot, \cdot \rangle : \mathbb{R}^3 \times \mathbb{R}^3 \to \mathbb{R}$ を **Euclid 内積**, 写像 $|\cdot| : \mathbb{R}^3 \to \mathbb{R}$ を **Euclid ノルム**とよぶ.

記号 1.1 は, なじみのある内積という言葉を復習して, Euclid(ean) という形容詞をつけたに過ぎない. しかし, この形容詞をつけたという作業は, 形容詞をつけない内積という概念があるということ, あるいは別の形容詞をつけられる内積という概念があるということを示唆するだろう.

これらの記号を使うと, たとえば, 原点を中心とする半径 $r(>0)$ の球面は $S^2(r) := \{x \in \mathbb{R}^3 \mid |x| = r\}$ とあらわせる.

$$S^n(r) := \{x \in \mathbb{R}^{n+1} \mid |x| = r\}$$

とかき, 単位球 $S^2(1)$, 単位円 $S^1(1)$ はこれからたびたび登場することになる.

さて, 今回からしばらくのあいだ, $x^1 x^2 x^3$ 空間内の滑らかな点の動きを微分積分学を用いて考察する. そのためにベクトル値関数の微分法を確認しておこう.

$I \subset \mathbb{R}$ を区間とする. 写像 $\varphi : I \to \mathbb{R}^3$ は, I で定義された 3 つの関数 $\varphi^1, \varphi^2, \varphi^3$ を用いて, $\varphi(t) = \begin{bmatrix} \varphi^1(t) \\ \varphi^2(t) \\ \varphi^3(t) \end{bmatrix}$ とあらわされる. 各成分の関数 φ^i が C^r 関数であるとき, φ を C^r 写像とよぶ. $r = 0, 1, \ldots, \infty$ とし, $r = 0$ のときは連続写像をあらわす. $r = \infty$ は, 任意の階数 r に対して, φ が C^r 写像

であることを意味する．ここでは，微分の階数がきわどく関わるような現象は扱わないので，$r = \infty$ として議論することが多い．

記号 1.2　C^∞ 写像 $\varphi : I \to \mathbb{R}^3$ に対して，$\dfrac{d\varphi}{dt} : I \to \mathbb{R}^3$ は

$$\frac{d\varphi}{dt}(t) := \begin{bmatrix} \dfrac{d\varphi^1}{dt}(t) \\ \dfrac{d\varphi^2}{dt}(t) \\ \dfrac{d\varphi^3}{dt}(t) \end{bmatrix}$$

を意味する．これを φ の t における速度ベクトルとよぶ．　　□

たとえば，I が閉区間 $[a,b]$ のとき，φ^i が $[a,b]$ で微分可能な関数であるとは，正数 ε と開区間 $(a-\varepsilon, b+\varepsilon)$ 上で微分可能な関数 $\widetilde{\varphi^i}$ が存在して，$\widetilde{\varphi^i}(t) = \varphi^i(t)$ が任意の $t \in [a,b]$ でなりたつことを意味していたことに注意する．

また，成分が実数の $n \times n$ 行列全体のなす集合を $M_n(\mathbb{R})$ とかくこととし，$\varphi : I \to M_n(\mathbb{R})$ に対しても，同様に C^r 写像という概念を定め，微分の記号 $\dfrac{d}{dt}$ を用いる．積分についても，同じアイディアで記号を用いることにする．

1 変数関数の微分法の復習として，すぐにわかる公式をいくつか書いておこう．

命題 1.3　2 つの C^∞ 写像 $\varphi, \psi : I \to \mathbb{R}^3$ と I 上の C^∞ 関数 f について，つぎがなりたつ．

(1)　$f\varphi : I \ni t \mapsto f(t)\varphi(t) \in \mathbb{R}^3$ は C^∞ 写像となり，

$$\frac{d}{dt}(f\varphi)(t) = \frac{df}{dt}(t)\varphi(t) + f(t)\frac{d\varphi}{dt}(t).$$

(2)　$\langle \varphi, \psi \rangle : I \ni t \mapsto \langle \varphi(t), \psi(t) \rangle \in \mathbb{R}$ は C^∞ 関数となり，

$$\frac{d}{dt}\langle \varphi, \psi \rangle(t) = \langle \frac{d\varphi}{dt}(t), \psi(t) \rangle + \langle \varphi(t), \frac{d\psi}{dt}(t) \rangle.$$

(2) の証明　1 変数関数の積の微分の公式より，

$$\frac{d}{dt}\langle \varphi, \psi \rangle(t) = \frac{d}{dt} \sum_{i=1}^{3} \varphi^i(t)\psi^i(t)$$
$$= \sum_{i=1}^{3} \left\{ \frac{d\varphi^i}{dt}(t)\psi^i(t) + \varphi^i(t)\frac{d\psi^i}{dt}(t) \right\}$$
$$= \langle \frac{d\varphi}{dt}(t), \psi(t) \rangle + \langle \varphi(t), \frac{d\psi}{dt}(t) \rangle$$

を得る. □

$I, \widetilde{I} \subset \mathbb{R}$ を区間とし, $\xi : I \to \widetilde{I}$ を C^∞ 写像とする. C^∞ 写像 $\widetilde{\varphi} : \widetilde{I} \to \mathbb{R}^3$ との合成写像を

$$\varphi := \widetilde{\varphi} \circ \xi : I \ni s \mapsto \widetilde{\varphi}(\xi(s)) \in \mathbb{R}^3$$

とおく. このとき, $\varphi : I \to \mathbb{R}^3$ は C^∞ 写像になる. 1 変数関数の合成関数の微分の公式より, つぎがわかる.

$$\frac{d\varphi}{ds}(s) = \frac{d(\widetilde{\varphi} \circ \xi)}{ds}(s) = \frac{d\widetilde{\varphi}}{dt}(\xi(s))\frac{d\xi}{ds}(s),$$
$$\frac{d^2\varphi}{ds^2}(s) = \frac{d^2\widetilde{\varphi}}{dt^2}(\xi(s))\left\{\frac{d\xi}{ds}(s)\right\}^2 + \frac{d\widetilde{\varphi}}{dt}(\xi(s))\frac{d^2\xi}{ds^2}(s).$$

微分の線型性はもちろん, 合成関数の微分の公式, 積の微分の公式を自在に使い, このような公式を導けることが重要である.

写像 $\xi : I \to \widetilde{I}$ が C^∞ 同相写像であるとは, ξ がつぎの (1) と (2) をみたすことであった. (1) ξ は全単射である. したがって, その逆写像 $\xi^{-1} : \widetilde{I} \to I$ が存在する. (2) ξ と ξ^{-1} はともに C^∞ 写像である.

さて, いよいよ本題に入ろう.

定義 1.4 $I \subset \mathbb{R}$ を区間とする. 単射な C^∞ 写像 $\varphi : I \ni t \mapsto \varphi(t) = \begin{bmatrix} \varphi^1(t) \\ \varphi^2(t) \\ \varphi^3(t) \end{bmatrix} \in \mathbb{R}^3$ が, **曲線のパラメータ表示**であるとは, 任意の $t \in I$ に対して

$$\frac{d\varphi}{dt}(t) \neq 0$$

がなりたつことをいう. □

通常,曲線のパラメータ表示というときには,単射であることを仮定しない.他書を読むときには注意が必要である.また,これは「曲線のパラメータ表示」を定義したのであって,「曲線」に対して「パラメータ表示」を定義したわけではない.

例 1.5 (1) ベクトル $a \neq 0, b \in \mathbb{R}^3$ に対して,$\varphi(t) := ta + b$ とおくと,$\varphi : \mathbb{R} \to \mathbb{R}^3$ は曲線のパラメータ表示であり,$\varphi(\mathbb{R})$ は直線をあらわす.

(2) $\varphi(t) = \begin{bmatrix} t^2 \\ t^2 \\ t^3 \end{bmatrix} \in \mathbb{R}^3$ のとき,$\frac{d\varphi}{dt}(0) = 0$ となるので,$\varphi : \mathbb{R} \to \mathbb{R}^3$ は,今は曲線のパラメータ表示とはよばないことにする.$\varphi(0)$ は尖点となっている(とがっている).$\varphi : (0, \infty) \to \mathbb{R}^3$ は,曲線のパラメータ表示である. □

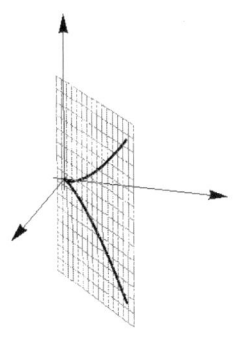

図 1.1

なお,写像に関する言葉は既知としているので,以後いちいち断らないが,$\varphi : I \to \mathbb{R}^3$ の像とは,集合 $\{\varphi(t) \in \mathbb{R}^3 \mid t \in I\}$ のことで,$\varphi(I)$ とあらわす.

定義 1.6 曲線のパラメータ表示 $\varphi: I \to \mathbb{R}^3$ と点 $t_0 \in I$ に対して,

$$s_{t_0}(t) := \int_{t_0}^{t} \left|\frac{d\varphi}{dt}(\tau)\right| d\tau$$

とおく. $s_{t_0}(t)$ を φ の t_0 から t までの弧長とよぶ. $I = [a, b]$ のとき, φ の a から b までの弧長 $s_a(b)$ を φ の長さ (全長) という. □

定義 1.7 曲線のパラメータ表示 $\varphi: I \to \mathbb{R}^3$ が**曲線の弧長パラメータ表示**であるとは, 任意の $t \in I$ に対して $\left|\frac{d\varphi}{dt}(t)\right| = 1$ がなりたつことをいう. □

φ を $\mathbb{R}^3$ 内の点の動きと理解すると, $\left|\frac{d\varphi}{dt}(t)\right|$ は時刻 t での速さをあらわす. 速さ 1 で点が動いていれば, ある点からある点に到達するのにかかる時間は道のり (弧長) と同じであり, それがこの名前の由来である.

命題 1.8 (1) $\widetilde{\varphi}: \widetilde{I} \to \mathbb{R}^3$ を曲線のパラメータ表示とし, $\xi: I \to \widetilde{I}$ を単調増加な C^∞ 同相写像とする. $\varphi := \widetilde{\varphi} \circ \xi: I \to \mathbb{R}^3$ は, 曲線のパラメータ表示である.

(2) 曲線のパラメータ表示 $\widetilde{\varphi}: \widetilde{I} \to \mathbb{R}^3$ が与えられたとき, $\frac{d\xi}{ds}(s) > 0$ をみたすある C^∞ 同相写像 $\xi: I \to \widetilde{I}$ が存在して, $\varphi := \widetilde{\varphi} \circ \xi: I \to \mathbb{R}^3$ が曲線の弧長パラメータ表示であるようにできる.

証明[*] ここでは, $\widetilde{I} = [a, b]$ の場合に (2) を証明しよう. $\widetilde{\varphi}$ の a から t までの弧長を $s_a(t)$ とおくと, s_a は, $t \in [a, b]$ で微分可能で, $\frac{ds_a}{dt}(t) = \left|\frac{d\widetilde{\varphi}}{dt}(t)\right| > 0$ より単調増加である. l を $\widetilde{\varphi}$ の長さとし, $I := [0, l]$ とすると, $s_a(a) = 0$ かつ $s_a(b) = l$ だから, s_a は $\widetilde{I}$ から I への全単射である. よって, s_a の逆写像が存在するが, これも各点で微分可能であることがわかる. ここで, 逆関数定理を用いていることに注意せよ. この逆写像を $\xi: I \ni s \mapsto \xi(s) \in \widetilde{I}$ とかくと, これが求める C^∞ 同相写像になる.

実際, $\frac{d\xi}{ds}(s) = \left\{\frac{ds_a}{dt}(\xi(s))\right\}^{-1} = \left|\frac{d\widetilde{\varphi}}{dt}(\xi(s))\right|^{-1}$ であるから,

$$\left|\frac{d\varphi}{ds}(s)\right| = \left|\frac{d(\widetilde{\varphi}\circ\xi)}{ds}(s)\right| = \left|\frac{d\widetilde{\varphi}}{dt}(\xi(s))\frac{d\xi}{ds}(s)\right| = \left|\frac{d\widetilde{\varphi}}{dt}(\xi(s))\right|\frac{d\xi}{ds}(s) = 1$$

がなりたつ． □

例 1.9 命題 1.8 の記号を用いるとき，つぎの曲線のパラメータ表示 $\widetilde{\varphi}$ に対して，曲線の弧長パラメータ表示 φ を求める．

$$\widetilde{\varphi}(t) = \begin{bmatrix} a\cos t \\ a\sin t \\ bt \end{bmatrix}.$$

ただし，a, b は正の実数とし，$t \in \widetilde{I} = [0, 2\pi]$ とする．

まず，$b \neq 0$ だから $\widetilde{\varphi}$ は単射である．$\dfrac{d\widetilde{\varphi}}{dt}(t) = \begin{bmatrix} -a\sin t \\ a\cos t \\ b \end{bmatrix}$ より，

$$\left|\frac{d\widetilde{\varphi}}{dt}(t)\right| = \{(-a\sin t)^2 + (a\cos t)^2 + b^2\}^{1/2} = (a^2 + b^2)^{1/2} \neq 0$$

となるので，$\widetilde{\varphi}$ は曲線のパラメータ表示であることを注意する．

$$s_0(t) := \int_0^t \left|\frac{d\widetilde{\varphi}}{dt}(\tau)\right| d\tau = (a^2 + b^2)^{1/2} \int_0^t 1 d\tau = (a^2 + b^2)^{1/2} t$$

だから，$s_0 : [0, 2\pi] \to [0, 2\pi(a^2 + b^2)^{1/2}]$ の逆写像は

$$\xi : [0, 2\pi(a^2 + b^2)^{1/2}] \ni s \mapsto (a^2 + b^2)^{-1/2} s \in [0, 2\pi]$$

となる．ゆえに，曲線の弧長パラメータ表示 $\varphi = \widetilde{\varphi} \circ \xi$ は，

$$\varphi(s) = \widetilde{\varphi}(\xi(s)) = \begin{bmatrix} a\cos\{(a^2+b^2)^{-1/2}s\} \\ a\sin\{(a^2+b^2)^{-1/2}s\} \\ b(a^2+b^2)^{-1/2}s \end{bmatrix}$$

で与えられる．

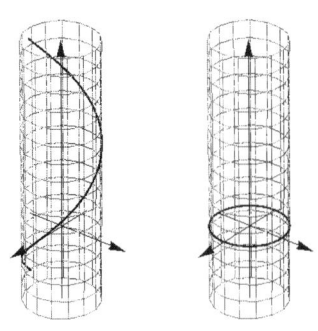

図 1.2

像を図示すると図 1.2 のとおりになる．$b = 0$ の場合は，$x^3 = 0$ 平面上の原点を中心とする半径 a の円である．(細かいことをいえば，現時点で我々はこれを曲線のパラメータ表示とよんでいない．後で取り扱うことになる.)

また，$b > 0$ の場合は，巻いたつるのように見えるだろう．x^3 軸方向からは円に見えることも注意しよう．このような図形を**常螺旋**とよぶ．

最後に，この例では $\left|\dfrac{d\widetilde{\varphi}}{dt}(t)\right|$ が定数だから簡単に積分が実行できたことに注意しておく．いつもこのように ξ が求まることは期待できない． □

練習 1.10 C^∞ 写像 $A : I \to M_n(\mathbb{R})$ に対して，$A(t) \in GL(n; \mathbb{R})$ と仮定する．このとき，$A^{-1} : I \ni t \mapsto A(t)^{-1} \in GL(n; \mathbb{R})$ の微分がつぎであたえられることを示せ．

$$\frac{d}{dt}A^{-1}(t) = -A(t)^{-1}\left(\frac{d}{dt}A(t)\right)A(t)^{-1}.$$

ここで，$GL(n; \mathbb{R})$ は，n 次実正則行列全体のなす集合をあらわす．すなわち，

$$GL(n; \mathbb{R}) := \{A \in M_n(\mathbb{R}) \mid A \text{ は逆行列をもつ }\}$$
$$= \{A \in M_n(\mathbb{R}) \mid \det A \neq 0\}.$$

ここで，$\det A$ は行列 A の行列式をあらわしている． □

練習 1.11　3つの C^∞ 写像 $\varphi_1, \varphi_2, \varphi_3 : I \to \mathbb{R}^3$ について,
$$\frac{d}{dt}\det(\varphi_1\ \varphi_2\ \varphi_3)(t) = \det\left(\frac{d\varphi_1}{dt}(t)\ \varphi_2(t)\ \varphi_3(t)\right)$$
$$+ \det\left(\varphi_1(t)\ \frac{d\varphi_2}{dt}(t)\ \varphi_3(t)\right)$$
$$+ \det\left(\varphi_1(t)\ \varphi_2(t)\ \frac{d\varphi_3}{dt}(t)\right)$$
がなりたつことを示せ.

ここで, $(\varphi_1(t)\ \varphi_2(t)\ \varphi_3(t))$は, 3つの 3×1 行列 (縦ベクトル) $\varphi_i(t)$ をならべてできる 3×3 行列をあらわし, $\det(\varphi_1\ \varphi_2\ \varphi_3)(t) := \det(\varphi_1(t)\ \varphi_2(t)\ \varphi_3(t))$ は I 上の C^∞ 関数であることに注意せよ. (φ の添字が下についていることにも注意せよ. 上につけた添字は縦ベクトルの成分に関するものであった.)　□

練習 1.12$^\diamond$　任意の $X_0 \in GL(n;\mathbb{R})$ と C^∞ 写像 $A : I \to M_n(\mathbb{R})$ に対して, C^∞ 写像 $X : I \to M_n(\mathbb{R})$ が
$$\frac{d}{dt}X(t) = X(t)A(t), \quad X(0) = X_0$$
をみたすとき, つぎを示せ. ただし, tr は行列のトレース (対角成分の和) をあらわす.

(1)　$\dfrac{d}{dt}\det X(t) = \det X(t) \operatorname{tr} A(t)$.

(2)　$\det X(t) = \det X_0 \exp \displaystyle\int_0^t \operatorname{tr} A(\tau)d\tau$. とくに $X(t) \in GL(n;\mathbb{R})$.　□

なお, 本書では縦ベクトルを含め行列には括弧 [　] を用いるが, 横ベクトルは習慣で丸括弧 (　) を用いることがある. 不統一だがお許し願いたい.

第 2 章

Frenet-Serret の公式

単位速さの点の運動から曲率と捩率とよばれる時刻の関数を定義しよう．これらの重要性が次第に明らかになってゆく．

定義 2.1 曲線の弧長パラメータ表示 $\varphi : I \to \mathbb{R}^3$ に対して，

$$e_1(s) := \frac{d\varphi}{ds}(s),$$

$$k(s) := \frac{de_1}{ds}(s) \quad \left(= \frac{d^2\varphi}{ds^2}(s)\right),$$

$$\kappa(s) := |k(s)| \quad \left(= \left|\frac{de_1}{ds}(s)\right|\right)$$

と定める．$k(s) \in \mathbb{R}^3$ を φ の s における**曲率ベクトル**，非負実数 $\kappa(s)$ を φ の s における**曲率**とよぶ． □

φ を $\mathbb{R}^3$ 内の点の運動と理解すると，φ が弧長パラメータ表示であることは，この運動が速さ 1 の等速運動であることを意味している．$\varphi(s)$ は時刻 s での位置ベクトル，$e_1(s)$ は時刻 s での速度ベクトル，$k(s)$ は時刻 s での加速度ベクトル，曲率 $\kappa(s)$ は時刻 s での加速度ベクトルの大きさである．

例 2.2 大きさ 1 のベクトル $a \in \mathbb{R}^3$ に対して，$\varphi(s) = sa + b$ $(b \in \mathbb{R}^3)$ は，直線をあらわす曲線の弧長パラメータ表示である．φ の曲率 κ は恒等的に 0 である．

逆に，曲線の弧長パラメータ表示 $\varphi : I \to \mathbb{R}^3$ に対して，その曲率 κ が恒等的に 0 ならば，大きさ 1 のベクトル $a \in \mathbb{R}^3$ とベクトル $b \in \mathbb{R}^3$ が存在して，$\varphi(s) = sa + b$ $(s \in I)$ とかける． □

補題 2.3 曲線の弧長パラメータ表示 $\varphi : I \to \mathbb{R}^3$ に対して,

$$\langle e_1(s), k(s) \rangle = 0, \quad \forall s \in I$$

がなりたつ.

証明 $\langle e_1(s), e_1(s) \rangle = 1$ を s で微分すると,

$$0 = 1' = \langle e_1'(s), e_1(s) \rangle + \langle e_1(s), e_1'(s) \rangle$$
$$= 2 \langle k(s), e_1(s) \rangle$$

を得る. □

以下, 上のように証明等では, 微分 d/ds をプライム $'$ で略記することがある.

定義 2.4 (1) 曲線の弧長パラメータ表示 $\varphi : I \to \mathbb{R}^3$ が**非退化**であるとは, 曲率 κ が 0 にならない (よって, κ が常に正である) ことをいう.

(2) 非退化な曲線の弧長パラメータ表示 $\varphi : I \to \mathbb{R}^3$ に対して,

$$e_2(s) := \kappa(s)^{-1} k(s),$$
$$e_3(s) := e_1(s) \times e_2(s)$$

と定める. ここで, $\times$ はベクトル積をあらわしている. $e_1(s) \in \mathbb{R}^3$ を φ の s における**単位接ベクトル**, $e_2(s) \in \mathbb{R}^3$ を φ の s における**単位主法線ベクトル**, $e_3(s) \in \mathbb{R}^3$ を φ の s における**単位従法線ベクトル**とよぶ. □

図 2.1 (右) では, 物理的な意味づけの感じを出すために, $e_1(s), e_2(s), e_3(s)$ を $\varphi(s)$ から生えているように描いている. 本来は, これらは $\varphi(s)$ を原点とする 3 次元ベクトル空間の元と理解すべきである. このベクトル空間を $\varphi(s)$ が属している $\mathbb{R}^3$ と同一視したければ, 図 2.1 (右) において, 各 s ごとに $\varphi(s)$ から生えた $e_1(s), e_2(s), e_3(s)$ を原点 $0 \in \mathbb{R}^3$ に平行移動すればよい. s が動くにしたがって, 原点から生えた $e_1(s), e_2(s), e_3(s)$ という枠が動く様子を想像せよ.

ここで念のため, ベクトル積の復習をしておこう.

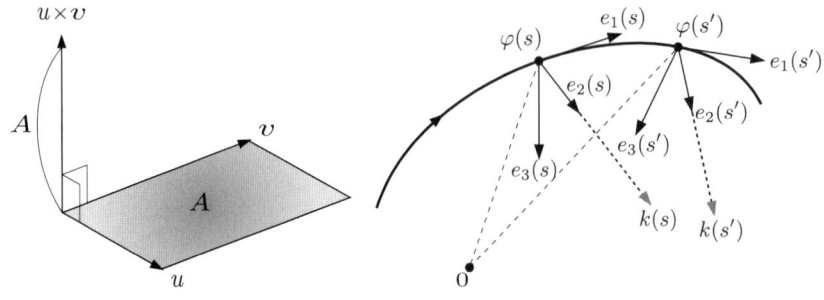

図 2.1

定義 2.5 2 つのベクトル $u = \begin{bmatrix} u^1 \\ u^2 \\ u^3 \end{bmatrix}, v = \begin{bmatrix} v^1 \\ v^2 \\ v^3 \end{bmatrix} \in \mathbb{R}^3$ に対して,

$$u \times v := {}^t\left(\det\begin{bmatrix} u^2 & v^2 \\ u^3 & v^3 \end{bmatrix} \quad \det\begin{bmatrix} u^3 & v^3 \\ u^1 & v^1 \end{bmatrix} \quad \det\begin{bmatrix} u^1 & v^1 \\ u^2 & v^2 \end{bmatrix} \right) \in \mathbb{R}^3$$

と定める。 □

このとき, $w = \begin{bmatrix} w^1 \\ w^2 \\ w^3 \end{bmatrix} \in \mathbb{R}^3$ に対して,

$$\langle u \times v, w \rangle = \det(u \ v \ w) \in \mathbb{R} \tag{2.1}$$

がなりたつ. とくに, u と v が平行のときは, $u \times v$ は $0 \in \mathbb{R}^3$ である. (2.1) を示すには, 右辺の第 3 列における余因子展開 $w^1 \det\begin{bmatrix} u^2 & v^2 \\ u^3 & v^3 \end{bmatrix} - w^2 \det\begin{bmatrix} u^1 & v^1 \\ u^3 & v^3 \end{bmatrix} + w^3 \det\begin{bmatrix} u^1 & v^1 \\ u^2 & v^2 \end{bmatrix}$ が左辺であることに注意すればよい.

u と v が一次独立のとき, $u \times v$ は u と v に垂直で, $|u \times v|$ は u と v が張る平行四辺形の面積に等しい. $u \times v$ の向きは, u を v の方へ回転させる

と右ねじが進む方向になっている (図 2.1(左) 参照).
$$v \times u = -u \times v$$
はすぐにわかるが，とても重要な性質である．また，
$$(u \times v) \times w = \langle u, w \rangle v - \langle v, w \rangle u \in \mathbb{R}^3$$
がなりたつ (たとえば [9, p.173] 参照). 一般には，結合則 $(u \times v) \times w = u \times (v \times w)$ はなりたたない.

曲線の話に戻ろう. $\langle e_i(s), e_j(s) \rangle = \delta_{ij}$ $(i, j = 1, 2)$ であるから，$|e_3(s)| = 1$ であることに注意する．(δ_{ij} は Kronecker のデルタで，$i = j$ のとき 1, $i \neq j$ のとき 0 をあらわしている.) ゆえに，$\mathbb{R}^3$ を点 $\varphi(s)$ を原点とするベクトル空間と思ったとき，3 つのベクトルの組 $(e_1(s), e_2(s), e_3(s))$ は，その右手系の正規直交基底である．$e_j(s) = \begin{bmatrix} e_j^1(s) \\ e_j^2(s) \\ e_j^3(s) \end{bmatrix}$ とかくとき，

$$F(s) := (e_1(s) \; e_2(s) \; e_3(s)) = \begin{bmatrix} e_1^1(s) & e_2^1(s) & e_3^1(s) \\ e_1^2(s) & e_2^2(s) & e_3^2(s) \\ e_1^3(s) & e_2^3(s) & e_3^3(s) \end{bmatrix}$$

とおくと，$F(s)$ は特殊直交行列，すなわち，$F(s) \in SO(3)$ がなりたつ．ここで，
$$SO(n) := \{ A \in M_n(\mathbb{R}) \mid {}^t\!AA = 1_n, \; \det A = 1 \}$$
で $1_n := \begin{bmatrix} 1 & & 0 \\ & \ddots & \\ 0 & & 1 \end{bmatrix}$ は $n \times n$ 単位行列をあらわす.

定義 2.4 のつづき (3) $F = (e_1 \; e_2 \; e_3) : I \to SO(3)$ を非退化な曲線の弧長パラメータ表示 φ の **Frenet 標構**という． □

前に述べたように，φ を空間内の点の運動と考えるとき，F は基準の枠が運動している様子をあらわしていると理解できる (図 2.1(右)). 実際，F のことを moving frame とよぶことがある. つぎに，この Frenet 標構がどのように変化するのか調べたい. 変化の様子 $F'(s)$ を基底 $F(s)$ であらわそう. $F'(s) = F(s)\Omega(s)$ とかくとき，$\Omega(s)$ はどのように記述できるかを調べてゆく.

命題 2.6 非退化な曲線の弧長パラメータ表示 $\varphi : I \to \mathbb{R}^3$ に対して，κ を曲率，F を Frenet 標構とする. $\Omega : I \to M_3(\mathbb{R})$ を

$$\frac{dF}{ds}(s) = F(s)\Omega(s), \quad \forall s \in I$$

で定まる写像とすると，$\Omega(s)$ はつぎの形をした 3×3 交代行列である.

$$\Omega(s) = \begin{bmatrix} 0 & -\kappa(s) & 0 \\ \kappa(s) & 0 & -\tau(s) \\ 0 & \tau(s) & 0 \end{bmatrix}.$$

このとき，関数 $\tau \in C^\infty(I)$ はつぎで与えられる.

$$\tau(s) = \langle \frac{de_2}{ds}(s), e_3(s) \rangle. \tag{2.2}$$

証明 $\Omega(s)$ の (i,j) 成分を $\Omega_j^i(s)$ とかくと，

$$e_i'(s) = (e_1(s)\ e_2(s)\ e_3(s)) \begin{bmatrix} \Omega_i^1(s) \\ \Omega_i^2(s) \\ \Omega_i^3(s) \end{bmatrix} = \sum_{j=1}^3 \Omega_i^j(s) e_j(s)$$

であることに注意する. とくに，$\langle e_i'(s), e_j(s) \rangle = \Omega_i^j(s)$ である. $\delta_{ij} = \langle e_i(s), e_j(s) \rangle$ を微分すると，

$$0 = \langle e_i(s), e_j(s) \rangle'$$
$$= \langle e_i'(s), e_j(s) \rangle + \langle e_i(s), e_j'(s) \rangle$$
$$= \Omega_i^j(s) + \Omega_j^i(s)$$

となるので, $\Omega(s)$ は交代行列である.

このことから, まず, 対角成分 $\Omega_1^1(s) = \Omega_2^2(s) = \Omega_3^3(s) = 0$ がすぐにわかる. $e_1'(s) = \kappa(s)e_2(s)$ だから, $\Omega_1^3(s) = \langle e_1'(s), e_3(s)\rangle = 0$ となり, したがって $\Omega_3^1(s) = 0$ である. 同様に $\Omega_1^2(s) = -\Omega_2^1(s) = \langle e_1'(s), e_2(s)\rangle = \langle \kappa(s)e_2(s), e_2(s)\rangle = \kappa(s)$ となる. さらに τ の定義より $\Omega_2^3(s) = -\Omega_3^2(s) = \langle e_2'(s), e_3(s)\rangle = \tau(s)$ である. □

今得られた式

$$\begin{cases} e_1'(s) = & \kappa(s)e_2(s) \\ e_2'(s) = -\kappa(s)e_1(s) & + \tau(s)e_3(s) \\ e_3'(s) = & -\tau(s)e_2(s) \end{cases} \quad (2.3)$$

は φ の **Frenet-Serret** の公式とよばれている.

定義 2.7 非退化な曲線の弧長パラメータ表示 $\varphi: I \to \mathbb{R}^3$ に対して, (2.2) で与えられる $\tau(s)$ を φ の s における**捩率**とよぶ. □

例 2.8 像が $x^1 x^2$ 平面内にある, 非退化な曲線の弧長パラメータ表示 $\varphi: I \ni s \mapsto \begin{bmatrix} \varphi^1(s) \\ \varphi^2(s) \\ 0 \end{bmatrix} \in \mathbb{R}^3$ に対して, 曲率, 捩率はつぎで与えられる.

$$\kappa(s) = \sqrt{\left(\frac{d^2\varphi^1}{ds^2}(s)\right)^2 + \left(\frac{d^2\varphi^2}{ds^2}(s)\right)^2}, \quad \tau(s) = 0.$$

証明 * $e_1(s) = \begin{bmatrix} (\varphi^1)'(s) \\ (\varphi^2)'(s) \\ 0 \end{bmatrix}$ だから, $k(s) = \begin{bmatrix} (\varphi^1)''(s) \\ (\varphi^2)''(s) \\ 0 \end{bmatrix}$ である. よって, $\kappa(s) = |k(s)| = \left\{((\varphi^1)''(s))^2 + ((\varphi^2)''(s))^2\right\}^{1/2}$ を得る. 定義から,

$$e_2(s) = \left\{((\varphi^1)''(s))^2 + ((\varphi^2)''(s))^2\right\}^{-1/2} \begin{bmatrix} (\varphi^1)''(s) \\ (\varphi^2)''(s) \\ 0 \end{bmatrix}$$

である．ベクトル積の定義から $e_3(s)$ の x^1 成分と x^2 成分はともに 0 であり，$e_2'(s)$ の x^3 成分は 0 だから，$\tau(s) = \langle e_2'(s), e_3(s) \rangle = 0$ となる． □

ちなみに，$e_3(s)$ はつぎで与えられる．

$$e_3(s) = e_1(s) \times e_2(s) = \begin{bmatrix} 0 \\ 0 \\ \dfrac{(\varphi^1)'(s)(\varphi^2)''(s) - (\varphi^1)''(s)(\varphi^2)'(s)}{\sqrt{((\varphi^1)''(s))^2 + ((\varphi^2)''(s))^2}} \end{bmatrix}.$$

例 2.9 $a, b > 0$ に対して，曲線の弧長パラメータ表示

$$\varphi(s) = \begin{bmatrix} a\cos\{(a^2+b^2)^{-1/2}s\} \\ a\sin\{(a^2+b^2)^{-1/2}s\} \\ b(a^2+b^2)^{-1/2}s \end{bmatrix}$$

の s における曲率と捩率を計算する．

$$e_1(s) = \varphi'(s) = (a^2+b^2)^{-1/2} \begin{bmatrix} -a\sin\{(a^2+b^2)^{-1/2}s\} \\ a\cos\{(a^2+b^2)^{-1/2}s\} \\ b \end{bmatrix},$$

$$k(s) = e_1'(s) = \frac{a}{a^2+b^2} \begin{bmatrix} -\cos\{(a^2+b^2)^{-1/2}s\} \\ -\sin\{(a^2+b^2)^{-1/2}s\} \\ 0 \end{bmatrix},$$

$$\kappa(s) = |k(s)| = \frac{a}{a^2+b^2}.$$

$$e_2(s) = \kappa(s)^{-1}k(s) = \begin{bmatrix} -\cos\{(a^2+b^2)^{-1/2}s\} \\ -\sin\{(a^2+b^2)^{-1/2}s\} \\ 0 \end{bmatrix},$$

$$e_3(s) = e_1(s) \times e_2(s) = (a^2+b^2)^{-1/2} \begin{bmatrix} b\sin\{(a^2+b^2)^{-1/2}s\} \\ -b\cos\{(a^2+b^2)^{-1/2}s\} \\ a \end{bmatrix},$$

$$e_2'(s) = (a^2+b^2)^{-1/2} \begin{bmatrix} \sin\{(a^2+b^2)^{-1/2}s\} \\ -\cos\{(a^2+b^2)^{-1/2}s\} \\ 0 \end{bmatrix},$$

$$\tau(s) = \langle e_2'(s), e_3(s)\rangle = \frac{b}{a^2+b^2}. \qquad \Box$$

$\tau(s)$ は $e_1(s), e_2(s)$ で張られる平面から $e_3(s)$ 方向への飛び出し具合をあらわしていると理解するとよい．上の例から，捩率の幾何学的な意味を理解してほしい．あとで示すことになるが，非退化な曲線の弧長パラメータ表示の像がある平面内にとどまるための必要十分条件は，その捩率が恒等的に消えていることである (定理 3.10 参照).

練習 2.10$^\diamond$　ベクトル $a, b, c, d \in \mathbb{R}^3$ に対して，つぎがなりたつことを示せ．
$$\langle a \times b, c \times d \rangle = \langle a, c\rangle\langle b, d\rangle - \langle a, d\rangle\langle b, c\rangle, \qquad (2.4)$$
$$(a \times b) \times (c \times d) = \det(a\ c\ d)b - \det(b\ c\ d)a$$
$$= \det(a\ b\ d)c - \det(a\ b\ c)d. \qquad \Box$$

練習 2.11　非退化な曲線の弧長パラメータ表示 $\varphi : I \to \mathbb{R}^3$ とその曲率 κ, 捩率 τ に対して,
$$\tau(s) = \kappa(s)^{-2} \det\left(\frac{d\varphi}{ds}(s)\ \frac{d^2\varphi}{ds^2}(s)\ \frac{d^3\varphi}{ds^3}(s)\right)$$
がなりたつことを示せ． $\Box$

練習 2.12　$\varphi : I \to \mathbb{R}^3$ を非退化な曲線の弧長パラメータ表示, $F = (e_1\ e_2\ e_3), \kappa, \tau$ をその Frenet 標構，曲率，捩率とする．φ の像が**定傾曲線**であるとは，ある単位ベクトル $c \in \mathbb{R}^3$ が存在して，$\langle e_1(s), c\rangle$ が一定になるときをいう．φ の像が定傾曲線であるための必要十分条件は，$\dfrac{\tau(s)}{\kappa(s)}$ が一定であ

ることを示せ. □

練習 2.13 $\varphi : I \to \mathbb{R}^3$ を非退化な曲線の弧長パラメータ表示,$F = (e_1 \ e_2 \ e_3)$ をその Frenet 標構とする.$s_0 \in I$ に対して,

$$\psi(s) := \varphi(s) + (s_0 - s)e_1(s)$$

とおき,その像 $\psi(I)$ を $\varphi(s_0)$ を出る $\varphi(I)$ の**伸開線**とよぶ.

常螺旋 (例 2.9 参照) の任意の伸開線が平面上にあることを示せ.また,その概形を常螺旋とともに図示せよ. □

練習 2.14 $\varphi : I = (-\varepsilon, \varepsilon) \to \mathbb{R}^3$ を非退化な曲線の弧長パラメータ表示,$F = (e_1 \ e_2 \ e_3), \kappa, \tau$ をその Frenet 標構,曲率,捩率とする.

(1) $s = 0$ の近くで

$$\begin{aligned}
\varphi(s) &= \varphi(0) + se_1(0) + s^2 \frac{1}{2}\{\kappa(0)e_2(0)\} \\
&\quad + s^3 \frac{1}{6}\{-\kappa(0)^2 e_1(0) + \frac{d\kappa}{ds}(0)e_2(0) + \kappa(0)\tau(0)e_3(0)\} \\
&\quad + o(s^3) \\
&= \varphi(0) + \left\{ s - \frac{\kappa(0)^2}{6}s^3 + o(s^3) \right\} e_1(0) \\
&\quad + \left\{ \frac{\kappa(0)}{2}s^2 + \frac{1}{6}\frac{d\kappa}{ds}(0)s^3 + o(s^3) \right\} e_2(0) \\
&\quad + \left\{ \frac{\kappa(0)\tau(0)}{6}s^3 + o(s^3) \right\} e_3(0)
\end{aligned} \tag{2.5}$$

がなりたつことを示せ.ここで,$o(s^3)$ は Landau の記号である.第 1 式の $o(s^3)$ は,

$$\lim_{s \to 0} s^{-3} \Big| \varphi(s) - \Big\{ \varphi(0) + se_1(0) + s^2 \frac{1}{2}\{\kappa(0)e_2(0)\} \\
+ s^3 \frac{1}{6}\{-\kappa(0)^2 e_1(0) + \frac{d\kappa}{ds}(0)e_2(0) + \kappa(0)\tau(0)e_3(0)\} \Big\} \Big| = 0$$

を意味する.

(2) $\{e_1(0), e_2(0)\}$ で張られる平面に像 $\varphi(I)$ を射影して得られる図形の概形を描け.$\{e_2(0), e_3(0)\}, \{e_3(0), e_1(0)\}$ についても同様に調べよ. □

(2.5) は，J. Bouquet の公式とよばれている．

練習 2.15 常螺旋は円柱面上にあるので紙等に曲線を描いて作ることができるはずである．曲率 a，捩率 b の常螺旋を実際に作れ．作り方も説明すること． □

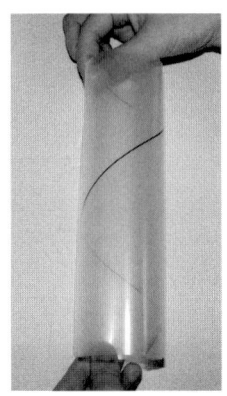

図 2.2

第3章
Euclid 変換

前回までで，単位速さの点の運動から曲率，捩率という情報をとりだすことができた．曲率は加速度の大きさ，捩率は速度ベクトルと加速度ベクトルの張る平面からの飛び出し具合をあらわしていた．これらの関数がどのような性質をもっているか調べてゆこう．

定義 3.1 写像 $\Phi : \mathbb{R}^n \to \mathbb{R}^n$ が **Euclid 変換**であるとは，ある $A \in SO(n)$ とある $b \in \mathbb{R}^n$ が存在して，任意の $x \in \mathbb{R}^n$ に対して，

$$\Phi(x) = Ax + b$$

とあらわせることをいう． □

これは Euclid 運動とよばれることが多い．点の運動という言葉を用いてきたので，ここでは「変換」とよぶことにする．なお，

$$SO(n) = \{A \in GL(n; \mathbb{R}) \mid {}^t\!AA = 1_n, \det A = 1\}$$

であった．Euclid 変換でうつるということは，回転と平行移動でうつると考えればよい．Euclid 変換でうつりあう図形を同じものと認識する立場の幾何学をここでは Euclid 幾何学とよぶ．

初めての読者が混乱しないように詳述しないが，合同変換 ($SO(n)$ の代わりに $O(n)$ を考えたもの) でうつりあう図形を同じものと認識する立場の幾何学を Euclid 幾何学とよぶ方が普通であろう．ここで，

$$O(n) := \{A \in M_n(\mathbb{R}) \mid {}^t\!AA = 1_n\}$$

とする．以下，前の設定に戻って，$n = 3$ の場合を考える．

補題 3.2 任意の $A \in SO(3), u, v, w \in \mathbb{R}^3$ に対して，つぎがなりたつ．
(1) $\langle Au, Av \rangle = \langle u, v \rangle$．とくに $|Au| = |u|$．
(2) $\det(Au\ Av\ Aw) = \det(u\ v\ w)$．
(3) $Au \times Av = A(u \times v)$．

証明 (1) $\langle Au, Av \rangle = {}^t(Au)(Av) = {}^tu\,{}^tAAv = {}^tuv = \langle u, v \rangle$．
(2) $\det(Au\ Av\ Aw) = \det(A(u\ v\ w)) = \det A \det(u\ v\ w) = \det(u\ v\ w)$．
(3) 任意のベクトル $w \in \mathbb{R}^3$ に対して，$\langle Au \times Av, w \rangle = \langle A(u \times v), w \rangle$ がなりたつことを示せばよい．(これは内積の性質を使っていることに注意する.)

$$\langle Au \times Av, w \rangle = \det(Au\ Av\ w) = \det(Au\ Av\ AA^{-1}w)$$
$$= \det A \det(u\ v\ A^{-1}w) = \det A \langle u \times v, A^{-1}w \rangle = \det A \langle u \times v, {}^tAw \rangle$$
$$= \det A \langle A(u \times v), w \rangle = \langle A(u \times v), w \rangle$$

を得る． □

記号 3.3 $\mathbb{R}^3$ の 2 点 x, y に対して，

$$d(x, y) := |x - y|$$

と定める．写像 $d(\cdot, \cdot) : \mathbb{R}^3 \times \mathbb{R}^3 \to \mathbb{R}$ を **Euclid 距離**とよぶ． □

命題 3.4 Euclid 変換は Euclid 距離を保つ．すなわち，$\Phi : \mathbb{R}^3 \to \mathbb{R}^3$ が Euclid 変換ならば，

$$d(\Phi(x), \Phi(y)) = d(x, y), \quad \forall x, y \in \mathbb{R}^3$$

がなりたつ．

証明 Euclid 変換 Φ が $\Phi(x) = Ax + b$ ($A \in SO(3), b \in \mathbb{R}^3$) と表示されているとする．補題 3.2(1) より

$$d(\Phi(x), \Phi(y)) = |(Ax + b) - (Ay + b)| = |A(x - y)|$$
$$= |x - y| = d(x, y). \qquad \square$$

定義 3.5 (1) $\mathbb{R}^3$ 内の 4 点 p_0, p_1, p_2, p_3 が**一般の位置**にあるとは,3 つのベクトルの組 $\{p_1 - p_0,\ p_2 - p_0,\ p_3 - p_0\}$ が一次独立であるときをいう.

(2) 写像 $\Phi: \mathbb{R}^3 \to \mathbb{R}^3$ が**向きを保つ**とは,任意の一般の位置にある 4 点 p_0, p_1, p_2, p_3 に対して,

$$\frac{\det(\Phi(p_1) - \Phi(p_0)\ \ \Phi(p_2) - \Phi(p_0)\ \ \Phi(p_3) - \Phi(p_0))}{\det(p_1 - p_0\ \ p_2 - p_0\ \ p_3 - p_0)} > 0$$

がなりたつときをいう. □

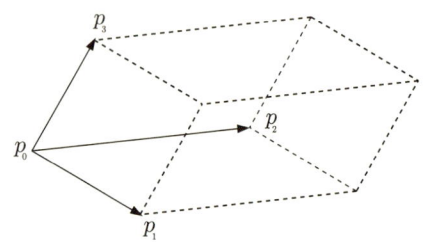

図 **3.1**

まず,(1) が定義として採用できるためには,4 点の番号のつけ方 (p_0 の選び方) によらないことを確かめなければならない.直感的に理解するのなら,4 点が一般の位置にあることは,3 つのベクトル $\{p_1 - p_0,\ p_2 - p_0,\ p_3 - p_0\}$ が平行六面体をつくることを意味していることに注意すればよい.また,$\det(p_1 - p_0\ \ p_2 - p_0\ \ p_3 - p_0)$ はその符号付体積 (有向体積) をあらわしている.

平行六面体の符号付体積がわかりにくいとしたら,いったん $\mathbb{R}^3$ をあきらめて,$\mathbb{R}^2$ 内の 3 点 p_0, p_1, p_2 で考えてみよう.$p_1 - p_0 =: \overrightarrow{p_0p_1}$,$p_2 - p_0 =: \overrightarrow{p_0p_2}$ が平行四辺形を張るとき,p_0, p_1, p_2 は一般の位置にある.$|\det(\overrightarrow{p_0p_1}\ \overrightarrow{p_0p_2})|$ がこの平行四辺形の面積になることはすぐにわかる.また,$\overrightarrow{p_0p_1}$ と $\overrightarrow{p_0p_2}$ の順番を入れ替えると,$\det(\overrightarrow{p_0p_1}\ \overrightarrow{p_0p_2})$ の符号がかわる.

実際に,(2) が well-defined であることを確かめるためには,行列式の値が列基本変形によりどう変わるかを思い出せばよい.

命題 3.6 Euclid 変換 $\Phi: \mathbb{R}^3 \to \mathbb{R}^3$ は向きを保つ.

証明 $\Phi(x) = Ax + b$ $(A \in SO(3), b \in \mathbb{R}^3)$ と表示されているとする. $\Phi(p_i) - \Phi(p_0) = A(p_i - p_0)$ だから,補題 3.2(2) より

$$\det(\Phi(p_1) - \Phi(p_0)\ \Phi(p_2) - \Phi(p_0)\ \Phi(p_3) - \Phi(p_0))$$
$$= \det(A(p_1 - p_0)\ A(p_2 - p_0)\ A(p_3 - p_0))$$
$$= \det(p_1 - p_0\ p_2 - p_0\ p_3 - p_0)$$

となる.よって,定義 3.5(2) の式の左辺は 1 となり,Φ は向きを保つ. □

証明は省略 (練習 3.15) するが,命題 3.4 と 3.6 の性質が Euclid 変換を特徴づけることがわかる.すなわち,つぎがなりたつ.

定理 3.7 $\mathbb{R}^3$ から $\mathbb{R}^3$ への Euclid 距離と向きを保つ写像は,Euclid 変換である. □

点の運動と曲率,捩率との関係を調べる課題に戻ろう.まず,曲率,捩率の「Euclid 変換についての不変性」とよばれる性質を見る.

命題 3.8 $\varphi : I \to \mathbb{R}^3$ を非退化な曲線の弧長パラメータ表示,F をその Frenet 標構,κ, τ をその曲率,捩率とする.$\Phi : \mathbb{R}^3 \ni x \mapsto Ax + b \in \mathbb{R}^3$ を Euclid 変換とする.このとき,つぎがなりたつ.

(1) $\widetilde{\varphi} := \Phi \circ \varphi : I \to \mathbb{R}^3$ は,非退化な曲線の弧長パラメータ表示である.

(2) $\widetilde{\varphi}$ の Frenet 標構を $\widetilde{F}$,曲率,捩率を $\widetilde{\kappa}, \widetilde{\tau}$ とすると,任意の $s \in I$ に対して,

$$\widetilde{F}(s) = AF(s),$$
$$\widetilde{\kappa}(s) = \kappa(s),\ \widetilde{\tau}(s) = \tau(s)$$

がなりたつ.

証明 $\widetilde{\varphi}(s) = A\varphi(s) + b$ $(A \in SO(3),\ b \in \mathbb{R}^3)$ であるから,$|\widetilde{\varphi}'(s)| = |A\varphi'(s)| = |\varphi'(s)| = 1$ となり,$\widetilde{\varphi}$ は曲線の弧長パラメータ表示である.

$\widetilde{\varphi}$ から定義されるものには,ティルダ ～ をつけてあらわすとすると,定義から $\widetilde{e}_1(s) = Ae_1(s),\ \widetilde{k}(s) = Ak(s),\ \widetilde{\kappa}(s) = |\widetilde{k}(s)| = |Ak(s)| = |k(s)| = \kappa(s)$

がただちにわかる．よって，$\widetilde{\varphi}$ は非退化な曲線の弧長パラメータ表示である．

さらに，$\widetilde{e_2}(s) = \widetilde{\kappa}(s)^{-1}\widetilde{e_1}'(s) = \kappa(s)^{-1}Ae_1'(s) = Ae_2(s)$ となる．補題 3.2 (3) より，

$$\widetilde{e_3}(s) = \widetilde{e_1}(s) \times \widetilde{e_2}(s)$$
$$= Ae_1(s) \times Ae_2(s) = A(e_1(s) \times e_2(s))$$
$$= Ae_3(s)$$

となるから，

$$\widetilde{F}(s) = (\widetilde{e_1}(s)\ \widetilde{e_2}(s)\ \widetilde{e_3}(s)) = (Ae_1(s)\ Ae_2(s)\ Ae_3(s))$$
$$= A(e_1(s)\ e_2(s)\ e_3(s)) = AF(s)$$

を得る．

$\widetilde{F}(s) \in SO(3)$ なので逆行列をもつことに注意して，命題 2.6 から，

$$\begin{bmatrix} 0 & -\widetilde{\kappa}(s) & 0 \\ \widetilde{\kappa}(s) & 0 & -\widetilde{\tau}(s) \\ 0 & \widetilde{\tau}(s) & 0 \end{bmatrix} = \widetilde{\Omega}(s) = \widetilde{F}(s)^{-1}\widetilde{F}'(s)$$
$$= F(s)^{-1}A^{-1}AF'(s) = \Omega(s)$$
$$= \begin{bmatrix} 0 & -\kappa(s) & 0 \\ \kappa(s) & 0 & -\tau(s) \\ 0 & \tau(s) & 0 \end{bmatrix},$$

とくに $\widetilde{\tau}(s) = \tau(s)$ を得る． □

注意 3.9 非退化な曲線の弧長パラメータ表示 φ の像がある平面 Π 内にとどまっていれば，その捩率 τ は恒等的に消えている．

証明 Π を x^1x^2 平面に移す Euclid 変換が存在する (練習 3.14)．それを Φ とすると，$\widetilde{\varphi} := \Phi \circ \varphi$ は，像が x^1x^2 平面内にある非退化な曲線の弧長パラメータ表示だから，例 2.8 より，捩率 $\widetilde{\tau}$ は恒等的に 0 である．命題 3.8 より，$\tau = \widetilde{\tau} = 0$ を得る． □

この逆も正しく，結局つぎが成立する．

定理 3.10 非退化な曲線の弧長パラメータ表示 $\varphi: I \to \mathbb{R}^3$ に対して，その捩率が一定値 0 であることと，ある平面が存在して φ の像がその中に含まれることは同値である．

証明 注意 3.9 より，あとは，$\tau = 0$ なら $\varphi(I)$ がある平面内にあることを示せばよい．

$F = (e_1 \, e_2 \, e_3)$ を φ の Frenet 標構とすると，$\tau = 0$ と (2.3) より $e_3'(s) = 0$，すなわち e_3 は定ベクトルである．$s_0 \in I$ をとり，ベクトル $e_3(s_0)$ に垂直で点 $\varphi(s_0)$ を通る平面を Π とおくと，$\varphi(I) \subset \Pi$ がわかる．

実際，任意の $s \in I$ に対して $\langle \varphi(s) - \varphi(s_0), e_3(s_0) \rangle = 0$ がなりたつ．これは，

$$\langle \varphi(s) - \varphi(s_0), e_3(s_0) \rangle' = \langle \varphi'(s), e_3(s) \rangle = \langle e_1(s), e_3(s) \rangle = 0,$$

$$\langle \varphi(s_0) - \varphi(s_0), e_3(s_0) \rangle = 0$$

からわかる． □

練習 3.11 弧長の Euclid 変換に関する不変性を定式化し，それを示せ．
□

練習 3.12 つぎを示せ．

（1） 恒等写像 $\mathrm{id}: \mathbb{R}^3 \ni x \mapsto x \in \mathbb{R}^3$ は Euclid 変換である．

（2） Euclid 変換は全単射で，その逆写像も Euclid 変換である．実際，$\Phi(x) = Ax + b$ の逆写像は，$\Phi^{-1}(y) = A^{-1}y - A^{-1}b$ で与えられる．

（3） 2 つの Euclid 変換の合成は Euclid 変換である．実際，$\Phi(x) = Ax + b$ と $\Psi(x) = Cx + d$ の合成は，

$$\Psi \circ \Phi(x) := \Psi(\Phi(x)) = CAx + (Cb + d)$$

で与えられる． □

どれも容易と思われるが，$SO(3)$ が群になることがポイントである．(2) は $A \in SO(3)$ のとき $A^{-1} \in SO(3)$ を証明し，(3) は $C, A \in SO(3)$ のとき

$CA \in SO(3)$ を証明する．群については，たとえば [13] を参照するとよい．

練習 3.13 Euclid 変換 $\Phi : \mathbb{R}^3 \ni x \mapsto Ax + b \in \mathbb{R}^3$ に対して，$\underline{\Phi} := g(\Phi) := \begin{bmatrix} A & b \\ 0 & 1 \end{bmatrix}$ とおく．この写像 g が Euclid 変換全体のなす群と群

$$G := \left\{ \begin{bmatrix} A & b \\ 0 & 1 \end{bmatrix} \in M_4(\mathbb{R}) \,\middle|\, A \in SO(3), b \in \mathbb{R}^3 \right\}$$

の同型を与えることを示せ． □

練習 3.14 (1) 点 $p \in \mathbb{R}^3$ をとおり単位ベクトル $n \in \mathbb{R}^3$ に垂直な平面 $\Pi = \{x \in \mathbb{R}^3 \mid \langle x - p, n \rangle = 0\}$ を $x^1 x^2$ 平面にうつす Euclid 変換を構成せよ．
(2) 上の p, n に対して定める $\mathbb{R}^3$ の変換

$$S(x) := x - 2\langle x - p, n \rangle n, \quad x \in \mathbb{R}^3$$

が，Euclid 距離を保つが向きは保たないことを示せ． □

練習 3.15 定理 3.7 を証明せよ． □

練習 3.16 $\varphi : I \to \mathbb{R}^3$ を非退化な曲線の弧長パラメータ表示，κ, τ をその曲率，捩率とし，$\tau(s) \neq 0$ かつ $\kappa'(s) \neq 0$ と仮定する．像 $\varphi(I)$ が半径 r の球面上にあるとき，

$$\kappa^{-2}(s) + \tau^{-2}(s) \left\{ \frac{d}{ds} \kappa^{-1}(s) \right\}^2 = r^2$$

がなりたつことを示せ． □

練習 3.17 $\varphi : I \to \mathbb{R}^3$ を非退化な曲線の弧長パラメータ表示とし，像 $\varphi(I)$ がある球面上にあるとする．φ の曲率が一定ならば，$\varphi(I)$ は円に含まれることを示せ． □

第 4 章
曲線論の基本定理

単位速さの点の運動からとりだした曲率，捩率という情報が，どのくらいその運動を規定するかを調べよう．

定理 4.1 $\varphi : I \to \mathbb{R}^3$, $\widetilde{\varphi} : I \to \mathbb{R}^3$ を非退化な曲線の弧長パラメータ表示，$\kappa, \widetilde{\kappa}, \tau, \widetilde{\tau} \in C^\infty(I)$ をそれぞれの曲率，捩率とする．任意の $s \in I$ について，$\widetilde{\kappa}(s) = \kappa(s)$ かつ $\widetilde{\tau}(s) = \tau(s)$ ならば，ある Euclid 変換 $\Phi : \mathbb{R}^3 \to \mathbb{R}^3$ が存在して，$\widetilde{\varphi} = \Phi \circ \varphi$ とかける． □

証明はあとまわしにして，この定理のご利益をひとつ確認しておこう．

例 4.2 $\varphi : I \to \mathbb{R}^3$ を非退化な曲線の弧長パラメータ表示，a, b を正数とする．

（1） 曲率が定数 a^{-1}，捩率が定数 0 ならば，$\varphi(I)$ はある平面上の半径 a の円 (の一部) と一致する．

（2） 曲率が定数 $\dfrac{a}{a^2 + b^2}$，捩率が定数 $\dfrac{b}{a^2 + b^2}$ ならば，$\varphi(I)$ は常螺旋である．すなわち，φ は Euclid 変換で例 1.9, 2.9 の非退化な曲線の弧長パラメータ表示とうつりあう． □

定理 4.3 区間 I 上で定義された C^∞ 関数 κ と τ が与えられたとする．任意の $s \in I$ に対して $\kappa(s) > 0$ と仮定する．このとき，任意の $s \in I$ に対して，s を含む区間 $\widetilde{I} \subset I$ が存在して，$\kappa|_{\widetilde{I}}$ を曲率，$\tau|_{\widetilde{I}}$ を捩率とする非退化な曲線の弧長パラメータ表示 $\varphi : \widetilde{I} \to \mathbb{R}^3$ が存在する． □

$\kappa|_{\widetilde{I}}$ は,写像 $\kappa : I \to \mathbb{R}$ の定義域を $\widetilde{I}(\subset I)$ に制限して得られる写像 $\kappa|_{\widetilde{I}}$: $\widetilde{I} \ni s \mapsto \kappa(s) \in \mathbb{R}$ をあらわす.

Euclid 変換でうつりあう点の運動を同じものと理解することにすると,命題 3.8 は,この理解のもとでも曲率と捩率は意味があることを主張している.定理 4.1 は,この 2 つの関数が点の運動を決定していること,定理 4.3 は,与えられた 2 つの関数の要求どおりに点に運動させることができることを主張している.この一意性と存在に関する事実,すなわち定理 4.1 と定理 4.3 をあわせて**曲線論の基本定理**という.われわれは曲線のパラメータ表示の定義の中に単射であることを要請した.このために,φ の定義域を小さくしなければいけない可能性がある.

微分方程式に関するつぎの定理 (証明は練習 4.7 参照) を用いて,曲線論の基本定理に証明を与えよう.以下,$0 \in I$ とする.一般性を期すなら,0 を任意に固定した $s_0 \in I$ と読み替えるとよい.

補題 4.4 任意の $F_0 \in M_n(\mathbb{R})$ と C^∞ 写像 $\Omega : I \to M_n(\mathbb{R})$ に対して,つぎの線型常微分方程式系の初期値問題

$$\begin{cases} \dfrac{dF}{ds}(s) = F(s)\Omega(s), & \forall s \in I, \\ F(0) = F_0. \end{cases} \tag{4.1}$$

を考える.

(1) (解の一意性) C^∞ 写像 $F, \widetilde{F} : I \to M_n(\mathbb{R})$ が (4.1) をみたせば,任意の $s \in I$ について $\widetilde{F}(s) = F(s)$ がなりたつ.

(2) (解の存在) $F_0 \in GL(n;\mathbb{R})$ に対して,(4.1) をみたす C^∞ 写像 $F : I \to GL(n;\mathbb{R})$ が存在する. □

補題 4.5 I, F_0, Ω, F を補題 4.4 のとおりとする.C^∞ 写像 $\mathcal{F} : I \to GL(n;\mathbb{R})$ が

$$\frac{d\mathcal{F}}{ds}(s) = \mathcal{F}(s)\Omega(s), \qquad \mathcal{F}(0) = 1_n \tag{4.2}$$

をみたすとする.このとき,つぎがなりたつ.

(1) $F(s) = F_0 \mathcal{F}(s)$.

(2) $\Omega(s)$ が交代行列,すなわち ${}^t\Omega(s) = -\Omega(s)$ ならば,$\mathcal{F}(s) \in SO(n)$ である.

証明 (1) $\widetilde{F}(s) := F_0 \mathcal{F}(s)$ とおき,$\widetilde{F}(s) = F(s)$ を示す.そのためには,$\widetilde{F}'(s) = \widetilde{F}(s)\Omega(s)$ と $\widetilde{F}(0) = F_0$ をみたすことを示せば,補題 4.4 (1) から結論が導かれる.これらは容易に確かめられる.

(2) 示すべきことは,(i) ${}^t\mathcal{F}(s)\mathcal{F}(s) = 1_n$ と (ii) $\det \mathcal{F}(s) = 1$ である.

まず,(i) すなわち ${}^t\mathcal{F}(s)^{-1} = \mathcal{F}(s)$ を示す.$\widetilde{\mathcal{F}}(s) := {}^t\mathcal{F}(s)^{-1}$ とおき,$\widetilde{\mathcal{F}}(s) = \mathcal{F}(s)$ を示せばよい.補題 4.4 (1) より,そのためには,$\widetilde{\mathcal{F}}'(s) = \widetilde{\mathcal{F}}(s)\Omega(s)$ と $\widetilde{\mathcal{F}}(0) = 1_n$ をみたすことを示せばよいが,後者は容易だろう.前者はつぎのようにして示される.

$$\widetilde{\mathcal{F}}'(s) = \{{}^t\mathcal{F}^{-1}\}'(s) = {}^t\{\mathcal{F}^{-1}{}'(s)\} = {}^t\{-\mathcal{F}^{-1}(s)\mathcal{F}'(s)\mathcal{F}^{-1}(s)\}$$
$$= {}^t\{-\mathcal{F}^{-1}(s)(\mathcal{F}(s)\Omega(s))\mathcal{F}^{-1}(s)\} = -{}^t\mathcal{F}^{-1}(s){}^t\Omega(s)$$
$$= \widetilde{\mathcal{F}}(s)\Omega(s).$$

ここで練習 1.10 を用いた.

つぎに (ii) を示す.${}^t\mathcal{F}(s)\mathcal{F}(s) = 1_n$ だから,$\det \mathcal{F}(s) \in \{-1\} \cup \{+1\}$ である.写像 $I \ni s \mapsto \det \mathcal{F}(s) \in \mathbb{R}$ は連続で,I は連結だから,その像も連結のはずである.$\det \mathcal{F}(0) = 1$ より,$\det \mathcal{F}(I) \subset \{+1\}$,すなわち,任意の $s \in I$ に対して,$\det \mathcal{F}(s) = 1$ がなりたつ. □

定理 4.1 の証明 非退化な曲線の弧長パラメータ表示 $\varphi, \widetilde{\varphi} : I \to \mathbb{R}^3$ の Frenet 標構をそれぞれ $F = (e_1\ e_2\ e_3), \widetilde{F} = (\widetilde{e}_1\ \widetilde{e}_2\ \widetilde{e}_3) : I \to SO(3)$ とする.$\dfrac{dF}{ds}(s) = F(s)\Omega(s)$ および $\dfrac{d\widetilde{F}}{ds}(s) = \widetilde{F}(s)\widetilde{\Omega}(s)$ とかくと,仮定から,

$$\widetilde{\Omega}(s) = \Omega(s) = \begin{bmatrix} 0 & -\kappa(s) & 0 \\ \kappa(s) & 0 & -\tau(s) \\ 0 & \tau(s) & 0 \end{bmatrix}$$

となる.このとき,ある $A \in SO(3)$ と $b \in \mathbb{R}^3$ が存在して,

$$\widetilde{\varphi}(s) = A\varphi(s) + b, \ \forall s \in I$$

がなりたつことを示すのが我々のすべきことであった.

$A := \widetilde{F}(0)F(0)^{-1}$, $b := \widetilde{\varphi}(0) - A\varphi(0)$ が求めるものであることを示す.

まず，$F(0), \widetilde{F}(0) \in SO(3)$ より $A = \widetilde{F}(0)F(0)^{-1} \in SO(3)$ である.（練習 3.12 のあとのコメントを参照せよ.）

$\mathcal{F}: I \to GL(3;\mathbb{R})$ をこの Ω に対して (4.2) をみたす C^∞ 写像とする. それが (一意的に) 存在することは, 補題 4.4 により保証されている. 補題 4.5(1) より, $F(s) = F(0)\mathcal{F}(s)$, $\widetilde{F}(s) = \widetilde{F}(0)\mathcal{F}(s)$ だから, $\widetilde{F}(s) = AF(0)\mathcal{F}(s) = AF(s)$, とくに $\widetilde{e}_1(s) = Ae_1(s)$ がなりたつ.

$$\begin{aligned}\widetilde{\varphi}(s) &= \int_0^s \widetilde{e}_1(\sigma)d\sigma + \widetilde{\varphi}(0) \\ &= \int_0^s Ae_1(\sigma)d\sigma + \widetilde{\varphi}(0) = A\int_0^s e_1(\sigma)d\sigma + \widetilde{\varphi}(0) \\ &= A(\varphi(s) - \varphi(0)) + \widetilde{\varphi}(0) = A\varphi(s) + b. \quad \square\end{aligned}$$

定理 4.3 の証明 与えられた κ, τ に対して,

$$\Omega(s) := \begin{bmatrix} 0 & -\kappa(s) & 0 \\ \kappa(s) & 0 & -\tau(s) \\ 0 & \tau(s) & 0 \end{bmatrix}$$

とおき, (4.2) をみたす C^∞ 写像 $\mathcal{F}: I \to GL(3;\mathbb{R})$ をとる. $\mathcal{F}$ が一意的に存在することは, 補題 4.4 による. その第 i 列を $e_i(s)$ (すなわち, $(e_1(s)\ e_2(s)\ e_3(s)) := \mathcal{F}(s)$) とおくとき,

$$\varphi(s) := \int_0^s e_1(\sigma)d\sigma \in \mathbb{R}^3$$

が求める非退化な曲線の弧長パラメータ表示になることを示す.

補題 4.5(2) により $\mathcal{F}(s) \in SO(3)$ であるから, $\langle e_i(s), e_j(s)\rangle = \delta_{ij}$ かつ $e_3(s) = e_1(s) \times e_2(s)$ となっている. $\varphi'(s) = e_1(s)$ より $|\varphi'(s)| = 1$ となり, φ を単射となる定義域に制限すれば, φ は曲線の弧長パラメータ表示である. (4.2) より, $e_1'(s) = \kappa(s)e_2(s)$ だから,

$$(\varphi \text{ の } s \text{ における曲率}) = |e_1'(s)| = \kappa(s)$$

を得る．ここから，φ が非退化な曲線の弧長パラメータ表示であることもわかる．さらに，φ の Frenet 標構が $\mathcal{F}$ であり，とくに捩率が τ となる．□

練習 4.6 r を 3 以上の自然数とする．非退化な曲線の弧長パラメータ表示 $\varphi: I \to \mathbb{R}^3$ が C^r 写像とするとき，その曲率，捩率は何階微分が可能か．また，このとき定理 4.1, 4.3 はどのように変更すればよいか．□

練習 4.7 定理 4.9 を仮定して補題 4.4 を証明せよ．□

定理 4.8 (常微分方程式系の初期値問題の解の存在と一意性) $B := \{p \in \mathbb{R}^n \mid |p - b| \leq \rho\}$ とし，$F: [a - r, a + r] \times B \to \mathbb{R}^n$ を C^∞ 写像とすると，つぎをみたす C^∞ 写像 $x: [a - \alpha, a + \alpha] \to B \subset \mathbb{R}^n$ が一意的に存在する.

$$\begin{cases} \dfrac{dx}{dt}(x) = F(t, x(t)), \quad t \in (a - r, a + r), \\ x(a) = b. \end{cases}$$

ここで $\alpha := \min\{r, \{\max |F|\}^{-1} \rho\}$ である．□

定理 4.9 (線型常微分方程式系の初期値問題の解の存在と一意性) C^∞ 写像 $A: I \to M_n(\mathbb{R})$ と $b, c \in \mathbb{R}^n$ に対して，

$$\begin{cases} \dfrac{dx}{dt}(t) = A(t)x(t) + b, \\ x(0) = c \end{cases}$$

をみたす C^∞ 写像 $x: I \to \mathbb{R}^n$ が存在して一意的である．(解の定義域が I 全体であることにも注意せよ．) □

詳細は [4, p.139] や微分方程式の教科書を参照せよ．

第5章

平面曲線としての曲率

曲線のパラメータ表示の像がある平面内にあるときを調べよう．定理 3.10 で見たように，このような曲線のパラメータ表示 (平面曲線のパラメータ表示とよぶ) は捩率が恒等的に消えているので，曲率がそのすべての情報を握っているはずである．

例 5.1
$$\psi(t) := \begin{bmatrix} \psi^1(t) \\ \psi^2(t) \end{bmatrix} := \begin{bmatrix} \int_0^t \cos(\frac{1}{2}\theta^2)d\theta \\ \int_0^t \sin(\frac{1}{2}\theta^2)d\theta \end{bmatrix}$$

とおく (これについては [12, p.90] も参考にするとよい)．$\varphi(t) := {}^t(\psi^1(t), \psi^2(t), 0)$ のとき，$\varphi : I := (0, \infty) \to \mathbb{R}^3$ の曲率は $\kappa(t) = t$, 捩率は $\tau(t) = 0$ であることがわかる．

$$\widetilde{\psi}(t) := \begin{bmatrix} \widetilde{\psi}^1(t) \\ \widetilde{\psi}^2(t) \end{bmatrix} := \begin{bmatrix} \int_0^t \cos(\frac{1}{2}\theta^2)d\theta \\ -\int_0^t \sin(\frac{1}{2}\theta^2)d\theta \end{bmatrix}$$

とおく．$\widetilde{\varphi}(t) := {}^t(\widetilde{\psi}^1(t), \widetilde{\psi}^2(t), 0)$ のとき，$\widetilde{\varphi} : \widetilde{I} := (0, \infty) \to \mathbb{R}^3$ の曲率は $\widetilde{\kappa}(t) = t$, 捩率は $\widetilde{\tau}(t) = 0$ である．したがって，定理 4.1 から，Euclid 変換 $\Phi : \mathbb{R}^3 \to \mathbb{R}^3$ が存在して，$\widetilde{\varphi}(t) = \Phi \circ \varphi(t)$ とかける．実際，$\Phi(x) = \begin{bmatrix} 1 & 0 & 0 \\ 0 & -1 & 0 \\ 0 & 0 & -1 \end{bmatrix} x$ とすればよい．一方，$\widetilde{\psi}(t) = \Psi \circ \psi(t)$ となるような Euclid 変換 $\Psi : \mathbb{R}^2 \to \mathbb{R}^2$ は存在しない．

$\psi(\mathbb{R})$ と $\widetilde{\psi}(\mathbb{R})$ を描くと図 5.1 のようになる． □

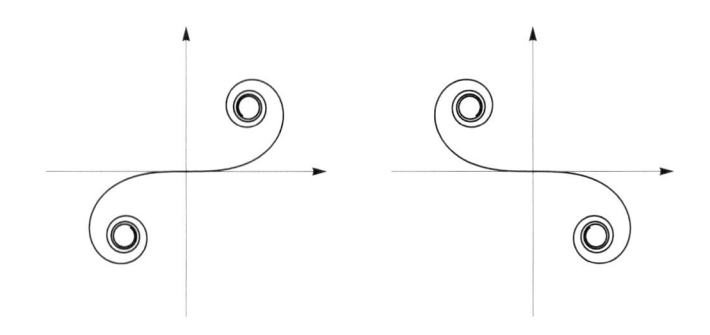

図 5.1　左：$\psi(\mathbb{R})$，右：$\widetilde{\psi}(\mathbb{R})$

　この例でわかるように，平面内の Euclid 幾何学として曲線のパラメータ表示を調べるときは，今までの曲率の概念は大雑把すぎる．また，この例で予想がつくように，平面内にある 2 つの曲線のパラメータ表示の曲率が一致していれば，平面内の合同変換 (すなわち，Euclid 距離を保つ変換) でうつりあうことがわかる．実際この例では，x^1 軸に関する折り返しをほどこすと ψ と $\widetilde{\psi}$ は一致する．

　平面内の Euclid 幾何学として曲線のパラメータ表示を調べるために，曲率の定義を再検討しよう．像が含まれる平面を全世界と思うという立場なのだから，はじめからそれを $x^1 x^2$ 平面 $\mathbb{R}^2$ とし，写像 $\varphi: I \to \mathbb{R}^2$ を考察の対象とする．曲線のパラメータ表示 (定義 1.4)，曲線の弧長パラメータ表示 (定義 1.7) という概念は，$\mathbb{R}^3$ を $\mathbb{R}^2$ にかえてもそのままで問題はない．

記号 5.2　平面上の原点を中心にした $\pi/2$ 回転をあらわす写像 (行列) を $J: \mathbb{R}^2 \to \mathbb{R}^2$ とかく．すなわち，

$$Jx := \begin{bmatrix} \cos(\pi/2) & -\sin(\pi/2) \\ \sin(\pi/2) & \cos(\pi/2) \end{bmatrix} x = \begin{bmatrix} 0 & -1 \\ 1 & 0 \end{bmatrix} x, \quad \forall x \in \mathbb{R}^2,$$

とする． □

定義 5.3　平面曲線の弧長パラメータ表示 $\varphi: I \to \mathbb{R}^2$ に対して，

$$e_1(s) := \frac{d\varphi}{ds}(s),$$
$$e_2(s) := Je_1(s),$$
$$F(s) := (e_1(s)\ e_2(s)) \in SO(2)$$

とおく．$F : I \to SO(2)$ を平面曲線の弧長パラメータ表示 $\varphi : I \to \mathbb{R}^2$ の Frenet 標構という． □

e_2 の定義が以前の空間曲線の場合とちがっていることに注意せよ．$e_1(s)$ が与えられたとき $F(s) \in SO(2)$ となるためには，$e_2(s)$ をこのように定義するしかない．とくに 正の向きに $\pi/2$ だけ回転させる，言い換えれば，進行方向に対して左という向きの概念を用いて定義していることも重要である．

いったん Frenet 標構が定義できれば，空間曲線の場合と同様なアイディア (命題 2.6 参照) でつぎのように曲率が定義できる．

命題 5.4 平面曲線の弧長パラメータ表示 $\varphi : I \to \mathbb{R}^2$ に対して，その Frenet 標構を $F : I \to SO(2)$ とする．$\Omega : I \to M_2(\mathbb{R})$ を

$$\frac{dF}{ds}(s) = F(s)\Omega(s), \quad \forall s \in I$$

で定まる写像とすると，$\Omega(s)$ はつぎの形をした 2×2 交代行列である．

$$\Omega(s) = \begin{bmatrix} 0 & -\kappa(s) \\ \kappa(s) & 0 \end{bmatrix}.$$

このとき，関数 $\kappa \in C^\infty(I)$ はつぎで与えられる．

$$\kappa(s) = \langle \frac{de_1}{ds}(s), e_2(s) \rangle.$$ □

定義 5.5 平面曲線の弧長パラメータ表示 $\varphi : I \to \mathbb{R}^2$ に対して，上で定まる $\kappa(s) \in \mathbb{R}$ を φ の s における**平面曲線としての曲率**とよぶ．平面曲線のみを議論しているときは，たんに曲率とよぶことが多い． □

なお，(2.3) に対応する式は，

$$\begin{cases} e_1'(s) = \kappa(s)e_2(s) \\ e_2'(s) = -\kappa(s)e_1(s) \end{cases}$$

となる.

空間曲線の場合と異なり，平面曲線の曲率は負の値もとることに注意する. e_2 が進行方向の左を向いていたことに注意すると，加速度の大きさ κ が正なら左に曲がり，負なら右に曲がる点の運動をあらわしている.

練習 5.6 つぎを示せ.

（1） 曲率が一定値 0 の平面曲線のパラメータ表示の像は直線 (の一部) である.

（2） 曲率が一定値 $\kappa \neq 0$ の平面曲線のパラメータ表示の像は半径 $|\kappa|^{-1}$ の円 (の一部) である.

（3） 例 5.1 の ψ の曲率を κ, $\widetilde{\psi}$ の曲率を $\widetilde{\kappa}$ とするとき，

$$\kappa(t) = t, \quad \widetilde{\kappa}(t) = -t$$

である. □

注意 5.7 平面曲線の弧長パラメータ表示 $\psi : I \ni s \mapsto \begin{bmatrix} \psi^1(s) \\ \psi^2(s) \end{bmatrix} \in \mathbb{R}^2$ の曲率を $\kappa \in C^\infty(I)$ とする. 曲線の弧長パラメータ表示 $\varphi : I \ni s \mapsto \begin{bmatrix} \psi^1(s) \\ \psi^2(s) \\ 0 \end{bmatrix} \in \mathbb{R}^3$ の s での曲率は $|\kappa(s)|$ であたえられる. □

すでに曲率の意味はわかると思うが，さらに 2 つ解釈を与えておこう.

命題 5.8 $\varphi : I \to \mathbb{R}^2$ を平面曲線の弧長パラメータ表示とし，κ をその曲率, $F = (e_1 \ e_2)$ をその Frenet 標構とする. $e_1(s) = \begin{bmatrix} \cos\theta(s) \\ \sin\theta(s) \end{bmatrix}$ とかくとき,

がなりたつ.

$$\frac{d\theta}{ds}(s) = \kappa(s)$$

証明 $e_1'(s) = \begin{bmatrix} -\sin\theta(s) \\ \cos\theta(s) \end{bmatrix} \theta'(s) = e_2(s)\theta'(s)$ よりただちにわかる. □

θ は進行方向の x^1 軸からはかった角度と思えるから, 曲率はその弧長に対する変化率と解釈できる.

定理 5.9 $\varphi : I \to \mathbb{R}^2$ を平面曲線の弧長パラメータ表示, $\kappa \in C^\infty(I)$ をその曲率とする. 任意の $s \in I$ に対して, $\kappa(s) \neq 0$ と仮定する. 0 でない相異なる実数 h, k に対して, $C(h, k)$ を 3 点 $\varphi(0), \varphi(h), \varphi(k)$ を通る円とする. (h, k は $\varphi(0), \varphi(h), \varphi(k)$ が一直線上にならないような十分小さい数をとる.) $c(h, k) \in \mathbb{R}^2$ を $C(h, k)$ の中心とし, $c := \lim_{h,k \to 0} c(h, k)$ とする. $r(h, k) \in \mathbb{R}$ を $C(h, k)$ の半径とし, $r := \lim_{h,k \to 0} r(h, k)$ とする. このとき, つぎがなりたつ.

$$c = \varphi(0) + \kappa(0)^{-1} e_2(0), \qquad r = |\kappa(0)|^{-1}.$$

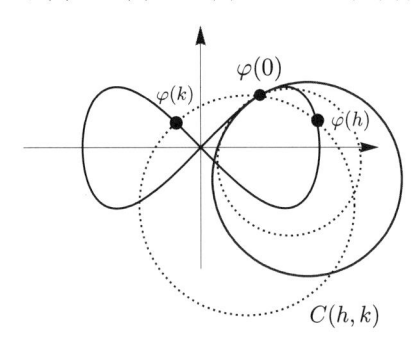

図 5.2

証明 * $f_{hk}(s) := \langle \varphi(s) - c(h, k), \varphi(s) - c(h, k) \rangle - r^2(h, k)$ とし, $f(s) := \lim_{h,k \to 0} f_{hk}(s) = \langle \varphi(s) - c, \varphi(s) - c \rangle - r^2$ とするとき,

$$f(0) = f'(0) = f''(0) = 0 \tag{5.1}$$

がなりたつ.

実際, 中心 $c(h,k)$, 半径 $r(h,k)$ の円の方程式は $\langle x-c(h,k), x-c(h,k)\rangle - r^2(h,k) = 0$ で与えられ, $\varphi(0), \varphi(h), \varphi(k)$ はその円上の点だから,

$$f_{hk}(0) = f_{hk}(h) = f_{hk}(k) = 0$$

である.

以下, $0 < h < k$ の場合を考察する. $0, h, k$ の大小関係が違う場合も同様な議論が可能である. Rolle の定理より, ある $h_1 \in (0, h)$ とある $k_1 \in (h, k)$ が存在して,

$$f'_{hk}(h_1) = f'_{hk}(k_1) = 0$$

となる. もう一度, Rolle の定理を用いて, ある $k_2 \in (h_1, k_1)$ が存在して,

$$f''_{hk}(k_2) = 0$$

がなりたつ. $h, k \to 0$ とすれば, (5.1) が得られる.

$f'(s) = 2\langle \varphi'(s), \varphi(s) - c\rangle$ より,

$$0 = \frac{1}{2}f'(0) = \langle \varphi'(0), \varphi(0) - c\rangle = \langle e_1(0), \varphi(0) - c\rangle$$

である. ゆえに $\varphi(0) - c$ は $e_2(0)$ と平行である.

$\frac{1}{2}f''(s) = \langle \varphi''(s), \varphi(s) - c\rangle + \langle \varphi'(s), \varphi'(s)\rangle = \langle \kappa(s)e_2(s), \varphi(s) - c\rangle + 1$ と $f''(0) = 0$ より,

$$-1 = \langle \kappa(0)e_2(0), \varphi(0) - c\rangle$$

であるから, $\varphi(0) - c = -\kappa(0)^{-1}e_2(0)$ とかける. このとき, $c = \varphi(0) + \kappa(0)^{-1}e_2(0)$ かつ $r = |\varphi(0) - c| = |\kappa(0)|^{-1}$ となる. □

この円 $\lim_{h,k \to 0} C(h,k)$ を φ の 0 における**接触円**または**曲率円**とよぶ.

練習 5.10 $\varphi: I \to \mathbb{R}^3$ を非退化な曲線の弧長パラメータ表示とする.

(1) 定理 5.9 と同様に φ の s における接触円を定義せよ. さらに, その半径が曲率 $\kappa(s)$ の逆数になることを示せ.

(2) φ の s における「接触球」を, 同様なアイディアで定義し, それを求めよ. 一般の位置にある 4 点を通る球面は一意に定まることを用いよ. □

ここで，練習 3.16 を見直してみるとよい．

練習 5.11 $\varphi : I \to \mathbb{R}^3$ を非退化な曲線の弧長パラメータ表示とし，$\psi : I \ni s \mapsto \varphi(s) + \kappa(s)^{-1} e_2(s) \in \mathbb{R}^3$ とおく (この像は接触円の中心の軌跡である)．ψ が曲線のパラメータ表示になるとき，その伸開線 (練習 2.13 参照) を求めよ． □

この $\psi(I)$ を $\varphi(I)$ の**縮閉線**とよぶ．

練習 5.12 平面曲線のパラメータ表示

$$\varphi(t) = a \begin{bmatrix} t - \sin t \\ 1 - \cos t \end{bmatrix}, \quad t \in [0, 2\pi]$$

に対して，弧長パラメータ表示を求め，曲率 $\kappa(s)$ を計算せよ．ただし，$a > 0$ とする．さらに，この縮閉線を求めよ． □

練習 5.13 練習 2.14 の平面曲線版をつくれ． □

練習 5.14 平面曲線のパラメータ表示に対する「曲線論の基本定理」を記述せよ． □

練習 5.15◇ $\theta, b^1, b^2 \in \mathbb{R}$ と $\kappa \in C^\infty(I)$ に対して，つぎのように定める $\varphi : I \to \mathbb{R}^2$ が単射ならば，平面曲線の弧長パラメータ表示であることを示し，その曲率は $\kappa(s)$ となることを計算せよ．

$$\varphi(s) = \begin{bmatrix} \int_0^s \cos(\int_0^t \kappa(u) du + \theta) dt + b^1 \\ \int_0^s \sin(\int_0^t \kappa(u) du + \theta) dt + b^2 \end{bmatrix}.$$

逆に，$\kappa \in C^\infty(I)$ を曲率とする平面曲線の弧長パラメータ表示 $\varphi : I \to \mathbb{R}^2$ で $\varphi(0) = \begin{bmatrix} b^1 \\ b^2 \end{bmatrix}$, $\dfrac{d\varphi}{ds}(0) = \begin{bmatrix} \cos \theta \\ \sin \theta \end{bmatrix}$ なるものは，上式で与えられることを示せ． □

第6章

閉曲線

　今までは点の運動の記述の仕方を調べてきたといってよいが，今回はそれを「図形」として見なおしてみたい．「曲線のパラメータ表示」ではなく，ここではじめて「曲線」とくに「閉曲線」を定義する．ここでの方針は，図 6.1 の左のようなものは閉曲線とよび，右のようなものは尖っている点があるのでそうはよばない．(なお，右図も閉曲線とよぶ流儀がある．その場合には，我々の扱う対象は「正則な」閉曲線とよばれている．)

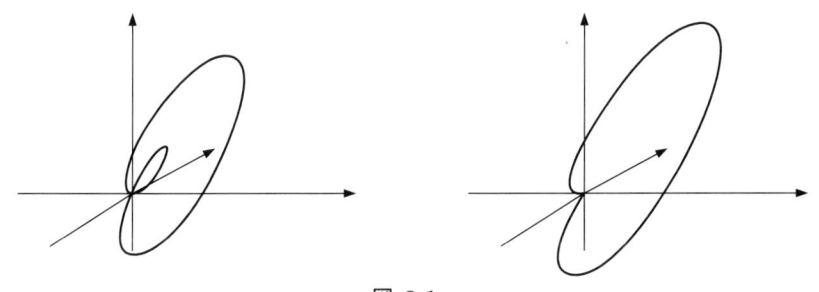

図 6.1

　定義 6.1　p_0 を単位円 $S^1(1) = \{p \in \mathbb{R}^2 \mid |p| = 1\}$ 上の点とする．$S^1(1)$ の部分集合 V が p_0 の $S^1(1)$ での近傍であるとは，p_0 を含む $\mathbb{R}^2$ の開円板 B が存在して $V = S^1(1) \cap B$ と書けることをいう．V を p_0 の $S^1(1)$ での近傍とする．同相写像 $\psi \colon (S^1(1) \supset)V \to I(\subset \mathbb{R})$ が，**向きを保つ滑らかな同相写像**であるとは，$p_0 = \begin{bmatrix} \cos\theta_0 \\ \sin\theta_0 \end{bmatrix}$ とかくとき，正数 $\varepsilon_1, \varepsilon_2$ を

$$\psi_{\theta_0,\varepsilon_1,\varepsilon_2} \colon (\mathbb{R} \supset)(\theta_0 - \varepsilon_1, \theta_0 + \varepsilon_2) \ni \theta \mapsto \psi(\begin{bmatrix} \cos\theta \\ \sin\theta \end{bmatrix}) \in I(\subset \mathbb{R})$$

が定義できる範囲で大きくとって，$\psi_{\theta_0,\varepsilon_1,\varepsilon_2}$ が各点 θ で微分可能かつ $\dfrac{d\psi_{\theta_0,\varepsilon_1,\varepsilon_2}}{d\theta}(\theta) > 0$ がなりたつときをいう． □

$\psi : V \to I$ が向きを保つ滑らかな同相写像であれば，V 上 p が正の向き (反時計回り) に滑らかに進むとき $\psi(p)$ が滑らかに増加する．

定義 6.2 $\phi : S^1(1) \to \mathbb{R}^3$ がはめ込みであるとは，つぎの (i), (ii) をみたすことをいう．

(i) ϕ は連続写像である．

(ii) 任意の点 $p \in S^1(1)$ に対して，p の $S^1(1)$ での近傍 V と向きを保つ滑らかな同相写像 $\psi : V \to I$ が存在して，$\varphi := \phi \circ \psi^{-1} : I \to \mathbb{R}^3$ が定義 1.4 の意味で曲線のパラメータ表示になる．

はめ込み $\phi : S^1(1) \to \mathbb{R}^3$ あるいはその像 $\phi(S^1(1)) \subset \mathbb{R}^3$ のことを**閉曲線**とよぶ． □

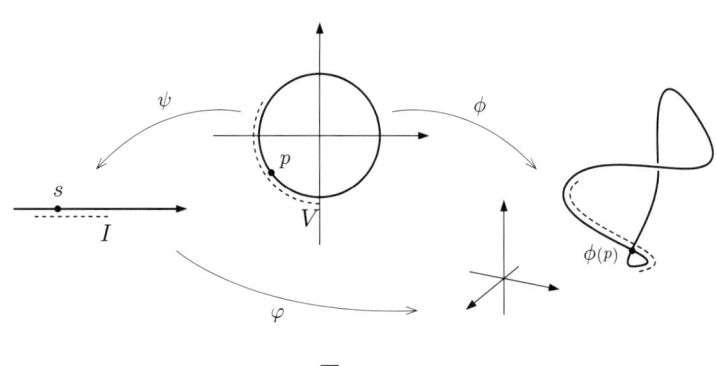

図 6.2

$\mathbb{R}^3$ の部分集合 C があるはめ込み $\phi : S^1(1) \to \mathbb{R}^3$ の像となりうるとき，$C(= \phi(S^1(1)))$ は閉曲線とよばれる．$S^1(1)$ の正の向きから ϕ を通して定まる向きを閉曲線の向きとよぶ．$\mathbb{R}^3$ の部分集合 C を閉曲線とよぶ場合も向きが指定されていると考える場合が多い．また，$\mathbb{R}^3$ の部分集合 C がある単射なはめ込み $\phi : S^1(1) \to \mathbb{R}^3$ の像となりうるとき，$C(= \phi(S^1(1)))$ は**単純閉曲線**とよばれる．

補題 6.3 $\phi: S^1(1) \to \mathbb{R}^3$ を閉曲線とし,p_0 を $S^1(1)$ の任意の点とする.

(1) p_0 の $S^1(1)$ での近傍 V と向きを保つ滑らかな同相写像 $\psi: V \to I$ が存在して,$\varphi := \phi \circ \psi^{-1}: I \to \mathbb{R}^3$ が曲線の弧長パラメータ表示になる.

(2) $\psi_j: V \to I_j$ $(j=1,2)$ を向きを保つ滑らかな同相写像とし,$\varphi_j := \phi \circ \psi_j^{-1}: I_j \to \mathbb{R}^3$ を曲線の弧長パラメータ表示であるとする.$\xi := \psi_2 \circ \psi_1^{-1}: I_1 \to I_2$ とし,$I_1 := (0, l)$ とする.このとき,ある $c \in \mathbb{R}$ が存在し,$I_2 = (c, c+l)$ かつ $\xi(s) = s + c$ とかける.

証明 (1) 命題 1.8 による.

(2) $\varphi_1 = \varphi_2 \circ \xi$ だから,$\varphi_1'(s) = \dfrac{d\varphi_2}{dt}(\xi(s))\xi'(s)$ と $|\varphi_1'(s)| = \left|\dfrac{d\varphi_2}{dt}(\xi(s))\right| = 1$ より,$\xi'(s) = \pm 1$ となる.ψ_1, ψ_2 が向きを保つ滑らかな同相写像であることから,$\xi' > 0$ となり,$\xi(s) = s + c$ とかける. □

ξ の微分可能性について議論が必要だが,ここでは立ち入らないことにする.

定義 6.2 の φ を p のまわりの ϕ の**局所パラメータ表示**という.さらに,補題 6.3(1) の φ を p のまわりの ϕ の向きに適合した**局所弧長パラメータ表示**とよぶ.これに対して,たとえば,

$$\varphi: [0, 2\pi) \ni \theta \mapsto \phi\left(\begin{bmatrix} \cos\theta \\ \sin\theta \end{bmatrix}\right) \in \mathbb{R}^3$$

はもはや我々の定めた意味で曲線のパラメータ表示とは限らないが,全体の様子をあらわすのに適している.このような φ を ϕ の**大域的**なパラメータ表示とよぶことがある.

定義 6.4 (1) $\phi: S^1(1) \to \mathbb{R}^3$ を閉曲線とし,p を $S^1(1)$ の任意の点とする.$\psi: V \to I$ を補題 6.3(1) のものとし,$\kappa \in C^\infty(I)$ を曲線の弧長パラメータ表示 $\varphi := \phi \circ \psi^{-1}: I \to \mathbb{R}^3$ の曲率とする.$\kappa(\psi(p))$ を ϕ の p における**曲率**とよぶ.これをあらためて $\kappa(p)$ とかく.

(2) $S^1(1)$ の任意の点において ϕ の曲率が正になるとき,閉曲線 $\phi: S^1(1) \to \mathbb{R}^3$ は**非退化**であるという.ϕ が非退化なとき,$\tau \in C^\infty(I)$ を上の φ の捩率とする.$\tau(\psi(p))$ を ϕ の p における捩率とよぶ.これをあらためて

$\tau(p)$ とかく. □

閉曲線 $\phi: S^1(1) \to \mathbb{R}^3$ と点 $p \in S^1(1)$ に対して,向きに適合した局所弧長パラメータ表示をとり,その p に対応する点における曲率や捩率で,ϕ の p における曲率や捩率を定めたいというのが,上のアイディアである.つぎにこれが well-defined であることを主張しなくてはならない.

補題 6.5 $\phi: S^1(1) \to \mathbb{R}^3$ を閉曲線とし,p を $S^1(1)$ の任意の点,V を p の $S^1(1)$ での近傍とする.$\psi: V \to I$, $\widetilde{\psi}: V \to \widetilde{I}$ を向きを保つ滑らかな同相写像とし,$\varphi := \phi \circ \psi^{-1}: I \to \mathbb{R}^3$, $\widetilde{\varphi} := \phi \circ \widetilde{\psi}^{-1}: \widetilde{I} \to \mathbb{R}^3$ を曲線の弧長パラメータ表示であるとする.$\xi = \widetilde{\psi} \circ \psi^{-1}: I \to \widetilde{I}$ を補題 6.3 から $\xi(s) = s + c$ とする (c は定数).このとき,$\widetilde{\varphi}$ が非退化であることと φ が非退化であることは同値である.さらに,$\widetilde{F} = (\widetilde{e}_1\ \widetilde{e}_2\ \widetilde{e}_3)$, $F = (e_1\ e_2\ e_3)$ をそれぞれの Frenet 標構,$\widetilde{\kappa}, \kappa$ をそれぞれの曲率,$\widetilde{\tau}, \tau$ をそれぞれの捩率とすると,

$$F = \widetilde{F} \circ \xi, \quad \kappa = \widetilde{\kappa} \circ \xi, \quad \tau = \widetilde{\tau} \circ \xi$$

がなりたつ.とくに,$\kappa(\psi(p)) = \widetilde{\kappa}(\widetilde{\psi}(p))$ かつ $\tau(\psi(p)) = \widetilde{\tau}(\widetilde{\psi}(p))$ を得る.

証明 $\xi' = 1$ に注意して,

$$e_1(s) = \varphi'(s) = \frac{d\widetilde{\varphi}}{dt}(\xi(s))\xi'(s) = \widetilde{e}_1(\xi(s)).$$

$$e_1'(s) = \frac{d\widetilde{e}_1}{dt}(\xi(s))\xi'(s) = \frac{d\widetilde{e}_1}{dt}(\xi(s)).$$

$$\kappa(s) = |e_1{}'(s)| = \left|\frac{d\widetilde{e}_1}{dt}(\xi(s))\right| = \widetilde{\kappa}(\xi(s)).$$

とくに,φ が非退化なことと $\widetilde{\varphi}$ が非退化なことは同値である.

$$e_2(s) = \kappa^{-1}(s)e_1'(s) = (\widetilde{\kappa}(\xi(s)))^{-1}\frac{d\widetilde{e}_1}{dt}(\xi(s)) = \widetilde{e}_2(\xi(s)).$$

$$e_3(s) = e_1(s) \times e_2(s) = \widetilde{e}_1(\xi(s)) \times \widetilde{e}_2(\xi(s)) = \widetilde{e}_3(\xi(s)).$$

$$e_2'(s) = \frac{d\widetilde{e}_2}{dt}(\xi(s))\xi'(s) = \frac{d\widetilde{e}_2}{dt}(\xi(s)).$$

$$\tau(s) = \langle e_2{}'(s), e_3(s)\rangle = \left\langle \frac{d\widetilde{e}_2}{dt}(\xi(s)), \widetilde{e}_3(\xi(s))\right\rangle = \widetilde{\tau}(\xi(s)). \quad \Box$$

以上から，ϕ の p における曲率，捩率が定義できた．それらが局所弧長パラメータ表示の取り方に依らない，すなわち ψ の取り方に依らないことがわかったからである．このような性質を曲率，捩率の「パラメータ変換に関する不変性」あるいは「変数変換に関する不変性」「座標変換に関する不変性」などとよぶ．

以後，定義 6.4 の曲率，捩率について $\kappa, \tau \in C^\infty(S^1(1))$ とかく．ただし，$C^\infty(S^1(1))$ の定義はここでは与えないこととするが，気持ちはわかるであろう．

命題 6.6 $\phi : S^1(1) \to \mathbb{R}^3$ を非退化な閉曲線とし，$p \in S^1(1)$ とする．V を p の $S^1(1)$ での近傍とし，$\widetilde{\psi} : V \to \widetilde{I}$ を任意の向きを保つ滑らかな同相写像とする．点 p のまわりの局所パラメータ表示 $\widetilde{\varphi} := \phi \circ \widetilde{\psi}^{-1} : \widetilde{I} \to \mathbb{R}^3$ (弧長パラメータ表示とは限らない) を用いると，ϕ の p における曲率は (6.1)，捩率は (6.2) で与えられる．

$$\Lambda(t) := \left|\frac{d\widetilde{\varphi}}{dt}(t)\right|^2 \left|\frac{d^2\widetilde{\varphi}}{dt^2}(t)\right|^2 - \left\langle \frac{d\widetilde{\varphi}}{dt}(t), \frac{d^2\widetilde{\varphi}}{dt^2}(t) \right\rangle^2 > 0,$$

$$\kappa(p) = \Lambda(\widetilde{\psi}(p))^{1/2} \left|\frac{d\widetilde{\varphi}}{dt}(\widetilde{\psi}(p))\right|^{-3}, \tag{6.1}$$

$$\tau(p) = \Lambda(\widetilde{\psi}(p))^{-1} \det\left(\frac{d\widetilde{\varphi}}{dt}(\widetilde{\psi}(p))\ \frac{d^2\widetilde{\varphi}}{dt^2}(\widetilde{\psi}(p))\ \frac{d^3\widetilde{\varphi}}{dt^3}(\widetilde{\psi}(p))\right). \tag{6.2}$$

証明* $\varphi : I \to \mathbb{R}^3$ を p のまわりの ϕ の向きに適合した局所弧長パラメータ表示とする．$\xi : I \to \widetilde{I}$ を $\varphi = \widetilde{\varphi} \circ \xi$ なる C^∞ 同相写像とし，$\widetilde{\psi}(p) = t = \xi(s)$ とする ($s \in I, t \in \widetilde{I}$)．$\varphi$ の s における曲率と捩率を $\widetilde{\varphi}$ で表せばよい．補題 6.5 のように計算しよう．

$$e_1(s) = \varphi'(s) = \frac{d\widetilde{\varphi}}{dt}(\xi(s))\xi'(s)$$

となる．$\xi'(s) > 0$ だから，

$$\xi'(s) = \left|\frac{d\widetilde{\varphi}}{dt}(\xi(s))\right|^{-1}$$

である．これを s でもう一度微分すると，

$$\xi''(s) = \left\{ \left\langle \frac{d\widetilde{\varphi}}{dt}(\xi(s)), \frac{d\widetilde{\varphi}}{dt}(\xi(s)) \right\rangle^{-\frac{1}{2}} \right\}'$$

$$= -\frac{1}{2} \left\langle \frac{d\widetilde{\varphi}}{dt}(\xi(s)), \frac{d\widetilde{\varphi}}{dt}(\xi(s)) \right\rangle^{-\frac{3}{2}} 2 \left\langle \frac{d\widetilde{\varphi}}{dt}(\xi(s)), \left\{ \frac{d\widetilde{\varphi}}{dt}(\xi(s)) \right\}' \right\rangle$$

$$= - \left\langle \frac{d\widetilde{\varphi}}{dt}(\xi(s)), \frac{d\widetilde{\varphi}}{dt}(\xi(s)) \right\rangle^{-\frac{3}{2}} \left\langle \frac{d\widetilde{\varphi}}{dt}(\xi(s)), \frac{d^2\widetilde{\varphi}}{dt^2}(\xi(s))\xi'(s) \right\rangle$$

$$= - \left| \frac{d\widetilde{\varphi}}{dt}(\xi(s)) \right|^{-4} \left\langle \frac{d\widetilde{\varphi}}{dt}(\xi(s)), \frac{d^2\widetilde{\varphi}}{dt^2}(\xi(s)) \right\rangle$$

である.

$$e_1'(s) = \frac{d^2\widetilde{\varphi}}{dt^2}(\xi(s))\{\xi'(s)\}^2 + \frac{d\widetilde{\varphi}}{dt}(\xi(s))\xi''(s)$$

$$= \left| \frac{d\widetilde{\varphi}}{dt}(\xi(s)) \right|^{-2} \frac{d^2\widetilde{\varphi}}{dt^2}(\xi(s))$$

$$- \left| \frac{d\widetilde{\varphi}}{dt}(\xi(s)) \right|^{-4} \left\langle \frac{d\widetilde{\varphi}}{dt}(\xi(s)), \frac{d^2\widetilde{\varphi}}{dt^2}(\xi(s)) \right\rangle \frac{d\widetilde{\varphi}}{dt}(\xi(s))$$

だから,

$$\kappa(s)^2 = |e_1'(s)|^2$$

$$= \left| \frac{d\widetilde{\varphi}}{dt}(\xi(s)) \right|^{-4} \left\langle \frac{d^2\widetilde{\varphi}}{dt^2}(\xi(s)), \frac{d^2\widetilde{\varphi}}{dt^2}(\xi(s)) \right\rangle$$

$$- 2 \left| \frac{d\widetilde{\varphi}}{dt}(\xi(s)) \right|^{-6} \left\langle \frac{d\widetilde{\varphi}}{dt}(\xi(s)), \frac{d^2\widetilde{\varphi}}{dt^2}(\xi(s)) \right\rangle \left\langle \frac{d\widetilde{\varphi}}{dt}(\xi(s)), \frac{d^2\widetilde{\varphi}}{dt^2}(\xi(s)) \right\rangle$$

$$+ \left| \frac{d\widetilde{\varphi}}{dt}(\xi(s)) \right|^{-8} \left\langle \frac{d\widetilde{\varphi}}{dt}(\xi(s)), \frac{d^2\widetilde{\varphi}}{dt^2}(\xi(s)) \right\rangle^2 \left\langle \frac{d\widetilde{\varphi}}{dt}(\xi(s)), \frac{d\widetilde{\varphi}}{dt}(\xi(s)) \right\rangle$$

$$= \left| \frac{d\widetilde{\varphi}}{dt}(\xi(s)) \right|^{-6}$$

$$\left\{ \left| \frac{d\widetilde{\varphi}}{dt}(\xi(s)) \right|^2 \left| \frac{d^2\widetilde{\varphi}}{dt^2}(\xi(s)) \right|^2 - \left\langle \frac{d\widetilde{\varphi}}{dt}(\xi(s)), \frac{d^2\widetilde{\varphi}}{dt^2}(\xi(s)) \right\rangle^2 \right\}$$

を得る. これで (6.1) が示せた. □

練習 6.7 (6.2) を証明せよ. □

例 6.8 $\varphi(t) = \begin{bmatrix} \cos^2 t \\ \cos t \sin t \\ \sin t \end{bmatrix}$ から定まる閉曲線を調べよう．

$\varphi : (-\pi, \pi) \to \mathbb{R}^3$ あるいは $\varphi : (0, 2\pi) \to \mathbb{R}^3$ は曲線のパラメータ表示である．しかしこれは曲線の弧長パラメータ表示ではないので，曲率や捩率を求めるには命題 6.6 をもちいればよい．

$$\varphi'(t) = \begin{bmatrix} -\sin 2t \\ \cos 2t \\ \cos t \end{bmatrix}, \quad \varphi''(t) = \begin{bmatrix} -2\cos 2t \\ -2\sin 2t \\ -\sin t \end{bmatrix}, \quad \varphi'''(t) = \begin{bmatrix} 4\sin 2t \\ -4\cos 2t \\ -\cos t \end{bmatrix}$$

より，$\Lambda(t) = (1 + \cos^2 t)(4 + \sin^2 t) - \sin^2 t \cos^2 t = 8 - 3\sin^2 t$,
$\det(\varphi'(t)\, \varphi''(t)\, \varphi'''(t)) = 6\cos t$ となるから，φ の t における曲率は $\kappa(t) = (2 - \sin^2 t)^{-3/2}(8 - 3\sin^2 t)^{1/2}$, φ の t における捩率は $\tau(t) = 6(8 - 3\sin^2 t)^{-1}\cos t$ であることがわかる．

$\phi(\begin{bmatrix} \cos\theta \\ \sin\theta \end{bmatrix}) = \varphi(\theta)$ により $\phi : S^1(1) \to \mathbb{R}^3$ を定めると，ϕ は well-defined ではめ込みになる．$p := \begin{bmatrix} 1 \\ 0 \end{bmatrix}, q := \begin{bmatrix} -1 \\ 0 \end{bmatrix} \in S^1(1)$ とすると，p での曲率は $\kappa(0) = 1$, 捩率は $\tau(0) = \dfrac{3}{4}$ であり，q での曲率は $\kappa(\pi) = 1$, 捩率は $\tau(\pi) = -\dfrac{3}{4}$ である．$\phi(p) = \phi(q) = \begin{bmatrix} 1 \\ 0 \\ 0 \end{bmatrix}$ であることも注意せよ． □

閉じていない曲線については大袈裟に考える必要はない．しかし，閉曲線の定義のアイディアの復習を兼ねて同じスタイルで定義を与えておこう．円 $S^1(1)$ の代わりに開区間 $\mathcal{I}$ をとる．

定義 6.9 (1) $\mathcal{I} \subset \mathbb{R}$ を開区間とする．$\phi : \mathcal{I} \to \mathbb{R}^3$ がはめ込みであるとは，つぎの (i), (ii) をみたすことをいう．(i) ϕ は連続写像である．(ii) 任意の

点 $p \in \mathcal{I}$ に対して,p の近傍 $\widetilde{I} \subset \mathcal{I}$ が存在して $\widetilde{\varphi} := \phi|_{\widetilde{I}} : \widetilde{I} \to \mathbb{R}^3$ が定義 1.4 の意味で曲線のパラメータ表示になる.

はめ込み $\phi : \mathcal{I} \to \mathbb{R}^3$ あるいはその像 $\phi(\mathcal{I}) \subset \mathbb{R}^3$ のことを開曲線,あるいはたんに**曲線**とよぶ.

(2) $\dfrac{d\xi}{ds} > 0$ なる C^∞ 同相写像 $\xi : (\mathbb{R} \supset) I \to \widetilde{I}$ を用いて $\varphi = \widetilde{\varphi} \circ \xi : I \to \mathbb{R}^3$ が曲線の弧長パラメータ表示にできるが,この φ を p のまわりの ϕ の向きに適合した**局所弧長パラメータ表示**という.

(3) $p \in \mathcal{I}$ に対して,φ を p のまわりの ϕ の向きに適合した局所弧長パラメータ表示とし,$s \in I$ を p に対応する点とする.φ の s における曲率,捩率をもって,ϕ の p における曲率,捩率を定義する.これは well-defined である. □

注意 6.10[*] 2 つの曲線 $\phi(\mathcal{I}), \widetilde{\phi}(\widetilde{\mathcal{I}})$ が等しいとは,単調増加な同相写像 $\xi : \mathcal{I} \to \widetilde{\mathcal{I}}$ と Euclid 変換 $\Phi : \mathbb{R}^3 \to \mathbb{R}^3$ が存在して,$\widetilde{\phi} \circ \xi = \Phi \circ \phi$ がなりたつときをいう.2 つの閉曲線 $\phi(S^1(1)), \widetilde{\phi}(S^1(1))$ が等しいとは,向きを保つ同相写像 $\xi : S^1(1) \to S^1(1)$ と Euclid 変換 $\Phi : \mathbb{R}^3 \to \mathbb{R}^3$ が存在して,$\widetilde{\phi} \circ \xi = \Phi \circ \phi$ がなりたつときをいう.たとえば,

$$\phi_1 : \mathbb{R} \ni t \mapsto \begin{bmatrix} \cos t \\ \sin t \\ 0 \end{bmatrix} \in \mathbb{R}^3, \phi_2 : \mathbb{R} \ni t \mapsto \begin{bmatrix} \cos 2t \\ \sin 2t \\ 1 \end{bmatrix} \in \mathbb{R}^3$$

はどちらも曲線であり,曲線として等しい.

$$\phi_3 : S^1(1) \ni \begin{bmatrix} \cos t \\ \sin t \end{bmatrix} \mapsto \begin{bmatrix} \cos t \\ \sin t \\ 0 \end{bmatrix} \in \mathbb{R}^3,$$

$$\phi_4 : S^1(1) \ni \begin{bmatrix} \cos t \\ \sin t \end{bmatrix} \mapsto \begin{bmatrix} \cos 2t \\ \sin 2t \\ 1 \end{bmatrix} \in \mathbb{R}^3$$

はどちらも閉曲線であるが,閉曲線としては等しくない. □

練習 6.11 $\xi_r(s) = -s$ とし，$\widetilde{\varphi} : \widetilde{I} \to \mathbb{R}^3$, $\varphi = \widetilde{\varphi} \circ \xi_r : I \to \mathbb{R}^3$ を曲線の弧長パラメータ表示とする．$\widetilde{\varphi}$ が非退化であることと φ が非退化であることは同値であることを示せ．$\widetilde{\kappa}, \kappa$ をそれぞれの曲率，$\widetilde{\tau}, \tau$ をそれぞれの捩率とする．このとき，

$$\kappa = \widetilde{\kappa} \circ \xi_r, \quad \tau = \widetilde{\tau} \circ \xi_r$$

を示せ． □

練習 6.12（1）写像 $\xi : (\mathbb{R} \supset)[0, 2\pi) \ni t \mapsto \begin{bmatrix} \cos t \\ \sin t \end{bmatrix} \in S^1(1)(\subset \mathbb{R}^2)$ は，連続な全単射であるが，同相でないことを示せ．$\mathbb{R}/2\pi\mathbb{Z}$ と $S^1(1)$ 間の同相写像を構成せよ．

（2）開区間 (a, b) から開区間 (c, d) への C^∞ 同相写像の例をあげよ．さらに，開区間 (a, b) から $\mathbb{R}$ への C^∞ 同相写像の例をあげよ． □

練習 6.13 つぎで与えられる曲線と向きを図示し，その t における曲率，捩率を計算せよ．ただし，a, b は正定数とする．

$$\phi : \mathbb{R} \ni t \mapsto \begin{bmatrix} a\cos t \\ a\sin t \\ 0 \end{bmatrix} \in \mathbb{R}^3, \tag{6.3}$$

$$\phi : \mathbb{R} \ni t \mapsto \begin{bmatrix} a\cos t \\ a\sin t \\ bt \end{bmatrix} \in \mathbb{R}^3, \tag{6.4}$$

$$\phi : \mathbb{R} \ni t \mapsto \begin{bmatrix} a\cos(-t) \\ a\sin(-t) \\ 0 \end{bmatrix} \in \mathbb{R}^3, \tag{6.5}$$

$$\phi : \mathbb{R} \ni t \mapsto \begin{bmatrix} a\cos(-t) \\ a\sin(-t) \\ b(-t) \end{bmatrix} \in \mathbb{R}^3, \tag{6.6}$$

$$\phi : \mathbb{R} \ni t \mapsto \begin{bmatrix} a\sin t \\ a\cos t \\ 0 \end{bmatrix} \in \mathbb{R}^3, \tag{6.7}$$

$$\phi : \mathbb{R} \ni t \mapsto \begin{bmatrix} a\sin t \\ a\cos t \\ bt \end{bmatrix} \in \mathbb{R}^3. \tag{6.8}$$

□

練習 6.14 つぎで与えられる曲線の t における曲率, 捩率を計算せよ.

$$\phi(t) = \begin{bmatrix} 3t - t^3 \\ 3t^2 \\ 3t + t^3 \end{bmatrix}, \tag{6.9}$$

$$\phi(t) = \begin{bmatrix} \frac{1}{\sqrt{2}}\cos t - \frac{1}{\sqrt{3}}\sin t + \frac{1}{\sqrt{6}}t \\ \frac{1}{\sqrt{2}}\cos t + \frac{1}{\sqrt{3}}\sin t - \frac{1}{\sqrt{6}}t \\ \frac{1}{\sqrt{3}}\sin t + \frac{2}{\sqrt{6}}t \end{bmatrix}, \tag{6.10}$$

$$\phi(t) = \begin{bmatrix} \frac{1}{\sqrt{2}}t - \frac{1}{\sqrt{3}}\cosh t \\ \frac{1}{\sqrt{2}}t + \frac{1}{\sqrt{3}}\cosh t \\ \frac{1}{\sqrt{3}}\cosh t \end{bmatrix}, \tag{6.11}$$

$$\phi(t) = \begin{bmatrix} f(-t) \\ f(t) \\ t \end{bmatrix}, \quad \text{ただし, } f(t) := \begin{cases} 0, & t \leq 0, \\ e^{-1/t}, & t > 0. \end{cases} \tag{6.12}$$

□

蛇足ながら, $\cosh t := \frac{1}{2}(e^t + e^{-t})$, $\sinh t := \frac{1}{2}(e^t - e^{-t})$ である (双曲三角関数).

練習 6.15 平面曲線に対して, (平面曲線としての) 曲率が定義できることを示せ. $\phi(\mathcal{I})$ を平面内の曲線とし, $\varphi = \phi \circ \psi^{-1} : I \to \mathbb{R}^2$ を点 p のまわりの向きに適合した局所パラメータ表示とする. $\psi(p) = t$ とするとき, $\phi(\mathcal{I})$ の p における曲率が

$$\left|\frac{d\varphi}{dt}(t)\right|^{-3} \det\left(\frac{d\varphi}{dt}(t) \ \frac{d^2\varphi}{dt^2}(t)\right)$$

で与えられることを示せ. □

練習 6.16 $\xi : (-\varepsilon, \varepsilon) \to \mathbb{R}^3$ を C^∞ 写像で, $\xi((-\varepsilon, \varepsilon)) \subset S^2(1)$ かつ $\det(\xi(u) \ \xi'(u) \ \xi''(u)) \neq 0$ であるとする.

$$\phi(t) := \int_0^t \xi(u) \times \xi'(u) du$$

で定まる曲線の捩率を計算せよ. □

練習 6.17 $U \subset \mathbb{R}^2$ を領域, $I \subset \mathbb{R}$ を区間とし, f を $I \times U$ 上の滑らかな関数とする. 任意の $t \in I$ に対して, $C_t := \{x \in U \mid f(t,x) = 0\}$ が曲線であると仮定する. $\varphi : I \to U \subset \mathbb{R}^2$ に対して, $\varphi(I)$ が曲線族 $\{C_t\}$ の**包絡線**であるとは,

$$f(t, \varphi(t)) = \frac{\partial f}{\partial t}(t, \varphi(t)) = 0, \quad \forall t \in I$$

がなりたつことをいう.

(1) $f(t, x^1, x^2) := (-\frac{1}{2t})(x^1 - t) - (x^2 - t^2)$ のとき, $\{C_t\}$ ($t \in \mathbb{R} \setminus \{0\}$) を図示せよ.

(2) $\{C_t\}$ の包絡線を求め, 図示せよ. また, 包絡線の定義の幾何学的な意味を考察せよ.

(3) $\{C_t\}$ の包絡線と放物線 $C := \{x \in \mathbb{R} \mid (x^1)^2 - x^2 = 0\}$ の縮閉線 (練習 5.11 参照) の関係, および曲線族 $\{C_t\}$ と C の関係を考察せよ. □

練習 6.18 つぎの $f_j : \mathbb{R}^3 \to \mathbb{R}^2$ と $q_j \in \mathbb{R}^2$ ($j = 1, 2$) に対して, $C_j := f_j^{-1}(\{q_j\}) \subset \mathbb{R}^3$ が曲線かどうかを確かめよ. 非退化な曲線のとき, 曲率と捩率を計算せよ.

$$f_1(x^1, x^2, x^3) := \begin{bmatrix} (x^1)^2 + (x^2)^2 + (x^3)^2 \\ x^1 + x^2 + x^3 \end{bmatrix}, \quad q_1 := \begin{bmatrix} 1 \\ 0 \end{bmatrix},$$

$$f_2(x^1, x^2, x^3) := \begin{bmatrix} (x^1)^2 + (x^2)^2 + (x^3)^2 \\ (x^1 - 1)^2 + (x^2)^2 \end{bmatrix}, \quad q_2 := \begin{bmatrix} 4 \\ 1 \end{bmatrix}. \quad \square$$

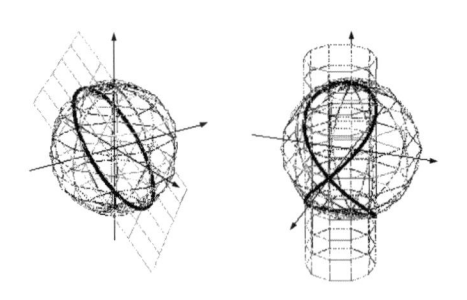

図 **6.3**

練習 6.19 下の定理 6.20 から次を導け.
(1) C^∞ 写像 $f : \mathbb{R}^2 \to \mathbb{R}$ に対して,

$$df(x) := \left(\frac{\partial f}{\partial x^1}(x) \quad \frac{\partial f}{\partial x^2}(x) \right)$$

とおく. $q \in \mathbb{R}$ に対して, $C := f^{-1}(\{q\})$ とし, 空集合ではないとする. 任意の点 $x \in C$ で $df(x) \neq 0$ のとき, C は平面曲線である.

(2) C^∞ 写像 $f : \mathbb{R}^3 \to \mathbb{R}^2$ に対して,

$$df(x) := \begin{bmatrix} \dfrac{\partial f^1}{\partial x^1}(x) & \dfrac{\partial f^1}{\partial x^2}(x) & \dfrac{\partial f^1}{\partial x^3}(x) \\ \dfrac{\partial f^2}{\partial x^1}(x) & \dfrac{\partial f^2}{\partial x^2}(x) & \dfrac{\partial f^2}{\partial x^3}(x) \end{bmatrix}$$

とおく. $q \in \mathbb{R}^2$ に対して, $C := f^{-1}(\{q\})$ とし, 空集合ではないとする. 任意の点 $x \in C$ で $\operatorname{rank} df(x) = 2$ のとき, C は曲線である. □

定理 6.20 (陰関数定理) * U を $\mathbb{R}^{n+m}$ の開集合とし, $f : U \to \mathbb{R}^m$ を C^∞ 写像とする. $\mathbb{R}^{n+m}$ の座標を $z = \begin{bmatrix} x \\ y \end{bmatrix} = {}^t(x^1, \ldots, x^n, y^1, \ldots, y^m)$ とし,

$$\frac{\partial(f^1,\ldots,f^m)}{\partial(y^1,\ldots,y^m)}(z) := \begin{bmatrix} \dfrac{\partial f^1}{\partial y^1}(z) & \cdots & \dfrac{\partial f^1}{\partial y^m}(z) \\ \vdots & & \vdots \\ \dfrac{\partial f^m}{\partial y^1}(z) & \cdots & \dfrac{\partial f^m}{\partial y^m}(z) \end{bmatrix}$$

とかくとする．U の点 $c = \begin{bmatrix} a \\ b \end{bmatrix} = {}^t(a^1,\ldots,a^n,b^1\ldots,b^m)$ で

$$f(c) = 0, \quad \det\frac{\partial(f^1,\ldots,f^m)}{\partial(y^1,\ldots,y^m)}(c) \neq 0$$

がなりたつと仮定する．このとき，つぎをみたす a を含む $\mathbb{R}^n$ の開集合 V と b を含む $\mathbb{R}^m$ の開集合 W および C^∞ 写像 $g: V \to W$ が存在する．(i) $c \in V \times W \subset U$. (ii) 任意の $x \in V$, $y \in W$ に対して，$y = g(x)$ と $f(\begin{bmatrix} x \\ y \end{bmatrix}) = 0$ は同値である．

このとき，さらにつぎがなりたつ．

$$\frac{\partial g}{\partial x^j}(x) = \frac{\partial(f^1,\ldots,f^m)}{\partial(y^1,\ldots,y^m)}\left(\begin{bmatrix} x \\ g(x) \end{bmatrix}\right)^{-1} \frac{\partial f}{\partial x^j}\left(\begin{bmatrix} x \\ g(x) \end{bmatrix}\right), \quad \forall x \in V. \qquad \Box$$

なお，記号 $\dfrac{\partial(f^1,\ldots,f^m)}{\partial(y^1,\ldots,y^m)}(z)$ は $m \times m$ 行列をあらわしている．他の文献では，この記号を $\det\dfrac{\partial(f^1,\ldots,f^m)}{\partial(y^1,\ldots,y^m)}(z)(\in \mathbb{R})$ の意味に用いることがあるので注意すること．

練習 6.21 上の陰関数定理を下の逆関数定理から導け． $\qquad \Box$

定理 6.22 (逆関数定理)* C^∞ 写像 $\varPhi: \mathbb{R}^m \to \mathbb{R}^m$ に対して，

$$d\varPhi(x) := \left(\frac{\partial \varPhi^i}{\partial x^j}(x)\right) = \begin{bmatrix} \dfrac{\partial \varPhi^1}{\partial x^1}(x) & \cdots & \dfrac{\partial \varPhi^1}{\partial x^m}(x) \\ \vdots & & \vdots \\ \dfrac{\partial \varPhi^m}{\partial x^1}(x) & \cdots & \dfrac{\partial \varPhi^m}{\partial x^m}(x) \end{bmatrix} \in GL(m; \mathbb{R})$$

ならば，x の近傍 U と $\Phi(x)$ の近傍 V が存在して，$\Phi|U : U \to V$ は C^∞ 同相写像である．すなわち，$\Phi|U$ の C^∞ 逆写像が存在する． □

練習 6.23 C^∞ 関数 $f : \mathbb{R}^2 \to \mathbb{R}$ に対して，$C := f^{-1}(\{0\})$ が平面曲線であるとする．このとき，C の点 x での曲率の絶対値は

$$\frac{\left|\frac{\partial^2 f}{\partial x^{1^2}}(x)\left(\frac{\partial f}{\partial x^2}(x)\right)^2 - 2\frac{\partial^2 f}{\partial x^1 \partial x^2}(x)\frac{\partial f}{\partial x^1}(x)\frac{\partial f}{\partial x^2}(x) + \frac{\partial^2 f}{\partial x^{2^2}}(x)\left(\frac{\partial f}{\partial x^1}(x)\right)^2\right|}{\left\{\left(\frac{\partial f}{\partial x^1}(x)\right)^2 + \left(\frac{\partial f}{\partial x^2}(x)\right)^2\right\}^{3/2}}$$

で与えられることを示せ． □

第 7 章
閉曲線の曲率の積分

　今まではおもに曲線の各点での曲がり具合を調べてきたが，今回はその情報を足しあわせることにより，曲線の大域的な形状を調べる．しばらくは簡単のため平面内の閉曲線を対象とする．

　定義 7.1 (1)　$C = \phi(S^1(1)) \subset \mathbb{R}^2$ を閉曲線とする．$\widetilde{\varphi} : [0, 2\pi) \ni \theta \mapsto \phi(\begin{bmatrix} \cos\theta \\ \sin\theta \end{bmatrix}) \in \mathbb{R}^2$ に対して，$\dfrac{d\xi}{ds}(s) > 0$ かつ $\left|\dfrac{d\widetilde{\varphi} \circ \xi}{ds}\right| = 1$ をみたす $l > 0$ および C^∞ 同相写像 $\xi : [0, l] \to [0, 2\pi)$ がただ一つ存在する．$\varphi := \widetilde{\varphi} \circ \xi : [0, l] \to \mathbb{R}^2$ またはそれを閉区間 $[0, l]$ に滑らかに拡張したものを向きに適合した ϕ の大域的な弧長パラメータ表示という．

　$F = (e_1\ e_2) : S^1(1) \to SO(2)$ および $\kappa \in C^\infty(S^1(1))$ を曲線の弧長パラメータ表示の場合と同様にして $\varphi : [0, l] \to \mathbb{R}^2$ から定めた，$\phi(S^1(1))$ の Frenet 標構および $\phi(S^1(1))$ の平面曲線としての曲率とする．

　(2)　$\psi : (V =) S^1(1) \setminus \left\{\begin{bmatrix} 1 \\ 0 \end{bmatrix}\right\} \to (0, l)$ を $\varphi|_{(0,l)} = \phi \circ \psi^{-1}$ となる向きを保つ滑らかな同相写像とする．$\psi^{-1} : (0, l) \to S^1(1)$ を閉区間 $[0, l]$ に連続に拡張したものも ψ^{-1} であらわす．

　連続関数 $f \in C^0(S^1(1))$ に対して，

$$\int_{\phi(S^1(1))} f d\mu := \int_0^l f \circ \psi^{-1}(s) ds$$

と定める．また，$l (= \displaystyle\int_{\phi(S^1(1))} 1 d\mu)$ を $\phi(S^1(1))$ の**長さ**という．さらに，

$\int_{\phi(S^1(1))} \kappa d\mu$ を $\phi(S^1(1))$ の**全曲率**という．これらは well-defined である．□

命題 7.2 閉曲線 $C = \phi(S^1(1)) \subset \mathbb{R}^2$ の全曲率は 2π の整数倍である．

証明 φ を向きに適合した ϕ の大域的な弧長パラメータ表示とすると，命題 5.8 あるいは練習 5.15 から，

$$e_1(s) = \varphi'(s) = \begin{bmatrix} \cos\left(\int_0^s \kappa(u)du + \theta\right) \\ \sin\left(\int_0^s \kappa(u)du + \theta\right) \end{bmatrix}$$

であるから，$\int_0^s \kappa(u)du$ は始点における単位接ベクトル $e_1(0) = \begin{bmatrix} \cos\theta \\ \sin\theta \end{bmatrix}$ と $e_1(s)$ のなす角をあらわしている．C が閉曲線であることから $e_1(l) = e_1(0)$ なので，全曲率 $\int_0^l \kappa(u)du$ は 2π の整数倍になる． □

この証明からわかるように，整数 $(2\pi)^{-1}\int_0^l \kappa(u)du$ は 単位接ベクトル e_1 が実質何回転したか，すなわち，正の向き (左回り，反時計回り) に回転した数から負の向きに回転した数を引いた数をあらわしている．これは $\phi : S^1(1) \to \mathbb{R}^2$ の**回転数**とよばれている．

例 7.3 図の閉曲線の全曲率は下のように与えられる．

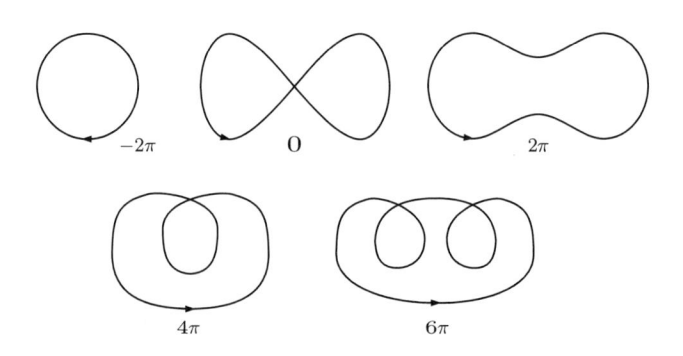

図 **7.1**

上の命題，あるいはこの例でもわかるように，曲線を $\mathbb{R}^2$ の中で少しずつ連続的に変形しても全曲率の値はかわらない．一方，前回までで見たように，曲率は Euclid 不変量なので，形が少しでも変わればそれに応じて変化する．それを積分すると相殺して，もっとおおらかな特徴であるところの曲線の回転数をあらわすようになるのである．

ここで，「連続的に変形する」という意味を明確にしておこう．

定義 7.4 U を $\mathbb{R}^2$ の領域とする．

(1) 2つの連続写像 $\gamma_0, \gamma_1 : I \to U$ に対して，$F : I \times [0,1] \to U$ が γ_0 から γ_1 への U での**ホモトピー**であるとは，つぎをみたすことをいう．(i) F は連続写像である．(ii) 任意の $t \in I$ に対して，$F(t,0) = \gamma_0(t)$, $F(t,1) = \gamma_1(t)$ がなりたつ．

(2) $\phi_0, \phi_1 : S^1(1) \to U \subset \mathbb{R}^2$ を閉曲線とし，$\varphi_0, \varphi_1 : I \to U \subset \mathbb{R}^2$ をそれぞれの大域的なパラメータ表示とする．$\Phi : I \times [0,1] \to U$ が φ_0 から φ_1 への U での**正則ホモトピー**であるとは，つぎをみたすことをいう．(i) Φ は φ_0 から φ_1 への U でのホモトピーである．(ii) $\varphi_\lambda(t) := \Phi(t, \lambda)$ とかくとき，任意の $\lambda \in [0,1]$ に対して，$\varphi_\lambda : I \to U$ はある閉曲線の大域的なパラメータ表示である．(iii) 任意の $t \in I$ に対して，$\dfrac{\partial \Phi}{\partial t}(t, \cdot) : [0,1] \to U$ は連続写像である．

また，φ_0 から φ_1 への U での正則ホモトピーが存在するとき，閉曲線 ϕ_0 は ϕ_1 に U で**正則ホモトープ**であるという． □

ϕ_0 と ϕ_1 が $U \subset \mathbb{R}^2$ で正則ホモトープであるとは，U の中で滑らかな閉曲線のまま $\phi_0(S^1(1))$ を $\phi_1(S^1(1))$ へ連続的に変形できることと理解すればよい．閉じていない曲線についても同様に定義すればよい．

練習 7.5 正則ホモトープが同値関係を与えることを示せ． □

定理 7.6 (H. Whitney, 1937 年) 平面内の2つの閉曲線が正則ホモトープであるための必要十分条件は，それらの全曲率が等しいことである．

必要性の証明 2つの閉曲線の大域的なパラメータ表示 φ_0 から φ_1 への正則ホモトピー $\Phi : I \times [0,1] \to \mathbb{R}^2$ が存在するとする．正則ホモトピーの定

義から，$\varphi_\lambda := \Phi(\cdot, \lambda) : I \to \mathbb{R}^2$ は閉曲線の大域的なパラメータ表示で，その全曲率を $k(\lambda)$ とすると，$k : [0,1] \to \mathbb{R}$ は連続関数である．命題 7.2 より，$k([0,l]) \subset 2\pi\mathbb{Z} = \{\ldots, -2\pi, 0, 2\pi, 4\pi, \ldots\}$ かつ $k([0,l])$ が連結であることから，$k(0) = k(1)$ を得る． □

定理の本質的な部分は，もちろん十分性の証明にある．これについては，たとえば [9, p.30] それから [12, p.58] を参照していただきたい．

例 7.7 図 7.2 は，⟶ は正則ホモトピーによる変形だが，--⟶ はそうではない． □

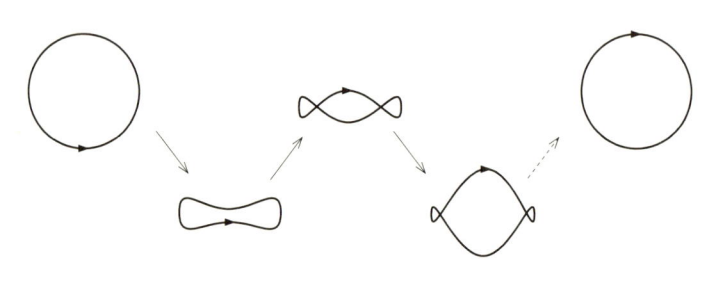

図 **7.2**

定理 7.8 (H. Hopf, 1935 年) 平面内の単純閉曲線の全曲率は $\pm 2\pi$ である． □

自己交叉しないという性質から，曲がり方を調べる曲率という量を積分した値がわかるということは興味深い．全曲率を 2π で割った値が回転数を意味していることを思い出せば，定理の主張は納得できるはずである．ただし，それは決して自明なことではなく，証明が必要であることも同時に注意したい．

定理 7.9 (C. Jordan の閉曲線定理，O. Veblen, 1905 年) 平面 $\mathbb{R}^2$ 内の単純閉曲線 C は，平面をその内部と外部の 2 つの領域に分ける．すなわち，$\mathbb{R}^2 \setminus C$ は連結成分を 2 つ持ち，一方は有界，他方は非有界で，C はこれらの共通の境界である． □

ここでは，このような定理に深入りすることはできない．しかし，これが，「単純閉曲線の囲む領域」といった言い方に根拠を与えていることには，注意が必要である．

命題 7.10 平面内の単純閉曲線 C に対して，その曲率を κ, 内部の領域を D とする．κ が符号を変えない関数のとき，D は C の任意の接線の一方の側にある．さらに，D は凸である．すなわち，D の任意の 2 点を結ぶ線分は D に属する．

証明 (前半) 背理法を用いて示す．$\varphi : [0, l] \to \mathbb{R}^2$ を C の大域的な弧長パラメータ表示で，ある点の接線の両側に D の点，したがって C の点が存在するとして矛盾を導く．さらに必要なら C の向きを変え φ に Euclid 変換を施して，その点が $\varphi(0) = 0 \in C$ かつ $e_1(0) = \begin{bmatrix} 1 \\ 0 \end{bmatrix}$ で，$\kappa \geq 0$ と仮定してよい．$[0, l]$ がコンパクトであるから，φ の x^2 座標 φ^2 が最大になる点 $l_M \in [0, l]$, 最小になる点 $l_m \in [0, l]$ が存在する．点 $0 \in C$ における接線は $x^2 = 0$ であり，両側に点があるので，$l_M, l_m \in (0, l)$ で，最大値 $\varphi^2(l_M)$ は正，最小値 $\varphi^2(l_m)$ は負となる．このとき，$\varphi(l_M), \varphi(l_m)$ における接線は x^1 軸に平行，すなわち，$e_1(0), e_1(l_M), e_1(l_m) = \pm \begin{bmatrix} 1 \\ 0 \end{bmatrix}$ である．

一方，$\theta : [0, l] \to \mathbb{R}$ を $e_1(s) = \begin{bmatrix} \cos\theta(s) \\ \sin\theta(s) \end{bmatrix}, \theta(0) = 0$ かつ滑らかになるように定める．仮定と命題 5.8 から θ は単調非減少関数で，$\theta([0, l]) = [0, 2\pi]$ である (定理 7.8 に注意する)．このとき，$\theta(0) = 0, \theta(l) = 2\pi$ で $\theta(l_M), \theta(l_m) \in \{0, \pi, 2\pi\}$ である．

(ⅰ) $0 < l_M < l_m < l$ とする．

(ⅰ-a) $\theta(l_M) = 0$ のとき，$[0, l_M]$ 上で $\theta = 0$ すなわち $\kappa = 0$ だから，C の弧 $\varphi(0)\varphi(l_M)$ は直線 (x^1 軸) 上にある．これは $\varphi^2(l_M) > 0$ に矛盾する．

(ⅰ-b1) $\theta(l_M) = \pi, \theta(l_m) = \pi$ のときは弧 $\varphi(l_M)\varphi(l_m)$ が線分に，

(ⅰ-b2) $\theta(l_M) = \pi, \theta(l_m) = 2\pi$ のときは弧 $\varphi(l_m)\varphi(l)$ が線分に，

(i-c) $\theta(l_M) = 2\pi$ のときは弧 $\varphi(l_M)\varphi(l)$ が線分になることから，同様に矛盾が導ける．

(ii) $0 < l_m < l_M < l$ のときも同様．これで前半部分の証明が終わった．

(後半) q_1, q_2 を D 内の相異なる任意の 2 点とし，線分 q_1q_2 が D からはみだすとして矛盾を導く．

仮定より線分 q_1q_2 と曲線 C は交点をもつので，それを p とすると，p における C の接線 L に対して L の両側に D の点があることがつぎのようにしてわかり，前半と矛盾する．L と q_1q_2 が 1 点 p で交わるとき，明らかに L の両側に D の点がある．線分 q_1q_2 が直線 L に含まれるとき，$q_i \in D \cap L$ で D は開集合だから，L の両側に D の点がある． □

命題 7.10 で扱ったようなある凸集合の境界になっている単純閉曲線のことを**卵形線**とよぶ．

練習 7.11 命題 7.10 の逆がなりたつことを示せ． □

定義 7.12 $C = \phi(S^1(1)) \subset \mathbb{R}^2$ を平面内の閉曲線とし，$\kappa \in C^\infty(S^1(1))$ をその曲率とする．

$$\int_{\phi(S^1(1))} |\kappa| d\mu$$

を C の**絶対全曲率**という． □

卵形線については，絶対全曲率と全曲率の絶対値は一致するので，定理 7.8 より，卵形線の絶対全曲率は 2π になる．

命題 7.13 $C \subset \mathbb{R}^2$ を閉曲線とする．
(1) C の絶対全曲率は 2π 以上である．
(2) C の絶対全曲率が 2π ならば，C は卵形線である．

(1) の証明 C が大域的な弧長パラメータ表示 $\varphi : [0, l] \to \mathbb{R}^2$ で与えられているとする．C がコンパクトであることから，その x^2 座標が最小になる点，最大になる点，x^1 座標が最小になる点，最大になる点がそれぞれ存在する．それらの点を $\varphi(0), \varphi(l_2), \varphi(l_3), \varphi(l_1)$ とかく (図 7.3 参照)．必要なら φ

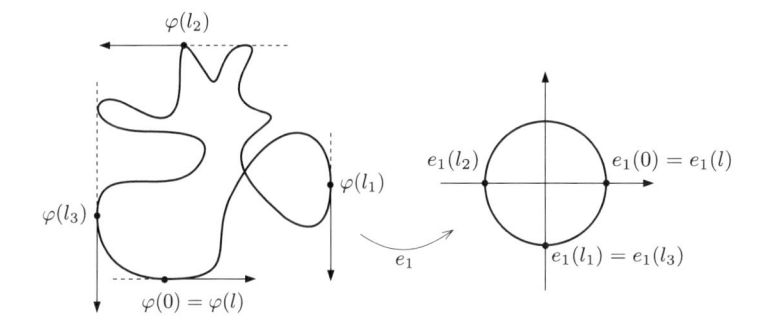

図 7.3

に Euclid 変換を施して，$e_1(0) = \begin{bmatrix} 1 \\ 0 \end{bmatrix}$ としてよい．このとき，

$$e_1(l_1) = \pm \begin{bmatrix} 0 \\ 1 \end{bmatrix}, \quad e_1(l_2) = \pm \begin{bmatrix} 1 \\ 0 \end{bmatrix}, \quad e_1(l_3) = \pm \begin{bmatrix} 0 \\ 1 \end{bmatrix}$$

となる．$\int_0^l |\kappa(s)|ds = \int_0^l |e_1{}'(s)|ds \in \mathbb{R}$ は単位円 S^1 上の点 e_1 の運動の道のりであることに注意すると，$\int_0^{l_1} |e_1{}'(s)|ds \geq \dfrac{\pi}{2}$，さらに $\int_0^{l_2} |e_1{}'(s)|ds \geq \pi$ を得る．同じ議論で $\int_0^l |e_1{}'(s)|ds \geq 2\pi$ がわかる．□

これは空間曲線についてもなりたつ．すなわち，

定理 7.14 (W. Fenchel, 1929 年) 単純閉曲線 $C \subset \mathbb{R}^3$ の全曲率は 2π 以上である．全曲率が 2π のとき，C はある平面内にある卵形線である．□

空間曲線の場合も，定義 7.1, 7.12 と同様に全曲率と絶対全曲率が定義できるが，曲率の定義から，これらは等しいことに注意する．

定理 7.15 (I. Fary, 1949 年, J. Milnor, 1950 年) 結び目の全曲率は 4π より大きい．□

結び目の定義や 4π 以上という主張の証明は [4, p.113] 等を参照せよ．

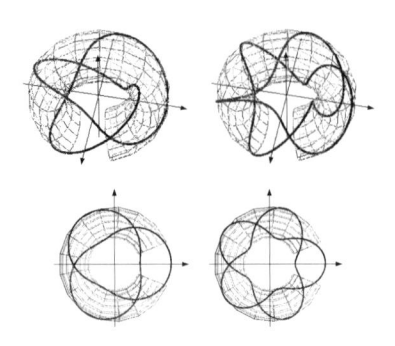

図 **7.4**　左：三葉結び目，右： Solomon の紋章結び目

定理 7.16 (S. Mukhopadhyaya, 1909 年, A. Kneser, 1912 年)[*]　平面内の円でない単純閉曲線には，少なくとも 4 個の頂点が存在する．ここで，閉曲線の頂点とは，曲率関数の極値となる点のことをいう．　□

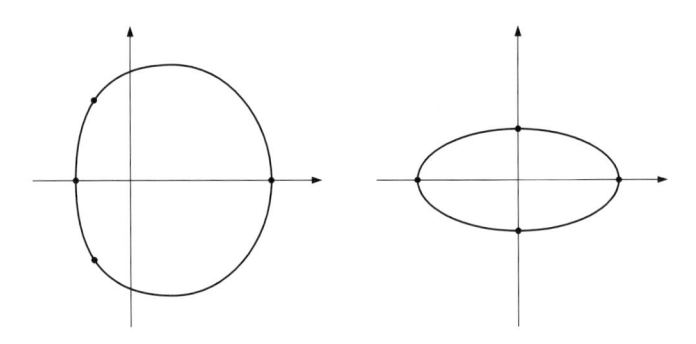

図 **7.5**　左：かたつむり線 (limacon) とその頂点，右：楕円とその頂点

定理 7.17[*]　平面内の単純閉曲線 C に対して，その長さを l, C の囲む領域の面積を A とするとき，

$$l^2 \geq 4\pi A$$

がなりたつ．等号が成立するのは，C が円のときに限る．　□

上の不等式は**等周不等式**とよばれている．与えられた紐で平面上に最大の面積を囲め，という問題に解答を与える．H. Schwarz(1890 年), A. Hurwitz(1902 年), C. Crone(1904 年), E. Schmidt(1939 年) などによる，いろいろな証明がある．J. Steiner(1842 年) のアイディアも味わい深い．

曲線について，ここでは紹介できなかったことがたくさんある．これらの定理の証明やそのほかの興味深い性質は，[4] などを参考に勉強するとよい．

第 8 章
曲面のパラメータ表示

　今回からは曲面について調べる．曲線のときと同様，「パラメータ表示」なるものからはじめよう．ここでも，イメージしやすいように条件を多めにつけておく．

定義 8.1 $U \subset \mathbb{R}^2$ を領域，すなわち連結開集合とする．単射な C^∞ 写像

$$\varphi : U \ni u = \begin{bmatrix} u^1 \\ u^2 \end{bmatrix} \longmapsto \varphi(u) = \varphi(u^1, u^2) = \begin{bmatrix} \varphi^1(u) \\ \varphi^2(u) \\ \varphi^3(u) \end{bmatrix} \in \mathbb{R}^3$$

が**曲面のパラメータ表示**であるとは，任意の $u \in U$ に対して，

$$\left\{ \frac{\partial \varphi}{\partial u^1}(u),\ \frac{\partial \varphi}{\partial u^2}(u) \right\}$$

が一次独立であることをいう． □

　言い換えると，

$$d\varphi(u) := \begin{bmatrix} \dfrac{\partial \varphi^1}{\partial u^1}(u) & \dfrac{\partial \varphi^1}{\partial u^2}(u) \\ \dfrac{\partial \varphi^2}{\partial u^1}(u) & \dfrac{\partial \varphi^2}{\partial u^2}(u) \\ \dfrac{\partial \varphi^3}{\partial u^1}(u) & \dfrac{\partial \varphi^3}{\partial u^2}(u) \end{bmatrix} \tag{8.1}$$

とかくとき，

$$\operatorname{rank} d\varphi(u) = 2, \quad \forall u \in U \tag{8.2}$$

がなりたつことをいう．

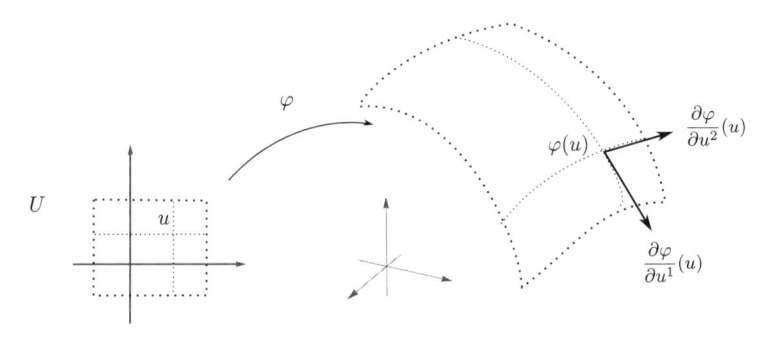

図 8.1

U の点 $u_0 = \begin{bmatrix} u_0{}^1 \\ u_0{}^2 \end{bmatrix}$ に対して, $x_0 := \varphi(u_0)$ とし, I_1 を $I_1 \times \{u_0{}^2\} \subset U$ なる区間とする. $\varphi : U \to \mathbb{R}^3$ が曲面のパラメータ表示のとき, $\gamma_1 := \varphi(\cdot, u_0{}^2) : I_1 \to \mathbb{R}^3$ は, $\gamma_1(u_0{}^1) = x_0$ なる曲線のパラメータ表示であり, $\dfrac{\partial \varphi}{\partial u^1}(u_0)$ は, γ_1 の $u_0{}^1$ における速度ベクトルである. 同様にして, $\gamma_2 := \varphi(u_0{}^1, \cdot) : I_2 \to \mathbb{R}^3$ は $\gamma_2(u_0{}^2) = x_0$ なる曲線のパラメータ表示であり, $\dfrac{\partial \varphi}{\partial u^2}(u_0)$ は, γ_2 の $u_0{}^2$ における速度ベクトルである. 定義の条件は, この 2 つの速度ベクトルが x_0 で平面を張っていることを要請している. 曲線 $\gamma_1(I_1)$ を φ の x_0 を通る u^1 曲線, 曲線 $\gamma_2(I_2)$ を φ の x_0 を通る u^2 曲線とよぶ. 曲面のパラメータ表示の像 S には, このように u^1 曲線と u^2 曲線で, きれいに番地がふられていると思うことができる. 集合 S の立場で言い直すと, S は $\varphi : U \to \mathbb{R}^3$ という一枚の地図をもっていると思えばよい. そこで, ここでは, 曲面のパラメータ表示の像 $S = \varphi(U)$ のことを**座標曲面**とよび, $\varphi : U \to \mathbb{R}^3$ は S のパラメータ表示とよぶ. 座標曲面といったら, そのパラメータ表示が指定されていると考える.

なお, 図 8.1 で描いたベクトル $\dfrac{\partial \varphi}{\partial u^j}(u)$ については, 図 2.1(右) で描いたベクトルについての注意を思い出してほしい.

例 8.2 一次独立なベクトル $a_1, a_2 \in \mathbb{R}^3$ とベクトル $b \in \mathbb{R}^3$ に対して,

$\varphi(u^1, u^2) := u^1 a_1 + u^2 a_2 + b$ とおくと，$\varphi : \mathbb{R}^2 \to \mathbb{R}^3$ は曲面のパラメータ表示であり，$\varphi(\mathbb{R}^2)$ は平面をあらわす． □

例 8.3 $I_1, I_2 \subset \mathbb{R}$ を区間とする．$\gamma : I_1 \to \mathbb{R}^3$ を曲線の弧長パラメータ表示とし，$e : I_1 \to \mathbb{R}^3$ を $e(I_1) \subset S^2(1)$ なる C^∞ 写像とする．$\varphi : I_1 \times I_2 \to \mathbb{R}^3$ を

$$\varphi(s,t) := \gamma(s) + te(s) \tag{8.3}$$

で定める．

(1) $\gamma(s) = \begin{bmatrix} \cos s \\ \sin s \\ 0 \end{bmatrix}$, $e(s) = \begin{bmatrix} 0 \\ 0 \\ 1 \end{bmatrix}$ のとき，$\varphi : (0, 2\pi) \times \mathbb{R} \to \mathbb{R}^3$ は，曲面のパラメータ表示である．像 $\varphi((0, 2\pi) \times \mathbb{R})$ は，その円柱面から直線 $x^1 = 1, x^2 = 0$ をとりさった部分をあらわしている．像 $\varphi(\mathbb{R} \times \mathbb{R})$ は，図 8.2 (左) のような円柱面をあらわしている (無限回覆っている)．

(2) $\gamma(s) = \begin{bmatrix} \cos s \\ \sin s \\ 0 \end{bmatrix}$, $e(s) = \dfrac{1}{\sqrt{2}} \begin{bmatrix} -\cos s \\ -\sin s \\ 1 \end{bmatrix}$ のとき，$\varphi : (0, 2\pi) \times \mathbb{R} \to \mathbb{R}^3$ は，曲面のパラメータ表示でない．

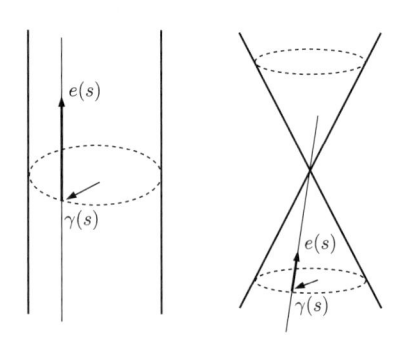

図 8.2

実際，単射でないことからもわかるが，ここでは $\left\{ \dfrac{\partial \varphi}{\partial s}(s,t), \dfrac{\partial \varphi}{\partial t}(s,t) \right\}$ が一

次独立でない点が存在することを見ておこう.

$$\frac{\partial \varphi}{\partial s}(s,t) = \frac{d\gamma}{ds}(s) + t\frac{de}{ds}(s) = \begin{bmatrix} -\sin s \\ \cos s \\ 0 \end{bmatrix} + \frac{t}{\sqrt{2}} \begin{bmatrix} \sin s \\ -\cos s \\ 0 \end{bmatrix}$$

だから,$\left\{\dfrac{\partial \varphi}{\partial s}(s,\sqrt{2}), \dfrac{\partial \varphi}{\partial t}(s,\sqrt{2})\right\}$ は一次独立ではない.

像 $\varphi(\mathbb{R} \times \mathbb{R})$ は,図 8.2 (右) のような円錐面をあらわしている.また,$\varphi :$ $(0, 2\pi) \times (-\infty, \sqrt{2}) \to \mathbb{R}^3$ は曲面のパラメータ表示である.

(3) γ を非退化な曲線の弧長パラメータ表示,$e := e_1 = \dfrac{d\gamma}{ds}$ とする.このとき,$\varphi : I \times (0, \infty) \to \mathbb{R}^3$ が単射ならば,これは曲面のパラメータ表示である.

実際,$t \neq 0$ のとき,$\left\{\dfrac{\partial \varphi}{\partial s}(s,t) = e_1(s) + t\kappa(s)e_2(s), \dfrac{\partial \varphi}{\partial t}(s,t) = e_1(s)\right\}$ は一次独立である.なぜならば,$0 = \alpha\dfrac{\partial \varphi}{\partial s}(s,t) + \beta\dfrac{\partial \varphi}{\partial t}(s,t)$ とおくと,$0 = (\alpha + \beta)e_1(s) + \alpha t\kappa(s)e_2(s)$ となり,$\{e_1(s), e_2(s)\}$ が一次独立かつ $\kappa(s)t \neq 0$ より,$\alpha = \beta = 0$ を得るからである. □

(8.3) で与えられる曲面のパラメータ表示を線織的とよび,その像は線織面とよばれている.

図 **8.3** http://www.gaudiclub.com/ingles/i_vida/escoles.html

直線をもちいてつくられるこのような曲面は，建築などのデザインでも応用されている．写真は，A. Gaudi のサグラダ・ファミリア聖堂学校 (1909 年) である．

我々がいま定義した座標曲面だけでは，とりあつかう図形はかなり限定されたものになるだろう．そこで，下の例のように，いくつかの座標曲面で覆われているような図形を曲面とよぶことにして，後にはこれを主な対象として調べることにしたい．曲面の定義についてはあとで正確なものを与えることにする (定義 21.1)．

球面 $S^2(1)$ は，通常，曲面という言葉からすぐに思いつくなじみ深いもののひとつである．とりあえず，これについてみてみよう．

例 8.4 (1) $U := \{u \in \mathbb{R}^2 \mid |u| < 1\}$ とおく．つぎで定める U から $\mathbb{R}^3$ への 6 つの写像それぞれは曲面のパラメータ表示である．

$$\varphi_{3\pm}(u) := \begin{bmatrix} u^1 \\ u^2 \\ \pm\sqrt{1-|u|^2} \end{bmatrix}, \; \varphi_{1\pm}(u) := \begin{bmatrix} \pm\sqrt{1-|u|^2} \\ u^1 \\ u^2 \end{bmatrix},$$

$$\varphi_{2\pm}(u) := \begin{bmatrix} u^2 \\ \pm\sqrt{1-|u|^2} \\ u^1 \end{bmatrix}.$$

さらに，$\varphi_{i\pm}(U)$ は $S^2(1)$ の開集合で $\varphi_{i\pm}(U) \subsetneq S^2(1)$ であるが，

$$S^2(1) = \bigcup_{i\pm} \varphi_{i\pm}(U)$$

がなりたつ．

(2) つぎで定める $\mathbb{R}^2$ から $\mathbb{R}^3$ への 2 つの写像それぞれは曲面のパラメータ表示である．

$$\varphi_N(u) := \frac{1}{|u|^2+1}\begin{bmatrix} 2u^1 \\ 2u^2 \\ |u|^2-1 \end{bmatrix}, \; \varphi_S(u) := \frac{1}{|u|^2+1}\begin{bmatrix} 2u^1 \\ 2u^2 \\ -|u|^2+1 \end{bmatrix}$$

図 8.4

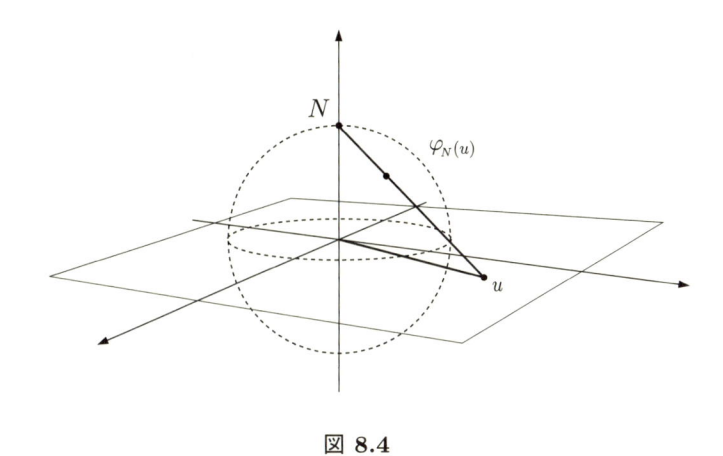

さらに, $\varphi_N(\mathbb{R}^2), \varphi_S(\mathbb{R}^2)$ は $S^2(1)$ の開集合で $\varphi_N(\mathbb{R}^2) \subsetneq S^2(1)$ かつ $\varphi_S(\mathbb{R}^2) \subsetneq S^2(1)$ であるが,

$$S^2(1) = \varphi_N(\mathbb{R}^2) \bigcup \varphi_S(\mathbb{R}^2)$$

がなりたつ. □

球面 $S^2(1)$ の地図は, (1) では 6 枚, (2) では 2 枚を用いて全体を覆っている. このように 1 枚の地図ではなく,「地図帳」が備わっている図形, あるいは「地図帳」が必要な図形も調べてゆきたいが, これからしばらくは, 簡単のため 1 枚の地図であらわされる図形に専念することになる.

練習 8.5
$$U := \left(-\frac{\pi}{2}, \frac{\pi}{2}\right) \times \left(0, \frac{7\pi}{4}\right) \subset \mathbb{R}^2,$$

$$\varphi_1(u) := \begin{bmatrix} \cos u^1 \cos u^2 \\ \cos u^1 \sin u^2 \\ \sin u^1 \end{bmatrix}, \quad \varphi_2(u) := \begin{bmatrix} \cos u^1 \cos(\pi - u^2) \\ \sin u^1 \\ \cos u^1 \sin(\pi - u^2) \end{bmatrix}$$

とする. $j = 1, 2$ に対して, $\varphi_j : U \to \mathbb{R}^3$ が曲面のパラメータ表示であることを示せ. また, $\varphi_j(U) \subset S^2(1)$ を示し, $\varphi_j(U)$ と $\varphi_1(U) \cup \varphi_2(U)$ を図示せよ. □

練習 8.6 $\gamma : I \to \mathbb{R}^3$ を常螺旋をあらわす曲線の弧長パラメータ表示 (例 2.9 参照) とし，$F = (e_1\ e_2\ e_3)$ をその Frenet 標構とする．$\varphi_i(s,t) := \gamma(s) + te_i(s)$ $(i = 1,2,3)$ とおき，このとき，φ_i の像としてできる線織面を図示せよ．
□

練習 8.7 つぎで与えられる $\mathbb{R}^3$ の部分集合 S について，つぎの性質 (RS) をもつかどうか調べよ．

(RS)：任意の点 $p \in S$ に対して，p を含む $\mathbb{R}^3$ の 開集合 B と曲面のパラメータ表示 $\varphi : U \to \mathbb{R}^3$ が存在して，$(p \in) B \cap S = \varphi(U) (\subset \mathbb{R}^3)$ がなりたち，φ は U から $B \cap S$ への同相写像である．

(1) $S := S_d := \{x \in \mathbb{R}^3 \mid (x^1)^2 + (x^2)^2 - (x^3)^2 = d\}$，
(2) $S := \{x \in \mathbb{R}^3 \mid (x^1)^3 + (x^2)^3 - 3(x^1)(x^2) = 0\}$．
□

第 9 章
座標曲面の接平面

曲線のパラメータ表示に対して接ベクトルを定義したように，曲面のパラメータ表示 $\varphi: U \to \mathbb{R}^3$ に対しても接ベクトルを定義する．以後簡単のため，$\dfrac{\partial \varphi}{\partial u^i}$ を $\partial_i \varphi$ で略記しよう．

定義 9.1 点 $x_0 = \varphi(u_0) \in \mathbb{R}^3$ を通り，2 つのベクトル $\{\partial_1 \varphi(u_0), \partial_2 \varphi(u_0)\}$ で張られる平面を $\mathcal{T}_{x_0} \varphi(U)$ とかき，点 x_0 における座標曲面 $\varphi(U)$ の**接平面**という．また，区別する必要がある場合は，この 2 つのベクトルで張られる $\mathbb{R}^3$ の部分ベクトル空間を $\varphi_* T_{u_0} U$ とかき，点 u_0 (あるいは点 x_0) における座標曲面 $\varphi(U)$ の**接ベクトル空間**という．この元を φ の点 u_0 における接ベクトルという．

$$\varphi_* T_{u_0} U = \left\{ \sum_{i=1}^{2} \xi^i \partial_i \varphi(u_0) \in \mathbb{R}^3 \ \middle| \ \xi^1, \xi^2 \in \mathbb{R} \right\}$$
$$= \{ d\varphi(u_0)\xi \in \mathbb{R}^3 \mid \xi \in \mathbb{R}^2 \},$$
$$\mathcal{T}_{x_0} \varphi(U) = \{ x_0 + v \in \mathbb{R}^3 \mid v \in \varphi_* T_{u_0} U \}.$$

ここで，$d\varphi(u_0)$ は，(8.1) のように定義される 3×2 行列である． □

行列を線型写像と見たとき，行列の階数はその線型写像の像の次元であったことにも注意せよ．

補題 9.2 点 $x_0 = \varphi(u_0) \in \mathbb{R}^3$ における座標曲面 $\varphi(U)$ の接ベクトル空間 $\varphi_* T_{u_0} U$ は，x_0 を通る $\varphi(U)$ 上の曲線の接ベクトル全体と一致する．すなわち，

$$\varphi_* T_{u_0} U = \left\{ \frac{d\gamma}{dt}(0) \in \mathbb{R}^3 \;\middle|\; \begin{array}{l} \gamma : (-\varepsilon, \varepsilon) \to \mathbb{R}^3 : C^\infty \text{ 写像} \\ \gamma(0) = x_0, \quad \gamma((-\varepsilon, \varepsilon)) \subset \varphi(U) \end{array} \right\}$$

$$= \left\{ \sum_{i=1}^{2} \frac{dc^i}{dt}(0) \partial_i \varphi(u_0) \in \mathbb{R}^3 \;\middle|\; \begin{array}{l} c : (-\varepsilon, \varepsilon) \to U : C^\infty \text{ 写像} \\ c(0) = u_0 \end{array} \right\}$$

がなりたつ.

証明 まず第 2 の等号は,φ は単射だから,$\gamma : (-\varepsilon, \varepsilon) \to \varphi(U) \subset \mathbb{R}^3$ に対してある C^∞ 写像 $c : (-\varepsilon, \varepsilon) \to U \subset \mathbb{R}^2$ が存在し,$\gamma = \varphi \circ c$ とかける.$\frac{d\gamma}{dt}(0) = \sum_{i=1}^{2} \partial_i \varphi(c(0)) \frac{dc^i}{dt}(0)$ であることに注意すればよい.

第 1 の等号を示そう.右辺を $\mathcal{T}$ とおく.主張を証明するためには,(1) $\mathcal{T} \subset \varphi_* T_{u_0} U$ および (2) $\varphi_* T_{u_0} U \subset \mathcal{T}$ を示せばよい.(1) は,$\mathcal{T}$ の形からただちにわかる.(2) は,$\mathbb{R}^2$ の任意の元 ξ に対して,$\frac{dc}{dt}(0) = \xi$ かつ $c(0) = u_0$ をみたす C^∞ 写像 $c : (-\varepsilon, \varepsilon) \to U \subset \mathbb{R}^2$ が存在することをいえばよい.たとえば,$c(t) = u_0 + t\xi$ とすれば求めるものが得られる. □

定義 9.3 (1) $n(u) := |\partial_1 \varphi(u) \times \partial_2 \varphi(u)|^{-1} \partial_1 \varphi(u) \times \partial_2 \varphi(u)$ とおき,φ の u における**単位法ベクトル**という.

(2) 写像 $n : U \ni u \mapsto n(u) \in S^2(1) \subset \mathbb{R}^3$ を φ の**単位法ベクトル場**という. □

$|n(u)| = 1$ であることはすぐにわかるだろう.ベクトル積の意味から $n(u)$ は $\varphi(u)$ における $\varphi(U)$ の接ベクトル空間に垂直なベクトルである.U から単位球面 $S^2(1)$ への写像という側面を強調するとき,単位法ベクトル場のことを Gauss 写像ともいう.

例 9.4 単位上半球面をあらわす例 8.4 の φ_{3+} について,単位法ベクトル場を計算する.そのまえに上の解釈から,$n(u) = \varphi_{3+}(u)$ がなりたつことを予想してほしい.

$$\varphi(u) := \varphi_{3+}(u) = \begin{bmatrix} u^1 \\ u^2 \\ (1-|u|^2)^{1/2} \end{bmatrix},$$

$$\partial_1\varphi(u) = \begin{bmatrix} 1 \\ 0 \\ -u^1(1-|u|^2)^{-1/2} \end{bmatrix}, \quad \partial_2\varphi(u) = \begin{bmatrix} 0 \\ 1 \\ -u^2(1-|u|^2)^{-1/2} \end{bmatrix},$$

$$\partial_1\varphi(u) \times \partial_2\varphi(u) = \begin{bmatrix} u^1(1-|u|^2)^{-1/2} \\ u^2(1-|u|^2)^{-1/2} \\ 1 \end{bmatrix}, \quad n(u) = \begin{bmatrix} u^1 \\ u^2 \\ (1-|u|^2)^{1/2} \end{bmatrix}.$$

□

例 9.5 $f \in C^\infty(U)$ とする．$\varphi(u^1, u^2) = \begin{bmatrix} u^1 \\ u^2 \\ f(u^1, u^2) \end{bmatrix}$ で与えられる座標曲面の単位法ベクトル場は

$$n(u) = \frac{1}{\sqrt{1+\{\partial_1 f(u)\}^2 + \{\partial_2 f(u)\}^2}} \begin{bmatrix} -\partial_1 f(u) \\ -\partial_2 f(u) \\ 1 \end{bmatrix}$$

である． □

論理的には先走っているが，曲線の場合の練習 6.18, 6.19 を思い出して，曲面が関数の一点の逆像と表されている場合の接平面を調べておこう．

$X \subset \mathbb{R}^3$ を領域とし，$f: X \to \mathbb{R}$ を C^∞ 関数とする．$p \in X$ に対して

$$\mathrm{grad} f(p) := {}^t(df(p)) = \begin{bmatrix} \dfrac{\partial f}{\partial x^1}(p) \\ \dfrac{\partial f}{\partial x^2}(p) \\ \dfrac{\partial f}{\partial x^3}(p) \end{bmatrix} \in \mathbb{R}^3$$

とおき，f の p における勾配ベクトルとよび，$\mathrm{grad} f: X \to \mathbb{R}^3$ を f の**勾配ベクトル場**という．実数 c に対して，$f^{-1}(\{c\}) := \{x \in X \mid f(x) = c\}$ を f

の c-等位集合とよぶ．

命題 9.6 領域 $X \subset \mathbb{R}^3$ 上の C^∞ 関数 $f : X \to \mathbb{R}$ の c-等位集合 $f^{-1}(\{c\}) \subset X$ が空でないとし，$f^{-1}(\{c\})$ 上の任意の点 p に対して，$\mathrm{grad} f(p) \neq 0$ と仮定する．$f^{-1}(\{c\})$ が座標曲面であるとき，

$$\mathcal{T}_p f^{-1}(\{c\}) = \{p + v \in \mathbb{R}^3 \mid \langle v, \mathrm{grad} f(p) \rangle = 0\}$$

とあらわされる．

証明 $\mathrm{grad} f(p)$ が p における $f^{-1}(\{c\})$ の接ベクトル空間の各元と直交していることを示せばよい．補題 9.2 から，点 p を通る $f^{-1}(\{c\})$ 上の任意の曲線 $\gamma : (-\varepsilon, \varepsilon) \to f^{-1}(\{c\}) \subset \mathbb{R}^3$ に対し，$\left\langle \dfrac{d\gamma}{dt}(0), \mathrm{grad} f(p) \right\rangle = 0$ を示す．ただし，$\gamma(0) = p$ であるものとする．実際，$f(\gamma(t)) = c$ だから，

$$0 = \frac{d\, f \circ \gamma}{dt}(0) = \sum_{i=1}^{3} \frac{\partial f}{\partial x^i}(\gamma(0)) \frac{d\gamma^i}{dt}(0) = \left\langle \frac{d\gamma}{dt}(0), \mathrm{grad} f(p) \right\rangle$$

を得る． □

上の命題の仮定「$f^{-1}(\{c\})$ が座標曲面であるとき」は，現時点では座標曲面に対して接平面を定義しているからついている仮定であり，後から見直す場合は本質的な仮定でないことがわかる．

たとえば，$X = \mathbb{R}^3$ とし，$f(x) := |x|^2$ とする．$f^{-1}(\{1\})$ は単位球面 $S^2(1)$ をあらわし，$\mathrm{grad} f(p) = 2p$ となる．ゆえに点 p での単位法ベクトルは $\pm \dfrac{1}{2} \mathrm{grad} f(p)$ で与えられる．

練習 9.7 つぎで与えられる座標曲面について，単位法ベクトル場を求めよ．

(1) $\varphi(u^1, u^2) = \begin{bmatrix} f(u^1) \cos u^2 \\ f(u^1) \sin u^2 \\ g(u^1) \end{bmatrix}$. ここで，$f, g \in C^\infty(I)$ で，$f(u^1) > 0$ とする．

(2) $\varphi(u^1, u^2) = \gamma(u^1) + u^2 e(u^1)$. ここで，$\gamma : I \to \mathbb{R}^3$ は曲線のパラメー

タ表示，$e(u^1)$ は $\left\langle \dfrac{d\gamma}{du^1}(u^1), e(u^1) \right\rangle = 0$ をみたす単位ベクトルとする． □

練習 9.8 つぎで与えられる座標曲面について，単位法ベクトル場の像 $n(U) \subset S^2(1)$ を図示せよ．

(1) $\varphi(u^1, u^2) = \begin{bmatrix} \cos u^2 \\ \sin u^2 \\ u^1 \end{bmatrix}$, $(u^1, u^2) \in \mathbb{R} \times (0, \pi)$.

(2) $\varphi(u^1, u^2) = \begin{bmatrix} \cosh u^1 \cos u^2 \\ \cosh u^1 \sin u^2 \\ u^1 \end{bmatrix}$, $(u^1, u^2) \in \mathbb{R} \times (0, 2\pi)$.

□

第 10 章

座標曲面の第 1 基本量

曲線のパラメータ表示に対して曲率や捩率を定義したように，曲面のパラメータ表示に対しても幾何学的に意味のある量を取り出したい．

今回も $\varphi : U \to \mathbb{R}^3$ を曲面のパラメータ表示，$n : U \to S^2(1) \subset \mathbb{R}^3$ をその単位法ベクトル場，i, j, k などは $1, 2$ を動くとし，いちいち断らない．

定義 10.1 (1) φ に対して，$g_{ij} \in C^\infty(U)$ および $\mathrm{I} : U \to M_2(\mathbb{R})$ をつぎで定義する．

$$g_{ij}(u) := \langle \partial_i \varphi(u), \partial_j \varphi(u) \rangle,$$
$$\mathrm{I}(u) := \begin{bmatrix} g_{11}(u) & g_{12}(u) \\ g_{21}(u) & g_{22}(u) \end{bmatrix}. \tag{10.1}$$

この 2×2 行列 $\mathrm{I}(u)$ を φ の u における**第 1 基本量**という．

(2) φ に対してつぎで $h_{ij}, \Gamma_{ij}^k \in C^\infty(U)$ および $\mathrm{I\!I} : U \to M_2(\mathbb{R})$ を定義する．

$$\partial_i \partial_j \varphi(u) = \Gamma_{ij}^1(u) \partial_1 \varphi(u) + \Gamma_{ij}^2(u) \partial_2 \varphi(u) + h_{ij}(u) n(u),$$
$$\mathrm{I\!I}(u) := \begin{bmatrix} h_{11}(u) & h_{12}(u) \\ h_{21}(u) & h_{22}(u) \end{bmatrix}. \tag{10.2}$$

ここで，$\partial_i \partial_j \varphi := \dfrac{\partial^2 \varphi}{\partial u^i \partial u^j}$ を意味している．この 2×2 行列 $\mathrm{I\!I}(u)$ を φ の u における**第 2 基本量**という．また，$\{\Gamma_{ij}^k(u)\}$ を φ の u における **Christoffel 記号**という． □

なお他書では，行列 $\mathrm{I}(u)$ の各成分 $g_{ij}(u)$ を φ の u における第 1 基本量と

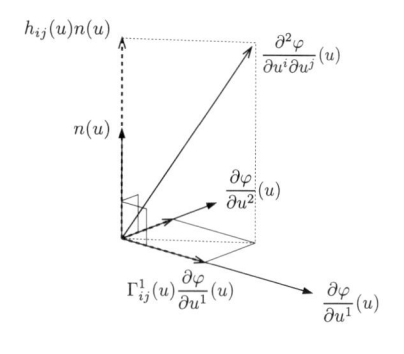

図 10.1

よぶ場合が多い．第 2 基本量についても同様である．また，本書では積極的に使うことはないが，伝統的にはつぎの記法が用いられる．

$$E := g_{11},\ F := g_{12} = g_{21},\ G := g_{22},$$
$$L := h_{11},\ M := h_{12} = h_{21},\ N := h_{22}.$$

曲線の弧長パラメータ表示の場合は，2 階微分 (加速度ベクトル) をどう表現するかを考えることによって，曲率という幾何学的な量を取り出したといってもよい．曲面のパラメータ表示の場合も 2 階微分のあらわし方から h_{ij}, Γ_{ij}^k という量を取り出している．

第 2 基本量を調べるのは次回以降になるが，ここでは，式 $(10.2)_1$ によって，$\Gamma_{ij}^k(u)$ と $h_{ij}(u)$ の定義がうまくできていることに注意しよう．点 $\varphi(u)$ を原点と見て，組 $\{\partial_1 \varphi(u), \partial_2 \varphi(u), n(u)\}$ が $\mathbb{R}^3$ の基底になっているので，ベクトル $\partial_i \partial_j \varphi(u)$ をその一次結合として一意的にあらわすことができるからである．なお，式 $(10.2)_1$ は (10.2) の第 1 式を意味する．いちいち断っていないが同様な意味である．

命題 10.2 φ の第 1 基本量を I とする．任意の点 $u \in U$ に対してつぎがなりたつ．

(1) $|\partial_1 \varphi(u) \times \partial_2 \varphi(u)|^2 = \det \mathrm{I}(u)$.
(2) $\mathrm{I}(u) \in GL(2; \mathbb{R})$.
(3) $d\varphi(u)$ を (8.1) で定める 3×2 行列とすると，$\mathrm{I}(u) = {}^t d\varphi(u) d\varphi(u)$ が

なりたつ．

（4） $I(u)$ は正定値対称行列である．すなわちつぎがなりたつ．(i) ${}^t I(u) = I(u)$. (ii) 任意のベクトル $\xi \in \mathbb{R}^2$ に対して，${}^t \xi I(u) \xi \geqq 0$. (iii) $\xi \in \mathbb{R}^2$ に対して，${}^t \xi I(u) \xi = 0$ ならば $\xi = 0$ を得る．

証明 (1) (2.4) よりわかる．

(2) 定義から (1) の左辺は 0 にはならない．よって $I(u)$ は正則行列である．

(3) 定義から $g_{ij}(u) = \sum_{k=1}^{3} \partial_i \varphi^k(u) \partial_j \varphi^k(u)$ は ${}^t d\varphi(u) d\varphi(u)$ の (i,j) 成分である．

(4) (i) ${}^t I(u) = {}^t \left({}^t d\varphi(u) d\varphi(u) \right) = {}^t d\varphi(u) d\varphi(u) = I(u)$ となる．(ii) 任意のベクトル $\xi \in \mathbb{R}^2$ に対して，

$$ {}^t \xi I(u) \xi = {}^t \xi\, {}^t d\varphi(u) d\varphi(u) \xi = {}^t (d\varphi(u)\xi)\, d\varphi(u)\xi = \langle d\varphi(u)\xi, d\varphi(u)\xi \rangle \geqq 0 $$

を得る．(iii) Euclid 内積の非退化性より，$\langle d\varphi(u)\xi, d\varphi(u)\xi \rangle = 0$ ならば，$d\varphi(u)\xi = 0$ である．$\operatorname{rank} d\varphi(u) = 2$ より，$\xi = 0$ を得る． □

この命題は，与えられた写像が曲面のパラメータ表示になっているかを調べることにも使える．単射な C^∞ 写像 $\varphi : U \to \mathbb{R}^3$ に対して，(10.1) で $I : U \to M_2(\mathbb{R})$ を定義するとき，各 $u \in U$ で $I(u)$ が正則行列なら (8.2) がなりたち，φ は曲面のパラメータ表示になっていることがわかる．

命題 10.3 (1) $c : I \to \mathbb{R}^2$ を $c(I) \subset U$ なる C^∞ 写像とすると，

$$ \left\langle \frac{d\varphi \circ c}{dt}(t), \frac{d\varphi \circ c}{dt}(t) \right\rangle = {}^t \frac{dc}{dt}(t) I(c(t)) \frac{dc}{dt}(t) $$

がなりたつ．

証明 (1) 命題 10.2(3) より，

$$ \left\langle \frac{d\varphi \circ c}{dt}(t), \frac{d\varphi \circ c}{dt}(t) \right\rangle = \left\langle d\varphi(c(t)) \frac{dc}{dt}(t), d\varphi(c(t)) \frac{dc}{dt}(t) \right\rangle $$

$$ = {}^t \left(d\varphi(c(t)) \frac{dc}{dt}(t) \right) d\varphi(c(t)) \frac{dc}{dt}(t) $$

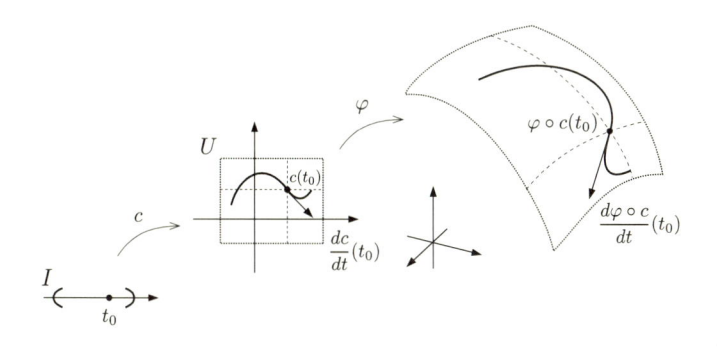

図 10.2

$$= {}^t\frac{dc}{dt}(t) {}^t d\varphi(c(t)) d\varphi(c(t)) \frac{dc}{dt}(t)$$

$$= {}^t\frac{dc}{dt}(t) \mathrm{I}(c(t)) \frac{dc}{dt}(t)$$

となる. □

命題 10.3 のつづき (2) 任意の曲線のパラメータ表示 $c\colon [a,b] \to U \subset \mathbb{R}^2$ に対して，c の長さが $\varphi \circ c$ の長さと等しいことの必要十分条件は，φ の第 1 基本量が各点で単位行列になることである．すなわち，

$$\int_a^b |\frac{dc}{dt}(\tau)|d\tau = \int_a^b |\frac{d\varphi \circ c}{dt}(\tau)|d\tau, \ \forall c \iff \mathrm{I} = 1_2$$

がなりたつ． □

十分性は (1) からただちにわかる．必要性は，[9, p.70] を参照してほしい．

$U \subset \mathbb{R}^2$ を座標曲面 $\varphi(U)$ の地図と理解するとき，$\varphi(U)$ 上での道のりを求めるためには，対応する U 上の曲線に座標曲面の歪みの情報を加味して計算する必要がある．その計算のしかたを与えているのが，命題 10.3(1) である．第 1 基本量 I さえ知っていれば，$\varphi(U)$ の形はわからなくても，地図の上で道のりや角度を計算できる．さらに，座標曲面の第 1 基本量が単位行列の場合，$\varphi(U)$ 上での道のりが対応する U 上での道のりに一致するので，距離を正確に反映した地図になっている．第 1 基本量 I は，φ が U から $\varphi(U)$ をどのよ

うに伸縮させているかという情報をもっている．

例 10.4 $a_1, a_2, b \in \mathbb{R}^3$ で a_1, a_2 は $\langle a_i, a_j \rangle = \delta_{ij}$ をみたすとする．平面をあらわす曲面のパラメータ表示 $\varphi(u^1, u^2) := u^1 a_1 + u^2 a_2 + b$ に対して，φ の第 1 基本量は $\mathrm{I}(u) = 1_2$，第 2 基本量は $\mathrm{II}(u) = 0_2$，Christoffel 記号は $\Gamma_{ij}^k(u) = 0$ となる． □

例 8.3(1) の円柱面は，距離を正確に反映した地図を作ることが可能である．紙できれいに工作することができることからも納得できるだろう．実際に第 1 基本量などを求めてみよう．

例 10.5

$$\varphi(u^1, u^2) = \gamma(u^1) + u^2 e, \quad \gamma(u^1) = \begin{bmatrix} \cos u^1 \\ \sin u^1 \\ 0 \end{bmatrix}, \; e = \begin{bmatrix} 0 \\ 0 \\ 1 \end{bmatrix}$$

とする $((u^1, u^2) \in (0, 2\pi) \times \mathbb{R})$．

$$\partial_1 \varphi(u) = \gamma'(u^1), \quad \partial_2 \varphi(u) = e$$

だから

$$\mathrm{I}(u) = \begin{bmatrix} \langle \gamma'(u^1), \gamma'(u^1) \rangle & \langle \gamma'(u^1), e \rangle \\ \langle e, \gamma'(u^1) \rangle & \langle e, e \rangle \end{bmatrix} = 1_2$$

である．さらに $n(u) = |\gamma'(u^1) \times e|^{-1} \gamma'(u^1) \times e = \cdots = \gamma(u^1)$ となり，

$$\partial_1 \partial_1 \varphi(u) = \gamma''(u^1) = -\gamma(u^1), \quad \partial_1 \partial_2 \varphi(u) = \partial_2 \partial_2 \varphi(u) = 0$$

となるから，

$$\partial_1 \partial_1 \varphi(u) = -n(u), \quad \partial_1 \partial_2 \varphi(u) = \partial_2 \partial_2 \varphi(u) = 0$$

を得る．よって，

$$\Gamma_{ij}^k(u) = 0, \quad \mathrm{II}(u) = \begin{bmatrix} -1 & 0 \\ 0 & 0 \end{bmatrix}$$

を得る． □

記号 10.6　φ の $u \in U$ における第 1 基本量 I(u) の逆行列の第 (i,j) 成分を $g^{ij}(u)$ とかく．

$$\mathrm{I}^{-1}(u) =: \begin{bmatrix} g^{11}(u) & g^{12}(u) \\ g^{21}(u) & g^{22}(u) \end{bmatrix}.$$

すなわち，$g^{ij} \in C^\infty(U)$ は

$$\sum_{k=1}^{2} g^{jk}(u)g_{ki}(u) = \delta_i^j = \sum_{k=1}^{2} g_{ik}(u)g^{kj}(u)$$

をみたすとする． □

δ_i^j も Kronecker のデルタで δ_{ij} と同じ意味である．添字の場所について，ルールをここでは詳しく説明しないが，この場合は上下に書くのがふさわしい．

定理 10.7　Christoffel 記号は第 1 基本量とその 1 階微分係数のみを用いてあらわせる．実際，I $= (g_{ij})$ を φ の第 1 基本量，Γ_{ij}^k を φ の Christoffel 記号とすると，つぎがなりたつ．

$$\Gamma_{ij}^k(u) = \frac{1}{2} \sum_{l=1}^{2} g^{kl}(u) \left\{ \partial_i g_{lj}(u) + \partial_j g_{il}(u) - \partial_l g_{ij}(u) \right\}.$$

これを示すために，まずつぎの補題を準備しよう．

補題 10.8　定理 10.7 と同じ記号を用いるとき，
（1）$\Gamma_{ij}^k(u) = \Gamma_{ji}^k(u)$，$h_{ij}(u) = h_{ji}(u)$，
（2）$\partial_i g_{lj}(u) = \sum\limits_{m=1}^{2} \Gamma_{il}^m(u) g_{mj}(u) + \sum\limits_{m=1}^{2} \Gamma_{ij}^m(u) g_{lm}(u)$，

がなりたつ．

証明　φ は滑らかなので，2 階微分は微分する順序によらない．(1) はこのことより導かれる．実際，

$$0 = \partial_i \partial_j \varphi - \partial_j \partial_i \varphi$$
$$= (\Gamma_{ij}^1 \partial_1 \varphi + \Gamma_{ij}^2 \partial_2 \varphi + h_{ij} n) - (\Gamma_{ji}^1 \partial_1 \varphi + \Gamma_{ji}^2 \partial_2 \varphi + h_{ji} n)$$

$$= (\Gamma_{ij}^1 - \Gamma_{ji}^1)\partial_1\varphi + (\Gamma_{ij}^2 - \Gamma_{ji}^2)\partial_2\varphi + (h_{ij} - h_{ji})n$$

であるから, $\{\partial_1\varphi, \partial_2\varphi, n\}$ は各点で一次独立であることに注意して, (1) を得る.

(2) は Euclid 内積と微分の関係 (命題 1.3(2)) から導かれる. 実際,

$$\partial_i g_{lj} = \partial_i \langle \partial_l\varphi, \partial_j\varphi \rangle = \langle \partial_i\partial_l\varphi, \partial_j\varphi \rangle + \langle \partial_l\varphi, \partial_i\partial_j\varphi \rangle$$

$$= \langle \sum_{m=1}^{2} \Gamma_{il}^m \partial_m\varphi + h_{il}n, \partial_j\varphi \rangle + \langle \partial_l\varphi, \sum_{m=1}^{2} \Gamma_{ij}^m \partial_m\varphi + h_{ij}n \rangle$$

$$= \sum_{m=1}^{2} \Gamma_{il}^m g_{mj} + \sum_{m=1}^{2} \Gamma_{ij}^m g_{lm}$$

となる. □

定理 10.7 の証明 補題 10.8 を用いると

$$\partial_i g_{lj} + \partial_j g_{il} - \partial_l g_{ij}$$

$$= \left\{ \sum_{m=1}^{2} \Gamma_{il}^m g_{mj} + \sum_{m=1}^{2} \Gamma_{ij}^m g_{lm} \right\} + \left\{ \sum_{m=1}^{2} \Gamma_{ji}^m g_{ml} + \sum_{m=1}^{2} \Gamma_{jl}^m g_{im} \right\}$$

$$- \left\{ \sum_{m=1}^{2} \Gamma_{li}^m g_{mj} + \sum_{m=1}^{2} \Gamma_{lj}^m g_{im} \right\}$$

$$= \sum_{m=1}^{2} \Gamma_{ij}^m g_{lm} + \sum_{m=1}^{2} \Gamma_{ji}^m g_{ml} = 2 \sum_{m=1}^{2} \Gamma_{ij}^m g_{lm}$$

となるから, 両辺に g^{kl} をかけて l について和をとると,

$$\sum_{l=1}^{2} g^{kl} \{\partial_i g_{lj} + \partial_j g_{il} - \partial_l g_{ij}\} = 2 \sum_{l,m=1}^{2} g^{kl} \Gamma_{ij}^m g_{lm}$$

$$= 2 \sum_{m=1}^{2} \Gamma_{ij}^m \delta_m^k = 2\Gamma_{ij}^k$$

を得る. □

練習 10.9◇ つぎの φ に対して, (a) φ の定義域 (で φ が曲面のパラメータ表示となる領域) U をかけ. (b) $\varphi(U)$ の概形を説明せよ. (c) 単位法ベクトル場 n, (d) 第 1 基本量 I を求めよ. ただし, r は正定数とする.

$$\varphi(u,v) = \begin{bmatrix} u \\ v \\ \sqrt{r^2 - u^2 - v^2} \end{bmatrix}, \tag{10.3}$$

$$\varphi(u,v) = r \begin{bmatrix} \cos u \cos v \\ \cos u \sin v \\ \sin u \end{bmatrix}, \tag{10.4}$$

$$\varphi(u,v) = \frac{r}{\cosh u} \begin{bmatrix} \cos v \\ \sin v \\ \sinh u \end{bmatrix}, \tag{10.5}$$

$$\varphi(u,v) = \begin{bmatrix} \sqrt{r^2 - v^2} \cos u \\ \sqrt{r^2 - v^2} \sin u \\ v \end{bmatrix}, \tag{10.6}$$

$$\varphi(u,v) = \frac{r}{u^2 + v^2 + r^2} \begin{bmatrix} 2ru \\ 2rv \\ u^2 + v^2 - r^2 \end{bmatrix}. \tag{10.7}$$

□

練習 10.10◇ つぎの φ に対して, (a) φ の定義域 (で φ が曲面のパラメータ表示となる領域) U をかけ. (b) $\varphi(U)$ の概形を説明せよ. (c) 単位法ベクトル場 n, (d) 第1基本量 I を求めよ. ただし, a は正定数とする.

$$\varphi(u,v) = \begin{bmatrix} ae^{-v/a} \cos u \\ ae^{-v/a} \sin u \\ \int_0^v \sqrt{1 - e^{-2t/a}} \, dt \end{bmatrix}, \tag{10.8}$$

$$\varphi(u,v) = \begin{bmatrix} \sqrt{v^2 + a^2} \cos u \\ \sqrt{v^2 + a^2} \sin u \\ a \sinh^{-1}(v/a) \end{bmatrix}, \tag{10.9}$$

$$\varphi(u,v) = a \begin{bmatrix} 0 \\ 0 \\ u \end{bmatrix} + v \begin{bmatrix} \cos u \\ \sin u \\ 0 \end{bmatrix}, \tag{10.10}$$

$$\varphi(u,v) = \begin{bmatrix} \cos u \\ \sin u \\ 0 \end{bmatrix} + v \begin{bmatrix} -\sin u \\ \cos u \\ a \end{bmatrix}, \tag{10.11}$$

$$\varphi_t(u,v) = \begin{bmatrix} (\cos t)\sqrt{v^2+a^2}\cos u + (\sin t)v\sin u \\ (\cos t)\sqrt{v^2+a^2}\sin u - (\sin t)v\cos u \\ a\left(\cos t\sinh^{-1}(v/a) + (\sin t)u\right) \end{bmatrix}. \tag{10.12}$$

□

練習 10.11◇ つぎで与えられる座標曲面について,第 1 基本量 I を求めよ.

(1) $\varphi(u,v) = \begin{bmatrix} u \\ v \\ f(u,v) \end{bmatrix}$. ここで, $f \in C^\infty(U)$ とする.

(2) $\varphi(u,v) = \begin{bmatrix} f(u)\cos v \\ f(u)\sin v \\ g(u) \end{bmatrix}$. ここで, $f, g \in C^\infty(I)$ かつ $f(u) > 0$ とする.

(3) $\varphi(u,v) = \gamma(u) + ve(u)$. ここで, $\gamma : I \to \mathbb{R}^3$ は曲線のパラメータ表示, $e(u)$ は $\left\langle \dfrac{d\gamma}{du}(u), e(u) \right\rangle = 0$ をみたす単位ベクトルとする. □

上の φ はそれぞれ (1) グラフ型曲面のパラメータ表示 (あるいは Monge 型曲面のパラメータ表示), (2) x^3 軸を軸とする回転 (曲) 面のパラメータ表示, (3) 線織 (的曲) 面のパラメータ表示とよばれる.

練習 10.12 V を $\mathbb{R}$ 上のベクトル空間とし,関数 $\alpha : V \times V \to \mathbb{R}$ について,つぎを仮定する.

(ⅰ) 任意の $v, v_j, w, w_j \in V$, $\mu_j, \nu_j \in \mathbb{R}$ に対して,
$$\alpha(\mu_1 v_1 + \mu_2 v_2, w) = \mu_1 \alpha(v_1, w) + \mu_2 \alpha(v_2, w),$$

$$\alpha(v, \nu_1 w_1 + \nu_2 w_2) = \nu_1 \alpha(v, w_1) + \nu_2 \alpha(v, w_2)$$

がなりたつ．

(ii) 任意の $v, w \in V$ に対して，$\alpha(v, w) = \alpha(w, v)$ がなりたつ．

(iii) 任意の $w \in V$ に対して $\alpha(v, w) = 0$ ならば，$v = 0 \in V$ である．

(iv) 任意の $v \in V$ に対して，$\alpha(v, v) \geqq 0$ である．

条件 (i) (ii) をみたすとき，α を V の**対称双線型形式**とよび，さらに (iii) をみたすとき，非退化な対称双線型形式，すべてをみたすとき α を V 上の**内積** (または正定値対称双線型形式) とよんだ．

(1) 条件 (i) (ii) (iv) のもとで (iii) とつぎの (iii′) が同値であることを示せ．

(iii′) $\alpha(v, v) = 0$ ならば $v = 0 \in V$ がなりたつ．

(2) Euclid 内積 $\langle \cdot, \cdot \rangle$ が $\mathbb{R}^n$ 上の内積であることを確かめよ．

(3) α を $\mathbb{R}^n$ 上の内積とするとき，ある正定値対称行列 A が存在して，

$$\alpha(v, w) = \langle v, Aw \rangle, \quad \forall v, w \in \mathbb{R}^n$$

とかけることを示せ．

(4) $\varphi : U \to \mathbb{R}^3$ を曲面のパラメータ表示とし，$\mathrm{I}(u)$ を点 $u \in U$ における φ の第 1 基本量とする．$v, w \in \mathbb{R}^2$ に対して，

$$g_u(v, w) := {}^t v \mathrm{I}(u) w = \langle v, \mathrm{I}(u) w \rangle \tag{10.13}$$

とおくとき，$g_u : \mathbb{R}^2 \times \mathbb{R}^2 \to \mathbb{R}$ は，$\mathbb{R}^2$ 上の内積であることを示せ． □

第 11 章

座標曲面の第 2 基本量

曲面のパラメータ表示 $\varphi: U \to \mathbb{R}^3$ に対して,第 2 基本量 $\mathbb{I} = (h_{ij})$ の意味を調べ,曲線論における Frenet-Serret の公式の対応物を導入する.
$n: U \to S^2(1) \subset \mathbb{R}^3$ は φ の単位法ベクトル場で,第 2 基本量は

$$\partial_i \partial_j \varphi(u) = \Gamma_{ij}^1(u) \partial_1 \varphi(u) + \Gamma_{ij}^2(u) \partial_2 \varphi(u) + h_{ij}(u) n(u)$$

で定義された (定義 10.1). まずは実際に計算するときに便利な形に書き換えておく.

補題 11.1 第 2 基本量の成分はつぎで与えられる.

$$\begin{aligned} h_{ij}(u) &= \langle \partial_i \partial_j \varphi(u), n(u) \rangle \\ &= \frac{\det(\partial_i \partial_j \varphi(u)\ \partial_1 \varphi(u)\ \partial_2 \varphi(u))}{|\partial_1 \varphi(u) \times \partial_2 \varphi(u)|} \\ &= \{\det \mathrm{I}(u)\}^{-1/2} \det(\partial_i \partial_j \varphi(u)\ \partial_1 \varphi(u)\ \partial_2 \varphi(u)). \end{aligned}$$

さらに,$\mathbb{I}(u) = -{}^t d\varphi(u) dn(u)$,すなわち,

$$h_{ij}(u) = -\langle \partial_j \varphi(u), \partial_i n(u) \rangle$$

がなりたつ.

証明 最初の等号は上の定義式と n との Euclid 内積をとることによって,第 2 の等号は (2.1) から,第 3 の等号は 命題 10.2(1) から容易に導かれる. 後半の主張は,$\langle \partial_j \varphi, n \rangle = 0$ を微分することによって導かれる.   □

命題 11.2 $x_0 = \varphi(u_0)$ に対して,$k(u) := \langle \varphi(u) - x_0, n(u_0) \rangle$ とおく. このとき,u_0 において関数 k の Hesse 行列は φ の第 2 基本量と一致する. す

なわち，$\partial_i \partial_j k(u_0) = h_{ij}(u_0)$ がなりたつ．

とくに，$u = \begin{bmatrix} u^1 \\ u^2 \end{bmatrix} \in U$ が u_0 に近づくとき

$$k(u^1, u^2) = \frac{1}{2}(u^1 - u_0{}^1 \ u^2 - u_0{}^2) \mathrm{I\!I}(u_0) \begin{bmatrix} u^1 - u_0{}^1 \\ u^2 - u_0{}^2 \end{bmatrix} + o(|u - u_0|^2)$$

とあらわされる．

証明 $\partial_j k(u) = \langle \partial_j \varphi(u), n(u_0) \rangle$, $\partial_i \partial_j k(u) = \langle \partial_i \partial_j \varphi(u), n(u_0) \rangle$ より，補題 11.1 から前半の主張が導かれる．後半は，$k(u_0) = \partial_i k(u_0) = 0$ に注意して，関数 k に対して u_0 のまわりで Taylor の定理を適用すればよい． □

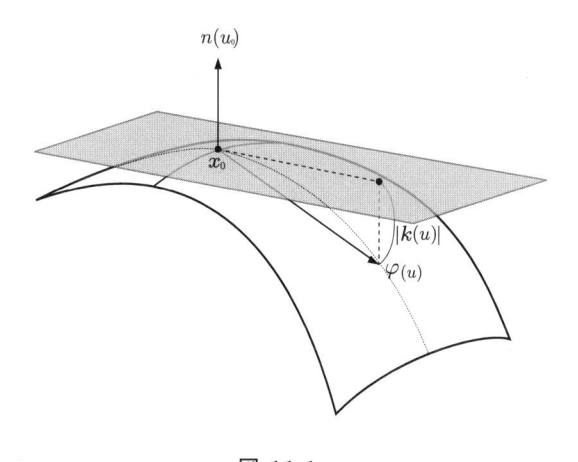

図 11.1

ここでは，命題の意味を確認しておくことが重要である．$k(u)$ は，接平面 $\mathcal{T}_{x_0}\varphi(U)$ から $n(u_0)$ 方向へはかった点 $\varphi(u)$ の高さをあらわしている．$n(u_0)$ のように自分が接平面 $\mathcal{T}_{x_0}\varphi(U)$ に立っていると想像してみよう．その近くでは $\varphi(U)$ は関数 k のグラフである．微分積分学で学んだように，k の臨界点 (いま自分が立っているところ) が，極大点あるいは極小点なのかを調べるには，k を 2 次式で近似することを考えた．命題 11.2 は，その 2 次式の係数が第 2 基本量 $\mathrm{I\!I}(u_0)$ で与えられることを意味している．

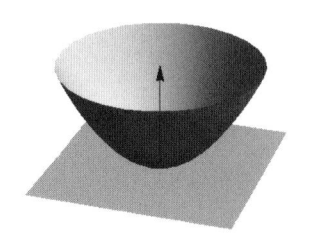

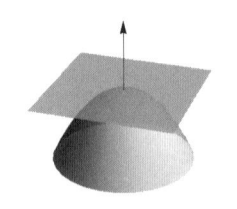

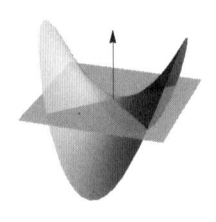

図 11.2 正定値，負定値，不定値

注意 11.3 上の命題から $\det \mathbb{I}(u_0) \neq 0$ のとき，$\varphi(u_0)$ の近くで $\varphi(U)$ は図 11.2 のような形をしている．とくに，$\mathbb{I}(u_0)$ が正定値のとき，u_0 は k の極小点である． □

命題 11.4 単位法ベクトル場の微分はつぎで与えられる．

$$\partial_i n(u) = - \sum_{k,l=1}^{2} g^{kl}(u) h_{li}(u) \partial_k \varphi(u).$$

証明 $0 = \partial_i \langle n, n \rangle = 2\langle \partial_i n, n \rangle$ より，ある $a_i^k \in C^\infty(U)$ をもちいて $\partial_i n = - \sum_{k=1}^{2} a_i^k \partial_k \varphi$ とかける．この a_i^k を求めればよい．$0 = \partial_i \langle \partial_j \varphi, n \rangle = \langle \partial_i \partial_j \varphi, n \rangle + \langle \partial_j \varphi, \partial_i n \rangle = h_{ij} + \langle \partial_j \varphi, - \sum_{k=1}^{2} a_i^k \partial_k \varphi \rangle = h_{ij} - \sum_{k=1}^{2} a_i^k g_{jk}$ となり，$h_{ij} = \sum_{k=1}^{2} a_i^k g_{jk}$ を得る．添字をかえた $h_{il} = \sum_{j=1}^{2} a_i^j g_{lj}$ の両辺に g^{kl} をかけて l で和をとることにより，$a_i^k = \sum_{l=1}^{2} h_{il} g^{kl} = \sum_{l=1}^{2} g^{kl} h_{li}$ を得る． □

定義 11.5 (1) $\mathrm{A}(u) := \{\mathrm{I}(u)\}^{-1} \mathbb{I}(u) = (a_j^i(u)) \in M_2(\mathbb{R})$ を曲面のパラメータ表示 $\varphi : U \to \mathbb{R}^3$ の u における**形作用素**という．(2) つぎの第 1 式を φ の **Gauss の公式**，第 2 式を φ の **Weingarten の公式**とよぶ．

$$\begin{cases} \partial_i \partial_j \varphi(u) = \Gamma_{ij}^1(u) \partial_1 \varphi(u) + \Gamma_{ij}^2(u) \partial_2 \varphi(u) + h_{ij}(u) n(u), \\ \partial_i n(u) = -a_i^1(u) \partial_1 \varphi(u) - a_i^2(u) \partial_2 \varphi(u). \end{cases}$$

□

注意 11.6 曲線論における Frenet-Serret の公式の役割をはたすのが，Gauss-Weingarten の公式である．前者は常微分方程式系であったが，後者は偏微分方程式系である．実際，つぎのように書きなおしてみることができる．

$$\partial_k(\partial_1\varphi\ \partial_2\varphi\ n) = (\partial_1\varphi\ \partial_2\varphi\ n)\begin{bmatrix} \Gamma_{1k}^1 & \Gamma_{2k}^1 & -a_k^1 \\ \Gamma_{1k}^2 & \Gamma_{2k}^2 & -a_k^2 \\ h_{1k} & h_{2k} & 0 \end{bmatrix},\quad k=1,2.$$

あるいは

$$\begin{aligned}F(u) &:= \begin{bmatrix} \partial_1\varphi(u) & \partial_2\varphi(u) & n(u) & \varphi(u) \\ 0 & 0 & 0 & 1 \end{bmatrix} \in M_4(\mathbb{R}), \\ \Omega_k(u) &:= \begin{bmatrix} \Gamma_{1k}^1(u) & \Gamma_{2k}^1(u) & -a_k^1(u) & \delta_k^1 \\ \Gamma_{1k}^2(u) & \Gamma_{2k}^2(u) & -a_k^2(u) & \delta_k^2 \\ h_{1k}(u) & h_{2k}(u) & 0 & 0 \\ 0 & 0 & 0 & 0 \end{bmatrix} \in M_4(\mathbb{R})\end{aligned} \quad (11.1)$$

とおくと，Gauss-Weingarten の公式は，

$$\partial_1 F(u) = F(u)\Omega_1(u),\quad \partial_2 F(u) = F(u)\Omega_2(u)$$

である．定理 10.7 より Ω_k は φ の第 1，第 2 基本量でかけている．ここでは，この $F:U\to M_4(\mathbb{R})$ を φ の**自然標構**とよぶ． □

曲線論を思い出すと，Frenet 標構のように各点で正規直交基底を構成するほうが便利であると期待できる．実際，そのような方法が，G. Darboux, E. Cartan, S. Chern などにより整備され駆使されている．ここでは触れないが，たとえば，[8, p.16] などを参照するとよい．

曲線論において曲率と捩率の Euclid 変換に関する不変性 (命題 3.8) を調べたように，第 1 基本量と第 2 基本量の Euclid 変換に関する不変性を示す．

命題 11.7 $\varphi:U\to\mathbb{R}^3$ を曲面のパラメータ表示とし，I, II をその第 1 基

本量, 第 2 基本量とする. $\Phi : \mathbb{R}^3 \ni x \mapsto Ax+b \in \mathbb{R}^3$ を Euclid 変換とする. このとき, つぎがなりたつ.

(1) $\widetilde{\varphi} := \Phi \circ \varphi : U \to \mathbb{R}^3$ は, 曲面のパラメータ表示である.

(2) $\widetilde{\varphi}$ の第 1 基本量, 第 2 基本量をそれぞれ $\widetilde{\mathrm{I}}, \widetilde{\mathrm{II}}$ とすると, 任意の $u \in U$ に対して,

$$\widetilde{\mathrm{I}}(u) = \mathrm{I}(u), \quad \widetilde{\mathrm{II}}(u) = \mathrm{II}(u)$$

がなりたつ.

証明は容易だが, 定義の復習のために取り上げておこう. なお, Euclid 変換の式の中の $A \in SO(3)$ はもちろん形作用素ではない. 記号が重複してしまったが混乱はあまりないだろう.

まず, $\widetilde{g}_{ij} := \langle \partial_i \widetilde{\varphi}, \partial_j \widetilde{\varphi} \rangle = \langle A \partial_i \varphi, A \partial_j \varphi \rangle = \langle \partial_i \varphi, \partial_j \varphi \rangle = g_{ij}$ を得る. 命題 10.2(の後の注意) より, $\widetilde{\mathrm{I}}(u) = (\widetilde{g}_{ij}(u)) = (g_{ij}(u)) = \mathrm{I}(u)$ が正則行列であることから, $\widetilde{\varphi}$ が曲面のパラメータ表示になっていることがわかる.

補題 3.2 を用いて, $\partial_1 \widetilde{\varphi} \times \partial_2 \widetilde{\varphi} = (A \partial_1 \varphi) \times (A \partial_2 \varphi) = A(\partial_1 \varphi \times \partial_2 \varphi)$ だから,

$$\widetilde{n} = |\partial_1 \widetilde{\varphi} \times \partial_2 \widetilde{\varphi}|^{-1} \partial_1 \widetilde{\varphi} \times \partial_2 \widetilde{\varphi} = |A(\partial_1 \varphi \times \partial_2 \varphi)|^{-1} A(\partial_1 \varphi \times \partial_2 \varphi)$$

$$= |\partial_1 \varphi \times \partial_2 \varphi|^{-1} A(\partial_1 \varphi \times \partial_2 \varphi) = An$$

を得る. これより $\widetilde{h}_{ij} = \langle \partial_i \partial_j \widetilde{\varphi}, \widetilde{n} \rangle = \langle A \partial_i \partial_j \varphi, An \rangle = \langle \partial_i \partial_j \varphi, n \rangle = h_{ij}$ がわかる. □

定義 11.8 (1)* 曲面のパラメータ表示 $\varphi : U \to \mathbb{R}^3$ に対して, 形作用素 $\mathrm{A}(u)$ の固有値を φ の u における**主曲率**という.

(2) 曲面のパラメータ表示 $\varphi : U \to \mathbb{R}^3$ に対して, u が φ の**臍点**であるとは, ある実数 κ が存在して φ の u における形作用素が $\mathrm{A}(u) = \kappa 1_2$ とかけることをいう. また, ある $\kappa \in C^\infty(U)$ が存在して $\mathrm{A}(u) = \kappa(u) 1_2$ とかけるとき, φ を**全臍的**とよぶ. □

主曲率の定義について, 練習 11.10, 11.11 を注意する必要がある. また, 2 つの主曲率が等しくなる点 u が φ の臍点である.

命題 11.9 曲面のパラメータ表示 $\varphi : U \to \mathbb{R}^3$ が全臍的ならば，$\varphi(U)$ は平面あるいは球面に含まれる．

証明 φ が全臍的であることより，Weingarten の公式から $\partial_i n(u) = -\kappa(u)\partial_i\varphi(u)$ とかける．まず，κ が定数であることを示す．実際，

$$0 = \partial_1\partial_2 n - \partial_2\partial_1 n = -\partial_1(\kappa\partial_2\varphi) + \partial_2(\kappa\partial_1\varphi)$$
$$= -(\partial_1\kappa)\partial_2\varphi - \kappa\partial_1\partial_2\varphi + (\partial_2\kappa)\partial_1\varphi + \kappa\partial_2\partial_1\varphi$$
$$= (\partial_2\kappa)\partial_1\varphi - (\partial_1\kappa)\partial_2\varphi$$

となるからである．

$\partial_i n(u) = -\kappa\partial_i\varphi(u)$ $(i=1,2)$ より，ある $c \in \mathbb{R}^3$ が存在して，$n(u) = -\kappa\varphi(u) + c$ とかける．

$\kappa = 0$ のときは，$n(u) = c$ となるから，$\partial_i\langle \varphi, c\rangle = 0$ となり，定数 r が存在して $\varphi(U) \subset \{x \in \mathbb{R}^3 \mid \langle x, c\rangle = r\}$，すなわち，$\varphi(U)$ は平面 (の一部) をあらわしている．

$\kappa \neq 0$ のときは，$|\varphi(u) - \kappa^{-1}c| = |-\kappa^{-1}n(u)| = |\kappa|^{-1}$ だから，$\varphi(U)$ は半径 $|\kappa|^{-1}$ の球面の一部をあらわしている． □

練習 11.10 $\varphi : U \to \mathbb{R}^3$ を曲面のパラメータ表示，$u \in U$ とし，$g_u : \mathbb{R}^2 \times \mathbb{R}^2 \to \mathbb{R}$ を (10.13) で定める内積とする．$\mathrm{A}(u)$ を φ の u における形作用素とするとき，

$$g_u(v, \mathrm{A}(u)w) = g_u(\mathrm{A}(u)v, w), \quad \forall v, w \in \mathbb{R}^2$$

がなりたつことを示せ． □

練習 11.11 $g : \mathbb{R}^2 \times \mathbb{R}^2 \to \mathbb{R}$ を $\mathbb{R}^2$ の内積，$A : \mathbb{R}^2 \to \mathbb{R}^2$ を線型写像で，任意の $v, w \in \mathbb{R}^2$ に対して $g(Av, w) = g(v, Aw)$ がなりたつとする．λ_j を A の固有値，e_j をその固有ベクトルとする．このときつぎを示せ．

(1) λ_j は実数である．
(2) $\lambda_1 \neq \lambda_2$ のとき，$g(e_1, e_2) = 0$ である．
(3) $\lambda_{\max}, \lambda_{\min}$ をつぎで定めるとき，これらが λ_1, λ_2 と一致する．

$$\lambda_{\max} := \max\left\{g(Av,v) \mid v \in \mathbb{R}^2,\ g(v,v) = 1\right\},$$
$$\lambda_{\min} := \min\left\{g(Av,v) \mid v \in \mathbb{R}^2,\ g(v,v) = 1\right\}. \qquad \square$$

練習 11.12$^\diamond$ (10.3)-(10.7) で与えられる φ に対して，(e) 第 2 基本量 $\mathrm{I\!I}$, (f) 形作用素 A, (g) Christoffel 記号 Γ_{ij}^k を求めよ． $\qquad \square$

練習 11.13$^\diamond$ (10.8)-(10.12) で与えられる φ に対して，(e) 第 2 基本量 $\mathrm{I\!I}$, (f) 形作用素 A, (g) Christoffel 記号 Γ_{ij}^k を求めよ． $\qquad \square$

第12章

曲面論の基本定理 (1)

曲線論の基本定理 4.1, 4.3 の曲面論版を構成したい．記号をいくつか用意しておく．n 次対称行列全体を $\mathrm{Sym}_n(\mathbb{R})$ とかき，そのなかで正定値なるもの全体を $\mathrm{Sym}_n^+(\mathbb{R})$ とかく．

定理 12.1 $\varphi : U \to \mathbb{R}^3, \widetilde{\varphi} : U \to \mathbb{R}^3$ を曲面のパラメータ表示，$\mathrm{I}, \widetilde{\mathrm{I}}, \mathrm{II}, \widetilde{\mathrm{II}}$ をそれぞれの第 1 基本量，第 2 基本量とする．任意の $u \in U$ について，$\widetilde{\mathrm{I}}(u) = \mathrm{I}(u)$ かつ $\widetilde{\mathrm{II}}(u) = \mathrm{II}(u)$ ならば，ある Euclid 変換 $\Phi : \mathbb{R}^3 \to \mathbb{R}^3$ が存在して $\widetilde{\varphi} = \Phi \circ \varphi$ とかける． □

定理 12.2 C^∞ 写像 $\mathrm{I}, \mathrm{II} : U \to \mathrm{Sym}_2(\mathbb{R})$ が与えられたとする．任意の $u \in U$ に対して $\mathrm{I}(u) \in \mathrm{Sym}_2^+(\mathbb{R})$ とし，I, II があとでかく Gauss-Codazzi 方程式 (13.4) をみたすと仮定する．このとき，任意の点 $u \in U$ に対して，u を含む領域 $\widetilde{U} \subset U$ が存在して，$\mathrm{I}|_{\widetilde{U}}$ を第 1 基本量，$\mathrm{II}|_{\widetilde{U}}$ を第 2 基本量とする曲面のパラメータ表示 $\varphi : \widetilde{U} \to \mathbb{R}^3$ が存在する． □

定理 12.1 が主張していることは，曲面のパラメータ表示は第 1 基本量と第 2 基本量により「Euclid 幾何学的な形」が決まることであり，定理 12.2 が主張していることは，実際に第 1 基本量と第 2 基本量を設計図として曲面のパラメータ表示が構成できることである．設計図になるためには資格が必要で，それが Gauss-Codazzi 方程式である．曲線論の基本定理の場合は，証明は常微分方程式系の解の存在と一意性に帰着されたが，上の定理を示すためには，偏微分方程式系を調べなくてはいけない．まず，一意性について述べよう．

補題 12.3 $U \subset \mathbb{R}^2$ を領域とし，C^∞ 写像 $\Omega_1, \Omega_2 : U \to M_n(\mathbb{R})$ に対して，C^∞ 写像 $F, \widetilde{F} : U \to M_n(\mathbb{R})$ がつぎの偏微分方程式系

$$\partial_1 F(u) = F(u)\Omega_1(u), \quad \partial_2 F(u) = F(u)\Omega_2(u) \tag{12.1}$$

をみたすとする.ある $u_0 \in U$ に対して $F(u_0) = \widetilde{F}(u_0) \in GL(n;\mathbb{R})$ ならば,任意の $u \in U$ について $F(u) = \widetilde{F}(u) \in GL(n;\mathbb{R})$ がなりたつ.

証明 まず,練習 1.12 より $F, \widetilde{F} : U \to GL(n;\mathbb{R})$ であることがわかる.$G(u) := F(u)\widetilde{F}(u)^{-1}$ とおき,$G(u) = 1_n$ を示す.$G(u_0) = 1_n$ だから,$\partial_k G(u) = 0_n$ を示せばよい.実際,

$$\begin{aligned}\partial_k G &= (\partial_k F)\widetilde{F}^{-1} + F \partial_k(\widetilde{F}^{-1}) \\ &= (\partial_k F)\widetilde{F}^{-1} - F\widetilde{F}^{-1}(\partial_k \widetilde{F})\widetilde{F}^{-1} \\ &= F(F^{-1}\partial_k F - \widetilde{F}^{-1}\partial_k \widetilde{F})\widetilde{F}^{-1} = 0_n\end{aligned}$$

を得る. □

定理 12.1 の証明

$$(\langle \partial_i \widetilde{\varphi}(u_0), \partial_j \widetilde{\varphi}(u_0)\rangle) = \widetilde{\mathrm{I}}(u_0) = \mathrm{I}(u_0) = (\langle \partial_i \varphi(u_0), \partial_j \varphi(u_0)\rangle)$$

より,$A \in SO(3)$ が存在して,

$$\partial_1 \widetilde{\varphi}(u_0) = A\partial_1 \varphi(u_0), \quad \partial_2 \widetilde{\varphi}(u_0) = A\partial_2 \varphi(u_0), \quad \widetilde{n}(u_0) = An(u_0)$$

とかける.$b := \widetilde{\varphi}(u_0) - A\varphi(u_0) \in \mathbb{R}^3$ とし,A, b で定まる Euclid 変換を Φ とすると,これが求めるものである.実際,$\widetilde{\varphi}, \varphi, \Phi \circ \varphi$ の自然標構をそれぞれ $\widetilde{F}, F, \widehat{F} : U \to M_4(\mathbb{R})$ とするとき,$\widetilde{F} = \widehat{F}$ を示せば,とくに $\widetilde{\varphi} = \Phi \circ \varphi$ を得て証明が終わる.

$\Omega_j := F^{-1}\partial_j F$ とおくと,この行列の成分は φ の第 1 基本量,第 2 基本量でかけた.$\widetilde{\varphi}$ の第 1 基本量,第 2 基本量が φ のそれらと一致することから $\partial_j \widetilde{F} = \widetilde{F}\Omega_j$ が,さらに $\widehat{F} = \underline{\Phi}F$ (練習 3.13 の記号) であることから $\partial_j \widehat{F} = \widehat{F}\Omega_j$ がなりたつ.また,$\widetilde{F}(u_0) = \widehat{F}(u_0) \in GL(4;\mathbb{R})$ となるようにつくってあったから,補題 12.3 より,$\widetilde{F} = \widehat{F}$ を得る. □

つぎに,偏微分方程式系の解の存在について議論する.

補題 12.4 $I_k (\subset \mathbb{R})$ を 0 を含む開区間とし，C^∞ 写像 $\Omega_j : I_1 \times I_2 \to M_n(\mathbb{R})$ と $F_0 \in GL(n; \mathbb{R})$ が与えられたとする．偏微分方程式系 (12.1) かつ

$$F(0) = F_0 \tag{12.2}$$

をみたす C^∞ 写像 $F : I_1 \times I_2 \to GL(n; \mathbb{R})$ が存在するための必要十分条件は，$I_1 \times I_2$ 上

$$\partial_2 \Omega_1(u) - \partial_1 \Omega_2(u) - \Omega_1(u)\Omega_2(u) + \Omega_2(u)\Omega_1(u) = 0 \tag{12.3}$$

がなりたつことである．

補題 12.4 の必要性の証明 偏微分方程式系 (12.1) の滑らかな解 $F : I_1 \times I_2 \to GL(n; \mathbb{R})$ が存在したとする．このとき，

$$\begin{aligned}
0 &= \partial_2 \partial_1 F - \partial_1 \partial_2 F \\
&= \partial_2(F\Omega_1) - \partial_1(F\Omega_2) = (\partial_2 F)\Omega_1 + F(\partial_2 \Omega_1) - (\partial_1 F)\Omega_2 - F(\partial_1 \Omega_2) \\
&= (F\Omega_2)\Omega_1 + F(\partial_2 \Omega_1) - (F\Omega_1)\Omega_2 - F(\partial_1 \Omega_2) \\
&= F(\Omega_2 \Omega_1 + \partial_2 \Omega_1 - \Omega_1 \Omega_2 - \partial_1 \Omega_2)
\end{aligned}$$

となる．補題 12.3 より F は正則行列だから，(12.3) を得る． □

(12.3) を偏微分方程式系 (12.1) の**可積分条件**とよぶ．常微分方程式系の場合 (補題 4.4) には，これに対応する条件がなかったことに注意する．ここでは，Ω_1, Ω_2 を任意に与えても，偏微分方程式系 (12.1) は解けるとは限らないことを肝に銘じておこう．

補題 12.4 の十分性の証明 常微分方程式系に関する補題 4.4 より，

$$f'(s) = f(s)\Omega_1(s, 0), \quad f(0) = F_0 \tag{12.4}$$

をみたす C^∞ 写像 $f : I_1 \to GL(n; \mathbb{R})$ が一意的に存在する．任意に固定した $s_0 \in I_1$ に対して，再び補題 4.4 を用いてつぎをみたす C^∞ 写像 $F(s_0, \cdot) : I_2 \to GL(n; \mathbb{R})$ が定まる：

$$F'(s_0, t) = F(s_0, t)\Omega_2(s_0, t), \quad F(s_0, 0) = f(s_0).$$

これを $F: I_1 \times I_2 \ni (s,t) \mapsto F(s,t) \in GL(n;\mathbb{R})$ と理解しなおすと, F が求めるものであることを可積分条件 (12.3) から導くことができる.

実際, つくり方から, (12.2) と (12.1) の第 2 式は容易に確かめられる. (12.1) の第 1 式を示そう. 任意に固定した $s \in I_1$ に対して,

$$G(t) := \partial_1 F(s,t) - F(s,t)\Omega_1(s,t) = 0, \quad \forall t \in I_2$$

を示せばよい. (12.4) より $G(0) = 0$ であるから,

$$G'(t) = G(t)\Omega_2(s,t) \tag{12.5}$$

を示せば, 常微分方程式の解の一意性 (補題 4.4(1)) より $G = 0$ が結論できる.

$$G' = \partial_2\partial_1 F - (\partial_2 F)\Omega_1 - F\partial_2\Omega_1 = \partial_1\partial_2 F - (\partial_2 F)\Omega_1 - F\partial_2\Omega_1$$
$$= \partial_1(F\Omega_2) - (F\Omega_2)\Omega_1 - F\partial_2\Omega_1$$
$$= (\partial_1 F)\Omega_2 + F(\partial_1\Omega_2 - \Omega_2\Omega_1 - \partial_2\Omega_1)$$

で, 可積分条件 (12.3) から

$$G' = (\partial_1 F)\Omega_2 + F(-\Omega_1\Omega_2) = (\partial_1 F - F\Omega_1)\Omega_2 = G\Omega_2$$

となり (12.5) が得られた. □

補題 12.5 つぎのように集合 $G, \mathfrak{g}$ を定める.

$$G := \left\{ \begin{bmatrix} X & x \\ 0 & 1 \end{bmatrix} \in GL(n+1;\mathbb{R}) \ \middle|\ X \in GL(n;\mathbb{R}), x \in \mathbb{R}^n \right\},$$

$$\mathfrak{g} := \left\{ \begin{bmatrix} X & x \\ 0 & 0 \end{bmatrix} \in M_{n+1}(\mathbb{R}) \ \middle|\ X \in M_n(\mathbb{R}), x \in \mathbb{R}^n \right\}.$$

可積分条件 (12.3) をみたす C^∞ 写像 $\Omega_j : I_1 \times I_2 \to M_{n+1}(\mathbb{R})$ に対して, $F: I_1 \times I_2 \to GL(n+1;\mathbb{R})$ を偏微分方程式系 (12.1) かつ初期条件 $F(0) = 1_{n+1}$ をみたす C^∞ 写像とする. 任意の $u \in I_1 \times I_2$ に対して $\Omega_1(u), \Omega_2(u) \in \mathfrak{g}$ ならば, 任意の $u \in I_1 \times I_2$ に対して $F(u) \in G$ である. □

練習 12.6 練習 1.12 を用いて補題 12.5 を証明せよ. □

定理 12.2 の証明の方針　$G, \mathfrak{g}$ は補題 12.5$(n=3)$ で定めたものとし，I, II に対して $\Omega_k : U \to \mathfrak{g}$ を $(11.1)_2$ のように定める．任意の $u_0 = {}^t(u_0{}^1, u_0{}^2) \in U$ に対して，$u_0{}^j \in I_j$ かつ $I_1 \times I_2 \subset U$ となる開区間 I_j をとる．$I_1 \times I_2$ 上で Ω_1, Ω_2 が可積分条件 (12.3) をみたすとすると，補題 12.3, 12.5 より

$$\partial_1 F = F\Omega_1, \quad \partial_2 F = F\Omega_2, \quad F(u_0) = 1_4$$

をみたす $F = (F_\beta^\alpha) : I_1 \times I_2 \to G$ が一意的に存在する．$((11.1)_1$ を参照して)

$$\varphi(u) := \begin{bmatrix} F_4^1(u) \\ F_4^2(u) \\ F_4^3(u) \end{bmatrix} \in \mathbb{R}^3$$

と定める．必要なら，これが単射になるように定義域を u_0 のまわりに制限すれば，それが求めるものになることがわかる．　□

上でなりたつことを仮定した可積分条件を書き下したものが Gauss-Codazzi 方程式である．その作業は次に回すことにしよう．

練習 12.7$^\diamond$　練習 10.11(1)(2)(3) で与えられる φ に対して，第 2 基本量 II を求めよ．　□

第13章

曲面論の基本定理 (2)

2次対称行列に値をとる2つの関数がある種の条件をみたしていれば,それらを第1基本量,第2基本量とする曲面のパラメータ表示を局所的に構成できることを曲面論の基本定理の一部 (定理 12.2) として述べた.証明にあたって,その条件 (可積分条件とよんだ) を実際にかくことが残っている.そのための記号の準備から始めよう.

定義 13.1 (1)　C^∞ 写像 $\mathrm{I} := (g_{ij}) : U \to \mathrm{Sym}_2^+(\mathbb{R})$ に対して,$\Gamma_{ij}^k \in C^\infty(U)$ を定理 10.7 の式で定め,$\mathrm{II} := (h_{ij}) : U \to \mathrm{Sym}_2(\mathbb{R})$ に対して,$\mathrm{A} := (a_j^i) := \mathrm{I}^{-1}\mathrm{II} : U \to M_2(\mathbb{R})$ とおく.このとき,

$$R^i{}_{jkl}(u) := \partial_k \Gamma_{jl}^i(u) - \partial_l \Gamma_{jk}^i(u) + \sum_{h=1}^2 \left(\Gamma_{jl}^h(u) \Gamma_{hk}^i(u) - \Gamma_{jk}^h(u) \Gamma_{hl}^i(u) \right),$$

$$h_{ij,k}(u) := \partial_k h_{ij}(u) - \sum_{l=1}^2 h_{lj}(u) \Gamma_{ik}^l(u) - \sum_{l=1}^2 h_{il}(u) \Gamma_{jk}^l(u),$$

$$a_{j,k}^i(u) := \partial_k a_j^i(u) - \sum_{l=1}^2 a_l^i(u) \Gamma_{jk}^l(u) + \sum_{l=1}^2 a_j^l(u) \Gamma_{lk}^i(u)$$

と定める.

(2)　上の I, II に対して,

$$R^i{}_{jkl}(u) = h_{jl}(u) a_k^i(u) - h_{jk}(u) a_l^i(u) \tag{13.1}$$

を **Gauss** の方程式とよび,

$$\begin{aligned} h_{ij,k}(u) &= h_{ik,j}(u), \\ a_{j,k}^i(u) &= a_{k,j}^i(u) \end{aligned} \tag{13.2}$$

を **Codazzi** の方程式とよぶ.i, j, k, l は $1, 2$ をすべて動く.　　□

定理 12.2 の証明のつづき　直接計算から，

$$\Omega := \partial_2\Omega_1 - \partial_1\Omega_2 - \Omega_1\Omega_2 + \Omega_2\Omega_1$$

$$= \begin{bmatrix} R^1{}_{121} - (h_{11}a^1_2 - h_{12}a^1_1) & R^1{}_{221} - (h_{21}a^1_2 - h_{22}a^1_1) & a^1_{2,1} - a^1_{1,2} & \Gamma^1_{12} - \Gamma^1_{21} \\ R^2{}_{121} - (h_{11}a^2_2 - h_{12}a^2_1) & R^2{}_{221} - (h_{21}a^2_2 - h_{22}a^2_1) & a^2_{2,1} - a^2_{1,2} & \Gamma^2_{12} - \Gamma^2_{21} \\ h_{11,2} - h_{12,1} & h_{12,1} - h_{22,1} & 0 & h_{12} - h_{21} \\ 0 & 0 & 0 & 0 \end{bmatrix}$$

を導くことができる．Γ^k_{ij} の定義と II の仮定から第 4 列はつねに消えている．したがって，$\Omega = 0_4$ となり Ω_k が可積分条件 (12.3) をみたすことの必要十分条件は，Gauss の方程式 (13.1) と Codazzi の方程式 (13.2) がなりたつことである．ゆえに，前節の議論と合わせると，I, II が Gauss-Codazzi の方程式をみたせば，それらを基本量とする曲面のパラメータ表示が局所的に存在することがわかった． □

実際に計算してみていただけただろうか．あるいは，面倒な式でやりきれないと感じただろうか．このようなものを上手に理解する考え方を幾何学者はすでに開発している．諸君はそれを後で学ぶことになるだろう（付録 B 参照）．しかし，何もはじめからきれいに整えられたものだけに接することはあるまい．かえってこのようなものにぶつかってわくわくする人もいるかもしれない．そうでない人には，心配は不要ということだけを注意しておこう．さらに，$R^i{}_{jkl}$ の定義は，本によって添字の順序などが異なっていることにも注意が必要である（すでに他書で学んでいる場合は (B.13) も参照せよ）．

注意 13.2　標語的にかけば

$$\partial_j\partial_k\partial_l\varphi - \partial_k\partial_j\partial_l\varphi = \sum (\text{ Gauss の方程式 (13.1) }) \partial_i\varphi + (\text{ Codazzi の方程式 }(13.2)_1\text{ }) n$$
$$\partial_j\partial_k n - \partial_k\partial_j n = \sum (\text{ Codazzi の方程式 }(13.2)_2\text{ }) \partial_i\varphi$$

がわかる．実際，曲面のパラメータ表示 $\varphi: U \to \mathbb{R}^3$ に対して，Ω_k を (11.1) で定め，$\Omega = (\Omega^\alpha_\beta) := \partial_2\Omega_1 - \partial_1\Omega_2 - \Omega_1\Omega_2 + \Omega_2\Omega_1$ とおくと，

$$\Omega^1_1 = \partial_1\partial_2\partial_1\varphi - \partial_2\partial_1\partial_1\varphi \text{ の } \partial_1\varphi \text{ 成分},$$
$$\Omega^1_2 = \partial_1\partial_2\partial_2\varphi - \partial_2\partial_1\partial_2\varphi \text{ の } \partial_1\varphi \text{ 成分},$$

$$\Omega^1_3 = \partial_1\partial_2 n - \partial_2\partial_1 n \text{ の } \partial_1\varphi \text{ 成分},$$

$$\Omega^1_4 = \partial_1\partial_2\varphi - \partial_2\partial_1\varphi \text{ の } \partial_1\varphi \text{ 成分},$$

$$\Omega^2_1 = \partial_1\partial_2\partial_1\varphi - \partial_2\partial_1\partial_1\varphi \text{ の } \partial_2\varphi \text{ 成分},$$

$$\Omega^2_2 = \partial_1\partial_2\partial_2\varphi - \partial_2\partial_1\partial_2\varphi \text{ の } \partial_2\varphi \text{ 成分},$$

$$\Omega^2_3 = \partial_1\partial_2 n - \partial_2\partial_1 n \text{ の } \partial_2\varphi \text{ 成分},$$

$$\Omega^2_4 = \partial_1\partial_2\varphi - \partial_2\partial_1\varphi \text{ の } \partial_2\varphi \text{ 成分},$$

$$\Omega^3_1 = \partial_1\partial_2\partial_1\varphi - \partial_2\partial_1\partial_1\varphi \text{ の } n \text{ 成分},$$

$$\Omega^3_2 = \partial_1\partial_2\partial_2\varphi - \partial_2\partial_1\partial_2\varphi \text{ の } n \text{ 成分},$$

$$\Omega^3_3 = \partial_1\partial_2 n - \partial_2\partial_1 n \text{ の } n \text{ 成分},$$

$$\Omega^3_4 = \partial_1\partial_2\varphi - \partial_2\partial_1\varphi \text{ の } n \text{ 成分}$$

がなりたつ. □

命題 13.3（1） 定義 13.1 の設定で,

$$R_{ijkl}(u) := \sum_{m=1}^{2} g_{im}(u) R^m_{jkl}(u)$$

とおく. これは第 1 基本量のみから定まる量である. このとき, (13.1) は,

$$R_{ijkl}(u) = h_{ik}(u)h_{jl}(u) - h_{il}(u)h_{jk}(u) \tag{13.3}$$

と書き直せる.

（2） Gauss-Codazzi の方程式 (13.3), (13.2) $(i,j,k,l = 1,2)$ はつぎの 3 式と同値である.

$$\begin{aligned} R_{1212}(u) &= h_{11}(u)h_{22}(u) - h_{12}(u)h_{21}(u), \\ h_{11,2}(u) &= h_{12,1}(u), \quad h_{21,2}(u) = h_{22,1}(u). \end{aligned} \tag{13.4}$$

□

練習 13.4 つぎの式を示し, 命題 13.3(2) を確かめよ.

$$a_{j,k}^i(u) - a_{k,j}^i(u) = 0 \iff h_{ij,k}(u) - h_{ik,j}(u) = 0,$$
$$R_{ijkl}(u) = -R_{ijlk}(u) = -R_{jikl}(u) = R_{klij}(u).$$

また

$$R_{ijkl}(u) + R_{iklj}(u) + R_{iljk}(u) = 0$$

を示せ. □

命題 13.3(2) をみとめると, 定理 12.2 の証明がこれで終わったことになる. さて, 定理 12.2 で存在が保証された曲面のパラメータ表示は, 局所的に定義されたものであったが, I, II の定義域 U 全体で構成できないのだろうか. この問題を考察するために, つぎの概念を準備しておこう.

定義 13.5 U を $\mathbb{R}^2$ の領域すなわち連結開集合とし, $\gamma_0, \gamma_1 : [0,1] \to U$ を連続写像とする.

(1) $H : [0,1] \times [0,1] \to U$ が γ_0 から γ_1 への U での**端点を固定するホモトピー**であるとは, $H : [0,1] \times [0,1] \to U$ が γ_0 から γ_1 への U でのホモトピー (定義 7.4 参照) で, さらに (iii) $H(0,s) = \gamma_0(0) = \gamma_1(0)$ かつ $H(1,s) = \gamma_0(1) = \gamma_1(1)$ がなりたつことをいう.

(2) $x, y \in U$ に対して, x を始点, y を終点とする U 内の道の全体を

$$\Omega(U; x, y) := \{ \gamma : [0,1] \to U \text{ 連続 } | \gamma(0) = x, \gamma(1) = y \}$$

とあらわす. $\gamma_0, \gamma_1 \in \Omega(U; x, y)$ に対して, γ_0 から γ_1 への U での端点を固定するホモトピーが存在するとき, $\gamma_0 \sim \gamma_1$ とかく.

(3) U が**単連結**であるとは, 任意の $x, y \in U$ と, 任意の $\gamma_0, \gamma_1 \in \Omega(U; x, y)$ に対して, $\gamma_0 \sim \gamma_1$ がなりたつときをいう. □

端点を同じくする 2 曲線がいつでも U 内で連続的に変形できるということは, 直感的に言えば, 穴の開いていない領域を意味していると思えばよい. また, C^∞ 写像 $\varphi : U \to \mathbb{R}^3$ が単射とは限らない曲面のパラメータ表示であるとは, (8.2) がなりたつときをいう. 我々は曲面のパラメータ表示に単射であることも仮定していたが, その仮定のみを取り除いたものをさす. 第 1 基本量, 第 2 基本量の定義には単射であることは用いていないので, 単射とは限

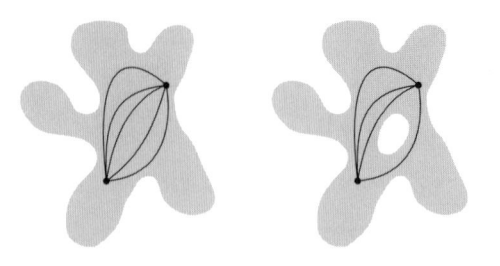

図 13.1　左：単連結領域，右：単連結ではない領域

らない曲面のパラメータ表示に対してもまったく同様に第 1 基本量，第 2 基本量が定義できる．このとき，定理 12.2 はつぎのように拡張できる．

系 13.6　C^∞ 写像 $\mathrm{I}, \mathrm{I\!I} : U \to \mathrm{Sym}_2(\mathbb{R})$ が与えられたとする．任意の $u \in U$ に対して $\mathrm{I}(u) \in \mathrm{Sym}_2^+(\mathbb{R})$ とし，$\mathrm{I}, \mathrm{I\!I}$ が Gauss-Codazzi 方程式 (13.4) をみたすと仮定する．U が $\mathbb{R}^2$ の単連結領域ならば，I を第 1 基本量，$\mathrm{I\!I}$ を第 2 基本量とする単射とは限らない曲面のパラメータ表示 $\varphi : U \to \mathbb{R}^3$ が存在する．

証明　任意の点 $u_0 \in U$ に対して，定理 12.2 より，u_0 の近傍 U_0 が存在して，U_0 上定義された曲面のパラメータ表示 φ_0 で，その第 1 基本量が $\mathrm{I}|_{U_0}$ かつ第 2 基本量が $\mathrm{I\!I}|_{U_0}$ なるものが存在する．$U = U_0$ とできるときは何も示すべきことはない．$U \setminus U_0 \neq \emptyset$ のとき，$\varphi : U \to \mathbb{R}^3$ を構成したい．

[第 1 段]　$u \in U \setminus U_0$ をとる．任意の道 $\gamma \in \Omega(U; u_0, u)$ に対して，$\gamma([0,1])$ の近傍 $U_\gamma \subset U$ と $\varphi_\gamma : U_\gamma \to \mathbb{R}^3$ をつぎのように定める．

各 $t \in [0,1]$ に対して，定理 12.2 より，$\gamma(t)$ の近傍 $U_{\gamma(t)}$ が存在して，$U_{\gamma(t)}$ 上定義された曲面のパラメータ表示 $\varphi_{\gamma(t)}$ で，その第 1 基本量が $\mathrm{I}|_{U_{\gamma(t)}}$，第 2 基本量が $\mathrm{I\!I}|_{U_{\gamma(t)}}$ なるものが存在する．$U_{\gamma(t)}$ は十分小さくとっておくことにする．

$\gamma([0,1]) \subset \bigcup_{t \in [0,1]} U_{\gamma(t)}$ だが，$\gamma([0,1])$ はコンパクトだから有限個の点 $0 = t_0 < t_1 < \cdots < t_{n-1} < t_n = 1$ を選んで，

$$\gamma([0,1]) \subset \bigcup_{j=0,1,\ldots,n} U_{\gamma(t_j)},$$

$$U_{\gamma(t_j)} \cap U_{\gamma(t_k)} = \begin{cases} \varnothing & |j-k| > 1, \\ 空でない領域 & |j-k| \leqq 1, \end{cases}$$

となるようにできる.

領域 $U_0 \cap U_{\gamma(t_1)}$ 上で 2 つの曲面のパラメータ表示 φ_0 と $\varphi_{\gamma(t_1)}$ は同じ第 1 基本量と第 2 基本量をもつから，定理 12.1 より，Euclid 変換 Φ_1 が存在して $\varphi_0 = \Phi_1 \circ \varphi_{\gamma(t_1)}$ がなりたつ. あらためて，$U_1 := U_{\gamma(t_1)}$ および $\varphi_1 := \Phi_1 \circ \varphi_{\gamma(t_1)} : U_1 \to \mathbb{R}^3$ とかくと，これで $U_0 \cap U_1$ 上で $\varphi_0 = \varphi_1$ となる曲面のパラメータ表示 $\varphi_j : U_j \to \mathbb{R}^3$ $(j=0,1)$ が得られた. これをくりかえして，曲面のパラメータ表示の族 $\varphi_j : U_j \to \mathbb{R}^3$ $(j=0,1,\ldots,n)$ で $U_{j-1} \cap U_j$ 上 $\varphi_{j-1} = \varphi_j$ となるものが構成できる. $U_\gamma := \bigcup_{j=0,1,\ldots,n} U_j$ とかき，$u \in U_j \subset U_\gamma$ に対して $\varphi_\gamma(u) := \varphi_j(u)$ と定めると，$\varphi_\gamma : U_\gamma \to \mathbb{R}^3$ は well-defined であり，第 1 段の主張が実行できた.

[第 2 段] $\gamma \in \Omega(U; u_0, u)$ に対して上のようにして定まる $\varphi_\gamma(u)$ が γ の取り方によらないことを示そう. すなわち，$\widetilde{\gamma} \in \Omega(U; u_0, u)$ に対して，$\varphi_{\widetilde{\gamma}}(u) = \varphi_\gamma(u)$ を示す.

U は単連結だから，$\gamma = \gamma_0$ から $\widetilde{\gamma} = \gamma_1$ への端点を固定するホモトピー $(H(t,s) = \gamma_s(t))$ が存在する. 各 $s \in [0,1]$ に対して第 1 段のように $\varphi_{\gamma_s} : U_{\gamma_s} \to \mathbb{R}^3$ が構成できる. ホモトピーの連続性から，必要なら U_{γ_s} を十分小さく取り直してつぎのように仮定してよい. 任意の $s \in [0,1]$ に対して $\varepsilon > 0$ が存在して，$|s - s'| < \varepsilon$ ならば $U_{\gamma_s} \cap U_{\gamma_{s'}}$ が空でない領域になる.

先と同様に，$H([0,1] \times [0,1])$ はコンパクトであるから，有限個の点 $0 = s_0 < s_1 < \cdots < s_{m-1} < s_m = 1$ を選んで

$$H([0,1] \times [0,1]) \subset \bigcup_{i=0,1,\ldots,m} U_{\gamma_{s_i}}, \quad U_{\gamma_{s_{i-1}}} \cap U_{\gamma_{s_i}} \text{ は空でない領域}$$

とできる. 定理 12.1 (の証明) より，$U_{\gamma_{s_{i-1}}} \cap U_{\gamma_{s_i}}$ 上で $\varphi_{\gamma_{s_{i-1}}} = \varphi_{\gamma_{s_i}}$ である. とくに $u \in U_{\gamma_{s_{i-1}}} \cap U_{\gamma_{s_i}}$ $(i=1,\ldots,m)$ だから，$\varphi_\gamma(u) = \varphi_{\gamma_{s_1}}(u) = \cdots = \varphi_{\gamma_{s_{m-1}}}(u) = \varphi_{\widetilde{\gamma}}(u)$ を得る. これで第 2 段の主張の証明が終わった.

以上から，$\varphi : U \to \mathbb{R}^3$ を

$$\varphi(u) := \varphi_\gamma(u), \quad \text{ここで } \gamma \in \Omega(U; u_0, u)$$

とおくと well-defined となり，φ は (U_0 で φ_0 と一致し，かつ) 第 1 基本量が I，第 2 基本量が II となる曲面のパラメータ表示である． □

練習 13.7 注意 13.2 を用いて，直接 (13.4) を導け． □

練習 13.8 曲面のパラメータ表示 $\varphi : U \to \mathbb{R}^3$ に対して，第 1 基本量が
$$\mathrm{I}(u) = \begin{bmatrix} E(u) & 0 \\ 0 & E(u) \end{bmatrix}$$
で与えられているとき，

$$\Gamma^1_{11}(u) = -\Gamma^1_{22}(u) = \Gamma^2_{12}(u) = \frac{1}{2}\partial_1 \log E(u),$$
$$\Gamma^1_{12}(u) = -\Gamma^2_{11}(u) = \Gamma^2_{22}(u) = \frac{1}{2}\partial_2 \log E(u),$$
$$R_{1212}(u) = -\frac{1}{2}E(u)\left(\partial_1\partial_1 + \partial_2\partial_2\right)\log E(u)$$

となることを示せ．また，このとき，Gauss-Codazzi の方程式は

$$\frac{1}{2}E(u)(\partial_1\partial_1 + \partial_2\partial_2)\log E(u) = \{h_{12}(u)\}^2 - h_{11}(u)h_{22}(u),$$
$$\partial_2 h_{11}(u) - \partial_1 h_{12}(u) = \frac{1}{2}E(u)(\partial_2 \log E(u))(h_{11}(u) + h_{22}(u)),$$
$$\partial_1 h_{22}(u) - \partial_2 h_{12}(u) = \frac{1}{2}E(u)(\partial_1 \log E(u))(h_{11}(u) + h_{22}(u))$$

で与えられることを示せ． □

練習 13.9 曲面のパラメータ表示 $\varphi : U \to \mathbb{R}^3$ に対して，第 1 基本量が
$$\mathrm{I}(u) = \begin{bmatrix} 1 & 0 \\ 0 & G(u) \end{bmatrix}$$
で与えられているとき，

$$R_{1212}(u) = -\sqrt{G(u)}\partial_1\partial_1\sqrt{G(u)}$$

となることを示せ．このとき，Gauss-Codazzi の方程式をかけ． □

第 14 章

座標曲面の Gauss 曲率

曲線論で曲率と捩率が果たした役割は，曲面論では第 1 基本量と第 2 基本量が果たしているということをみてきた．すなわち，第 1 基本量と第 2 基本量が座標曲面の Euclid 幾何学的なすべての情報を持っている．曲線論の展開を思い出すと，つぎはパラメータ変換について調べなくてはいけないが，それは後回しにして，今回はまず，第 1 基本量と第 2 基本量をもちいて Gauss 曲率とよばれる関数を定義することからはじめる．

曲面のパラメータ表示 $\varphi : U \to \mathbb{R}^3$ に対して，単位法ベクトル場を $n : U \to S^2(1) \subset \mathbb{R}^3$ とし，第 1，第 2 基本量を $\mathrm{I} = (g_{ij}), \mathrm{I\!I} = (h_{ij}) : U \to \mathrm{Sym}_2(\mathbb{R})$ で，形作用素を $\mathrm{A} = \mathrm{I}^{-1} \mathrm{I\!I} = (a^i_j) : U \to M_2(\mathbb{R})$ であらわす．

定義 14.1 曲面のパラメータ表示 $\varphi : U \to \mathbb{R}^3$ に対し，

$$K(u) := \det \mathrm{A}(u) = \frac{\det \mathrm{I\!I}(u)}{\det \mathrm{I}(u)} \in \mathbb{R}$$

を φ の u における **Gauss 曲率**という． □

命題 11.7 より，$\mathrm{I}, \mathrm{I\!I}$ は Euclid 変換で不変だから，Gauss 曲率もそうであることに注意する．

ここに採用した定義は簡単だし，計算もしやすいはずだが，意味がわかりにくい．この K が何をあらわしているのかを理解するのが，今回の目標である．

注意 14.2 $\det \mathrm{I}$ はつねに正だから，Gauss 曲率の符号と $\det \mathrm{I\!I}$ の符号は一致する．$\det \mathrm{I\!I}(u) > 0$ のときは $\mathrm{I\!I}(u)$ は正定値または負定値，$\det \mathrm{I\!I}(u) < 0$ のときは $\mathrm{I\!I}(u)$ は不定値となる．命題 11.2，注意 11.3 より，Gauss 曲率を知れば $\varphi(u)$ の近くでの $\varphi(U)$ の概形がわかる．図 11.2 の左と中央は Gauss 曲

率が正なる点のまわりを，図 11.2 の右は Gauss 曲率が負なる点のまわりをあらわしている． □

例 14.3 (1) 例 10.4 で与えられた平面は，$\mathrm{I}(u) = 1_2$, $\mathrm{I\!I}(u) = 0_2$ だから $\mathrm{A}(u) = 0_2$ となり，$K(u) = 0$ である．

(2) 例 10.5 で与えられた円柱面は，$\mathrm{I}(u) = 1_2$, $\mathrm{I\!I}(u) = \begin{bmatrix} -1 & 0 \\ 0 & 0 \end{bmatrix}$ だから $\mathrm{A}(u) = \begin{bmatrix} -1 & 0 \\ 0 & 0 \end{bmatrix}$ となり，$K(u) = 0$ である．

(3) (10.4) で与えられた半径 r の球面は，

$$\mathrm{I}(u) = r^2 \begin{bmatrix} 1 & 0 \\ 0 & \cos^2 u^1 \end{bmatrix}, \quad \mathrm{I\!I}(u) = r \begin{bmatrix} 1 & 0 \\ 0 & \cos^2 u^1 \end{bmatrix}$$

だから $\mathrm{A}(u) = r^{-1} 1_2$ となり，$K(u) = r^{-2}$ である．(ただし，(10.4) の (u, v) を (u^1, u^2) に書き換えた．) □

つぎに Gauss 曲率の定量的な意味を考察しよう．

命題 14.4 $\partial_1 n(u) \times \partial_2 n(u)$ と $\partial_1 \varphi(u) \times \partial_2 \varphi(u)$ は平行なベクトルで，その向きも込めて大きさの比が Gauss 曲率 $K(u)$ で与えられる．すなわち，

$$\partial_1 n(u) \times \partial_2 n(u) = K(u) \partial_1 \varphi(u) \times \partial_2 \varphi(u)$$

がなりたつ．

証明 Weingarten の公式 (定義 11.5) から

$$\partial_1 n \times \partial_2 n = (-a_1^1 \partial_1 \varphi - a_1^2 \partial_2 \varphi) \times (-a_2^1 \partial_1 \varphi - a_2^2 \partial_2 \varphi)$$
$$= (a_1^1 a_2^2 - a_1^2 a_2^1)(\partial_1 \varphi \times \partial_2 \varphi) = K \partial_1 \varphi \times \partial_2 \varphi$$

を得る． □

この命題から Gauss 曲率の意味を汲み取らなければならない．平面曲線の弧長パラメータ表示 $\psi \colon [-\varepsilon, \varepsilon] \to \mathbb{R}^2$ に対して，積分 $\displaystyle\int_{-\varepsilon}^{\varepsilon} |\kappa(s)|\, ds$ は ψ の速度

ベクトル $e_1 : [-\varepsilon, \varepsilon] \to S^1(1) \subset \mathbb{R}^2$ が単位円上を動いた道のり $\int_{-\varepsilon}^{\varepsilon} |e_1'(s)|\, ds$ をあらわしていた．このアイディアを曲面の場合に考える．

微分積分学で学んだように，曲面のパラメータ表示 $\varphi : U \to \mathbb{R}^3$ と閉領域 $D \subset U$ に対して，積分 $\iint_D |\partial_1 \varphi(u) \times \partial_2 \varphi(u)|\, du^1 du^2$ は，$\varphi(D)$ の曲面積である (注意 16.3 参照)．このことに注意すると，Gauss 曲率の絶対値の積分は，この命題より，$\iint_D |\partial_1 n(u) \times \partial_2 n(u)|\, du^1 du^2$，すなわち，単位球面 $S^2(1)$ の部分集合 $n(D)$ の曲面積となる．

$u \in U$ に対して，$C_{u,\varepsilon}$ を u を中心とする半径 ε の円で正の向き (左回り) を考えたものとする．ε は $C_{u,\varepsilon}$ の囲む領域 (円板) D が U に含まれるように十分小さくとっておく．上の考察から

$$|K(u)| = \lim_{\varepsilon \to 0} \frac{(n(D) \text{ の曲面積})}{(\varphi(D) \text{ の曲面積})}$$

と理解でき，$K(u)$ の符号は，$n(C_{u,\varepsilon})$ と $\varphi(C_{u,\varepsilon})$ が同じ向きに回っていれば正，反対向きなら負と考えればよい．正確を期すには，積分の平均値の定理を用いて証明すればよい．

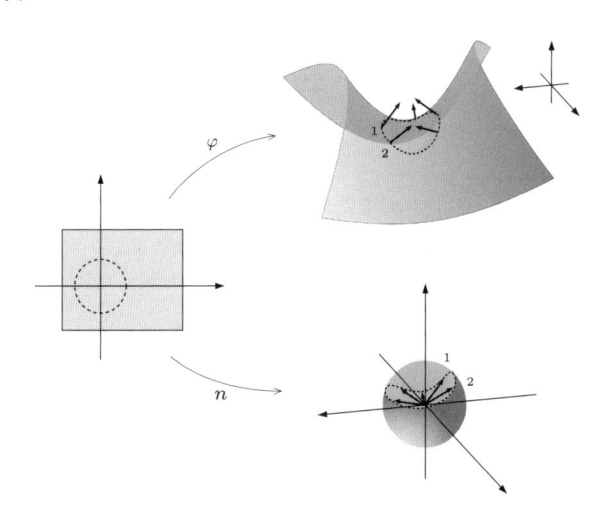

図 14.1

この解釈から，平面のように n の像が 1 点の場合は $K = 0$, 円柱面のように n の像が曲線 (この場合は円) のときも $K = 0$, 半径 r の球面は $K = r^{-2}$ となるはずである (実際これらは例 14.3 で確かめられた通りである). なお, 想像しやすいように Gauss 曲率がどこでも同じ例ばかりあがっているが, 一般には Gauss 曲率は関数である. この命題のアイディアこそが K の Gauss による定義に近い. なお, Gauss 自身は K のことを「曲率測度」といういい方をしたようである.

もうひとつ Gauss 曲率の解釈を紹介する.

設定 14.5∗ 曲面のパラメータ表示 φ と点 $x_0 = \varphi(u_0)$ に対して,

$$\varphi_* T^1_{u_0} U := \{v \in \varphi_* T_{u_0} U \mid \langle v, v \rangle = 1\}$$

とする. 座標曲面に接した単位ベクトル $v \in \varphi_* T^1_{u_0} U$ に対して, 点 x_0 を通り v と $n(u_0)$ が張る平面を $\Pi(v)$ とかく. $c : (-\varepsilon, \varepsilon) \to \Pi(v)$ を

$$c((-\varepsilon, \varepsilon)) \subset \Pi(v) \cap \varphi(U), \ c(0) = x_0, \ c'(0) = v$$

をみたす平面曲線の弧長パラメータ表示とする. すなわち, $\varphi(U)$ の $\Pi(v)$ による切口の曲線の x_0 の近くでのパラメータ表示が c である.

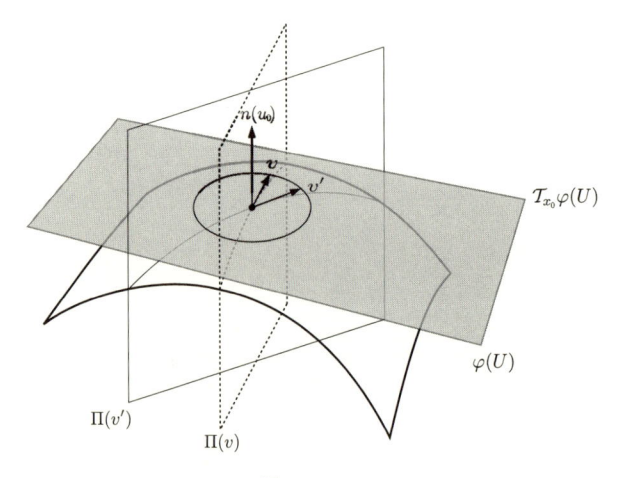

図 14.2

$e_1(0) = c'(0) = v$ としたとき $e_2(0) = n(u_0)$ となるような向きを平面 $\Pi(v)$ には考えるとする．このとき，c の平面曲線としての曲率 κ_c の 0 での値は v から定まる．すなわち，

$$\lambda : \varphi_* T_{u_0}^1 U \ni v \mapsto \kappa_c(0) \in \mathbb{R}$$

が定義できる．λ が連続であること，$\varphi_* T_{u_0}^1 U \approx S^1(1)$ がコンパクトであることから，λ は最大値 λ_1 と最小値 λ_2 をとる． □

命題 14.6[*] 上で定めた λ_1, λ_2 は φ の u_0 における形作用素の固有値となり，u_0 における Gauss 曲率はそれらの積で与えられる．すなわち，$K(u_0) = \lambda_1 \lambda_2$ となる． □

証明は次回の練習 15.16 としてある (練習 11.11 を用いる)．いまみてきたように Gauss 曲率は，$\varphi(U)$ の曲がり具合をよくあらわしている．ところが Gauss はこれが第 2 基本量に依存しないことを証明し，ラテン語で Theorema Egregium とよんだ．「注目すべき定理」あるいは「驚異の定理」と訳されている．Gauss 曲率は $\varphi(U)$ を伸縮せずに歪曲しても変わらないことを意味している．

定理 14.7 $\varphi_1, \varphi_2 : U \to \mathbb{R}^3$ を曲面のパラメータ表示とし，$\mathrm{I}_1, \mathrm{I}_2$ をそれぞれの第 1 基本量，K_1, K_2 をそれぞれの Gauss 曲率とする．このとき，$\mathrm{I}_1 = \mathrm{I}_2$ ならば $K_1 = K_2$ がなりたつ．すなわち，Gauss 曲率は第 1 基本量だけで定まる．

証明 Gauss の方程式 $(13.4)_1$ から

$$K = (h_{11}h_{22} - h_{12}^2)(g_{11}g_{22} - g_{12}^2)^{-1} = R_{1212}(g_{11}g_{22} - g_{12}^2)^{-1}$$

となり，定義 13.1 と定理 10.7 から R_{1212} は $\mathrm{I} = (g_{ij})$ から定まるので，Gauss 曲率 K は第 2 基本量にはよらない． □

練習 14.8 (F.Brioschi の公式) $\varphi : U \to \mathbb{R}^3$ を曲面のパラメータ表示とし，$\mathrm{I} = \begin{bmatrix} E & F \\ F & G \end{bmatrix}$ を第 1 基本量，K を Gauss 曲率とすると，つぎがな

りたつ．

$$K = (EG - F^2)^{-2} \left(\det \begin{bmatrix} -\frac{1}{2}\partial_2\partial_2 E + \partial_1\partial_2 F - \frac{1}{2}\partial_1\partial_1 G & \frac{1}{2}\partial_1 E & \partial_1 F - \frac{1}{2}\partial_2 E \\ \partial_2 F - \frac{1}{2}\partial_1 G & E & F \\ \frac{1}{2}\partial_2 G & F & G \end{bmatrix} \right.$$

$$\left. - \det \begin{bmatrix} 0 & \frac{1}{2}\partial_2 E & \frac{1}{2}\partial_1 G \\ \frac{1}{2}\partial_2 E & E & F \\ \frac{1}{2}\partial_1 G & F & G \end{bmatrix} \right). \qquad \square$$

さて，今まで見た平面や球面などは，Gauss 曲率が一定で 0 以上となる曲面のパラメータ表示の例であった．Gauss 曲率が一定で負となるものは具体的にどのようなものだろうか．

例 14.9（1） (x^1, x^3) 平面内の曲線 $\psi(u) = {}^t(f(u), g(u))$ $(f(u) > 0)$ を x^3 軸を中心に回転させてできる曲面のパラメータ表示

$$\varphi(u, v) = \begin{bmatrix} f(u) \cos v \\ f(u) \sin v \\ g(u) \end{bmatrix}$$

について，第 1 基本量，第 2 基本量は練習 10.11, 12.7 から，

$$\mathrm{I}(u, v) = \begin{bmatrix} (f'(u))^2 + (g'(u))^2 & 0 \\ 0 & f(u)^2 \end{bmatrix},$$

$$\mathrm{II}(u, v) = \frac{1}{\sqrt{(f'(u))^2 + (g'(u))^2}} \begin{bmatrix} f'(u)g''(u) - f''(u)g'(u) & 0 \\ 0 & f(u)g'(u) \end{bmatrix}$$

となるから，Gauss 曲率は

$$K(u, v) = \frac{g'(u)\{f'(u)g''(u) - f''(u)g'(u)\}}{f(u)\{(f'(u))^2 + (g'(u))^2\}^2}$$

である．

（2） $c > 0$ とし，$K(u, v) = -c^2$ となるような φ を構成したい．
つぎの仮定をおいて，$\psi = {}^t(f, g)$ を決定しよう．(i) $(f'(u))^2 + (g'(u))^2 =$

1, すなわち, ψ は平面曲線の弧長パラメータ表示である. (ii) $\lim_{u \to \infty} f(u)$ が存在する. (iii) $f(0) = c^{-1}$ かつ $g(0) = 0$ である.

まず, (i) を微分して $f'f'' + g'g'' = 0$ となるので, Gauss 曲率は $K = f^{-1}g'\{f'g'' - f''g'\} = f^{-1}\{f'(-f'f'') - f''(1-f'^2)\} = -f^{-1}f''$ とかける. ゆえに, f は微分方程式 $f'' = c^2 f$ をみたさなくてはならない. この一般解は, 定数 A, B を用いて $f(u) = Ae^{cu} + Be^{-cu}$ とかける. 仮定 (ii) から $A = 0$, 仮定 (iii) から $B = c^{-1}$ を得て, $f(u) = c^{-1}e^{-cu}$ となる. $g' = \pm\sqrt{1-(f')^2}$ だから (iii) より, $g(u) = \pm\int_0^u \sqrt{1-e^{-2ct}}\, dt$ である. 以上から, Gauss 曲率 $-c^2 (< 0)$ の曲面のパラメータ表示

$$\varphi(u,v) = \begin{bmatrix} c^{-1}e^{-cu}\cos v \\ c^{-1}e^{-cu}\sin v \\ \pm\int_0^u \sqrt{1-e^{-2ct}}\,dt \end{bmatrix}, \quad (u,v) \in (0,\infty) \times (0, 2\pi)$$

が構成できた. この φ を **Beltrami の擬球面** という. また, この平面曲線 ψ を **犬跡線** という. □

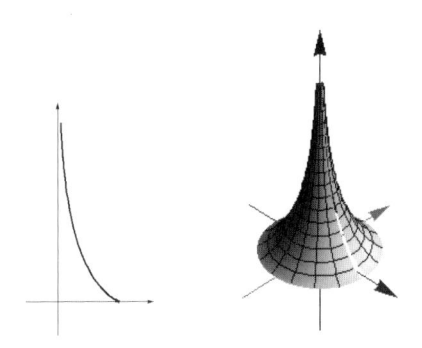

図 **14.3** 犬跡線と Beltrami の擬球面 ($x^3 > 0$ の部分)

練習 14.10◇ 曲面のパラメータ表示 $\varphi : U \to \mathbb{R}^3$ に対して, 第 1 基本量が $g_{12} = g_{21} = 0$ となるとき, Gauss 曲率 K は

$$-\{\det \mathrm{I}(u)\}^{\frac{1}{2}} K(u)$$
$$= \frac{1}{2}\left[\partial_1\left(\{g_{11}g_{22}\}^{-\frac{1}{2}}\partial_1 g_{22}\right)(u) + \partial_2\left(\{g_{11}g_{22}\}^{-\frac{1}{2}}\partial_2 g_{11}\right)(u)\right]$$
$$= \partial_1\langle\partial_2\mathcal{E}_1,\mathcal{E}_2\rangle(u) - \partial_2\langle\partial_1\mathcal{E}_1,\mathcal{E}_2\rangle(u)$$

をみたすことを示せ.ここで,$\mathcal{E}_j := g_{jj}{}^{-1/2}\partial_j\varphi$ とおいた. □

注意 14.11 上の公式から,とくにつぎがなりたつ.曲面のパラメータ表示 $\varphi : U \to \mathbb{R}^3$ に対して,第 1 基本量が $\mathrm{I} = E 1_2\ (E \in C^\infty(U))$ となるとき,Gauss 曲率 K は

$$K(u) = -\frac{1}{2}E(u)^{-1}(\partial_1\partial_1 + \partial_2\partial_2)\log E(u)$$

であたえられる.とくに,$E(u) = (u^2)^{-2}$ とすると,$K(u) = -1$ であることがわかる.練習 13.8 も参照せよ. □

練習 14.12 曲面のパラメータ表示 $\varphi : U \to \mathbb{R}^3$ に対して,第 1 基本量が $g_{11} = g_{22} = 0$, $g_{12} = g_{21} = \cos\omega\ (\omega \in C^\infty(U))$ となるとき,Gauss 曲率 K は

$$\partial_1\partial_2\omega(u) + K(u)\sin\omega(u) = 0$$

をみたすことを示せ. □

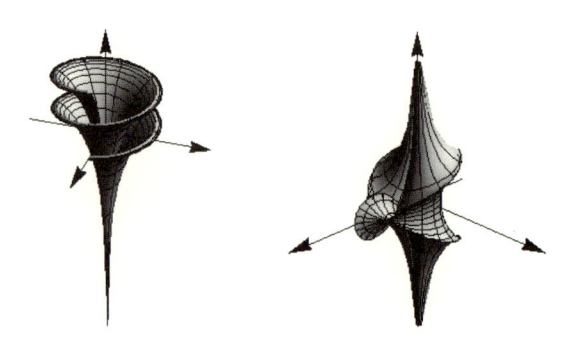

図 **14.4** Gauss 曲率一定負値曲面の例 (左) Dini 曲面,(右) Kuen 曲面

このことから，K が一定負値ならば，ω は sine-Gordon 方程式とよばれる微分方程式を満たさなくてはならないことがわかる．

練習 14.13 つぎの 2 つの曲面のパラメータ表示 $\varphi_j : U \to \mathbb{R}^3$ に対して，第 1 基本量 I_j と Gauss 曲率 K_j を求め，像の概形について比較せよ．

$$\varphi_1(u^1, u^2) = \begin{bmatrix} u^1 \sin u^2 \\ u^1 \cos u^2 \\ \log u^1 \end{bmatrix}, \quad \varphi_2(u^1, u^2) = \begin{bmatrix} u^1 \cos u^2 \\ u^1 \sin u^2 \\ u^2 \end{bmatrix}.$$
□

定義 14.14* 曲面のパラメータ表示 $\varphi : U \to \mathbb{R}^3$ に対して，$H(u) = \dfrac{1}{2} \mathrm{tr}\, \mathrm{A}(u)$ を φ の u における**平均曲率**という．$H(u)$ は φ の u における主曲率の平均である． □

練習 14.15 曲面のパラメータ表示 $\varphi : U \to \mathbb{R}^3$ に対して，A を形作用素，K, H を Gauss 曲率，平均曲率とするとき，

$$\det(1_2 - t\mathrm{A}(u)) = 1 - 2tH(u) + t^2 K(u), \quad \forall u \in U, \, t \in \mathbb{R}$$

がなりたつことを示せ． □

練習 14.16 曲面のパラメータ表示 $\varphi : U \to \mathbb{R}^3$ に対して，$H(u) = 0$ ならば $K(u) \leqq 0$ を示せ． □

練習 14.17 (10.3)-(10.7) で与えられる φ に対して，(h) Gauss 曲率 K，(i) 平均曲率 H を求めよ． □

練習 14.18 (10.8)-(10.12) で与えられる φ に対して，(h) Gauss 曲率 K，(i) 平均曲率 H を求めよ． □

練習 14.19 練習 10.11(1)(2)(3) で与えられる φ に対して，(h) Gauss 曲率 K，(i) 平均曲率 H を求めよ． □

練習 14.20 $\varphi : U \to \mathbb{R}^3$ を曲面のパラメータ表示とし，K, H をその

Gauss 曲率，平均曲率とする．定数 $c > 0$ に対して，$\widetilde{\varphi}(u) := c\varphi(u)$ とおく．$\widetilde{\varphi} : U \to \mathbb{R}^3$ が曲面のパラメータ表示であることを示し，その Gauss 曲率，平均曲率が $c^{-2}K, c^{-1}H$ で与えられることを示せ． □

練習 14.21 球面は Gauss 曲率が一定正値の回転面であるが，このような性質をもつものは球面だけか．Gauss 曲率が定数の回転面を分類せよ． □

練習 14.22 $(0 \in)U(\subset \mathbb{R}^2)$ を単連結領域とする．$g : U \to \mathbb{R}^3$ を微分方程式
$$\frac{\partial^2 g}{\partial u^1 \partial u^2}(u) \times g(u) = 0$$
をみたす写像とする．
$$\varphi(w) := \int_0^w \left\{ g(u) \times \frac{\partial g}{\partial u^1}(u)du^1 - g(u) \times \frac{\partial g}{\partial u^2}(u)du^2 \right\} \tag{14.1}$$
とおくと，$\varphi : U \to \mathbb{R}^3$ が well-defined で，単射ならば曲面のパラメータ表示になることを示し，その Gauss 曲率が $K(w) = -|g(w)|^{-4}$ であることを示せ．また，単位法ベクトル場，第 1 基本量，第 2 基本量を計算せよ． □

とくに，g として，単位球面への写像をとれれば，Gauss 曲率が一定値 -1 の曲面のパラメータ表示 φ が構成できることになる．(14.1) を A. Lelieuvre の公式という (1888 年)．

練習 14.23 $z := u^1 + \sqrt{-1}u^2 \in \mathbb{C}$ とし，$(0 \in)U(\subset \mathbb{C})$ を単連結領域とする．$f : U \to \mathbb{C}$ を正則関数，$g : U \to \mathbb{C} \cup \{\infty\}$ を有理型関数とする．g の極と f の零点は等しく，g の m 位の極となる点が f の $2m$ 次の零点であるとする．
$$\varphi(\zeta) := \begin{bmatrix} \operatorname{Re} \int_0^\zeta \frac{1}{2} f(z)(1 - g(z)^2)dz \\ \operatorname{Re} \int_0^\zeta \frac{\sqrt{-1}}{2} f(z)(1 + g(z)^2)dz \\ \operatorname{Re} \int_0^\zeta f(z)g(z)dz \end{bmatrix} \tag{14.2}$$

とおくと，$\varphi : U \to \mathbb{R}^3$ が well-defined で，単射ならば曲面のパラメータ表示になることを示し，その平均曲率が恒等的に 0 であることを示せ．また，単位法ベクトル場，第 1 基本量，第 2 基本量，Gauss 曲率を計算せよ． □

(14.2) を K. Weierstrass - A. Enneper の公式という (1866 年). これは極小曲面の研究において，非常に重要な役割を果たす．複素関数論が有効な道具となることも注意しておきたい．詳しくは，[1, p.719] などを参照するとよい．

練習 14.24 $z := u^1 + \sqrt{-1}u^2 \in \mathbb{C}$ とし，$(0 \in)U(\subset \mathbb{C})$ を単連結領域とする．$g : U \to \mathbb{C} \cup \{\infty\}$ を正値関数 $H \in C^\infty(U)$ に対して，微分方程式

$$\frac{\partial^2 g}{\partial z \partial \bar{z}}(z) - 2\frac{\overline{g(z)}}{1+|g(z)|^2}\frac{\partial g}{\partial z}(z)\frac{\partial g}{\partial \bar{z}}(z) = H(z)^{-1}\frac{\partial H}{\partial z}(z)\frac{\partial g}{\partial \bar{z}}(z) \qquad (14.3)$$

をみたす関数とする．

$$\varphi(\zeta) := \begin{bmatrix} \int_0^\zeta \mathrm{Re}\left\{\frac{-2}{H(z)}(1+|g(z)|^2)^{-2}\frac{\partial \bar{g}}{\partial z}(z)(1-g(z)^2)dz\right\} \\ \int_0^\zeta \mathrm{Re}\left\{\frac{-2\sqrt{-1}}{H(z)}(1+|g(z)|^2)^{-2}\frac{\partial \bar{g}}{\partial z}(z)(1+g(z)^2)dz\right\} \\ \int_0^\zeta \mathrm{Re}\left\{\frac{-4}{H(z)}(1+|g(z)|^2)^{-2}\frac{\partial \bar{g}}{\partial z}(z)g(z)dz\right\} \end{bmatrix} \qquad (14.4)$$

とおくと，$\varphi : U \to \mathbb{R}^3$ が well-defined で，単射ならば曲面のパラメータ表示になることを示し，その平均曲率が H であることを示せ．また，単位法ベクトル場，第 1 基本量，第 2 基本量，Gauss 曲率を計算せよ． □

とくに，H として 0 でない定数をとり，(14.3) をみたす g がとれれば，平均曲率が一定 H の曲面のパラメータ表示 φ が構成できることになる．(このとき微分方程式 (14.3) の右辺は 0 になり，比較的扱いやすい方程式になる．) (14.4) を K. Kenmotsu の公式という (剱持勝衛，1979 年).

第15章

座標曲面の測地線

曲面のパラメータ表示 $\varphi : U \to \mathbb{R}^3$ に対して，この像の上の曲線について調べよう．今まで通り，単位法ベクトル場を $n : U \to S^2(1) \subset \mathbb{R}^3$, 第1, 第2基本量を $\mathrm{I} = (g_{ij}), \mathrm{II} = (h_{ij}) : U \to \mathrm{Sym}_2(\mathbb{R})$ とし, Christoffel 記号を $\varGamma_{ij}^k \in C^\infty(U)$ であらわす．

$c : (\mathbb{R} \supset) I \to U(\subset \mathbb{R}^2)$ を曲線のパラメータ表示とすると，$\varphi \circ c : I \to \mathbb{R}^3$ はまた曲線のパラメータ表示でその像が座標曲面 $\varphi(U)$ 上にある．まず，この加速度ベクトルを調べる．

補題 15.1 曲線のパラメータ表示 $c : I \ni t \mapsto c(t) = \begin{bmatrix} c^1(t) \\ c^2(t) \end{bmatrix} \in U$ に対して，

$$\frac{d^2 \varphi \circ c}{dt^2}(t) = \sum_{k=1}^{2} \left\{ \frac{d^2 c^k}{dt^2}(t) + \sum_{i,j=1}^{2} \varGamma_{ij}^k(c(t)) \frac{dc^i}{dt}(t) \frac{dc^j}{dt}(t) \right\} \partial_k \varphi(c(t))$$
$$+ \left\{ \sum_{i,j=1}^{2} h_{ij}(c(t)) \frac{dc^i}{dt}(t) \frac{dc^j}{dt}(t) \right\} n(c(t))$$

がなりたつ．

証明 合成関数の微分の公式を思い出せばよい．実際,

$$\frac{d\varphi \circ c}{dt}(t) = \sum_j \frac{dc^j}{dt}(t) \partial_j \varphi(c(t))$$

をもう一度微分すると,

$$\frac{d^2 \varphi \circ c}{dt^2}(t) = \sum_j \left\{ \frac{d^2 c^j}{dt^2}(t) \partial_j \varphi(c(t)) + \frac{dc^j}{dt}(t) \frac{d(\partial_j \varphi) \circ c}{dt}(t) \right\}$$

$$= \sum_k \frac{d^2 c^k}{dt^2}(t) \partial_k \varphi(c(t)) + \sum_{j,i} \frac{dc^j}{dt}(t) \frac{dc^i}{dt}(t) \partial_i \partial_j \varphi(c(t))$$

$$= \sum_k \frac{d^2 c^k}{dt^2}(t) \partial_k \varphi(c(t))$$
$$+ \sum_{j,i} \frac{dc^j}{dt}(t) \frac{dc^i}{dt}(t) \left\{ \sum_k \Gamma_{ij}^k(c(t)) \partial_k \varphi(c(t)) + h_{ij}(c(t)) n(c(t)) \right\}$$

となるが，これを整理すればよい． □

定義 15.2 曲線のパラメータ表示 $c : I \to U$ が φ の**測地線**である，あるいは $\varphi \circ c : I \to \mathbb{R}^3$ が φ の測地線であるとは，c が

$$\frac{d^2 c^k}{dt^2}(t) + \sum_{i,j=1}^{2} \Gamma_{ij}^k(c(t)) \frac{dc^i}{dt}(t) \frac{dc^j}{dt}(t) = 0, \quad k = 1, 2 \tag{15.1}$$

をみたすことをいう．すなわち，$\dfrac{d^2 \varphi \circ c}{dt^2}(t)$ が $n(c(t))$ と平行であるときをいう． □

$\mathbb{R}^3$ 内の点の運動 $\varphi \circ c$ の加速度ベクトルは，$\dfrac{d^2 \varphi \circ c}{dt^2}(t)$ で与えられるが，$\varphi(U)$ を「全宇宙」と考える場合は，n 方向は感知できないはずである．我々が宇宙の外はないと思っているように，$\varphi(U)$ には「外」がないと想像してみよう．φ の測地線は，定義から n 方向しか加速度を持たないから，$\varphi(U)$ 内の加速度 0 の点の運動と思えばよい．加速度 0 の点の運動は「まっすぐ」進む点の運動と言い直してもよいだろう．まとめると，φ の測地線は，$\varphi(U)$ を「全宇宙」と考えた時の「まっすぐな」曲線と理解できる．

注意 15.3 c が φ の測地線ならば，$\left| \dfrac{d\varphi \circ c}{dt}(t) \right|$ は一定値である．その値を a とし，$\gamma(s) := \varphi \circ c(a^{-1} s)$ とおくと，γ は曲線の弧長パラメータ表示である．

実際，$\left| \dfrac{d\varphi \circ c}{dt} \right|$ が一定値であることは，

$$\frac{d}{dt} \left\langle \frac{d\varphi \circ c}{dt}, \frac{d\varphi \circ c}{dt} \right\rangle = 2 \left\langle \frac{d^2 \varphi \circ c}{dt^2}, \frac{d\varphi \circ c}{dt} \right\rangle$$

$$= 2\left\langle \left\{\sum_{i,j=1}^{2} h_{ij}\circ c\,\frac{dc^i}{dt}\frac{dc^j}{dt}\right\}n\circ c, \sum_j \frac{dc^j}{dt}\partial_j\varphi\circ c\right\rangle = 0$$

となることからわかる. □

例 15.4 (1) 例 10.4 で与えられた平面は,$\Gamma_{ij}^k(u)=0$ だから測地線の方程式は $\dfrac{d^2c^k}{dt^2}(t)=0$ $(k=1,2)$ で与えられる. よって, ある $a,b\in\mathbb{R}^2$ が存在して,$c(t)=at+b$ とかける.

(2) 例 10.5 で与えられた円柱面は, (1) と同じ第 1 基本量, したがって同じ Christoffel 記号をもつ. したがって, 測地線はある $a,b\in\mathbb{R}^2$ が存在して, $c(t)=at+b$ とかける. たとえば,$a=\begin{bmatrix}1\\\alpha\end{bmatrix},b=0$ とすると,$\varphi\circ c(t)=\begin{bmatrix}\cos t\\\sin t\\\alpha t\end{bmatrix}$ となる. 常螺旋 $\varphi\circ c$ は円柱面 φ の測地線である. □

例 15.5 (10.4) で与えられた半径 r の球面 $\varphi(U)$ に対して,$E_1,E_2\in\varphi(U)\subset\mathbb{R}^3$ を $\langle E_i,E_j\rangle=r^2\delta_{ij}$ となるようにとる.$\gamma(t):=(\cos t)E_1+(\sin t)E_2$ とおくと,$\gamma(t)\in\varphi(U)$ である (E_1 と E_2 を通る大円弧を描く). このとき,γ は φ の測地線である.

実際,$\dfrac{d^2\gamma}{dt^2}(t)=-(\cos t)E_1-(\sin t)E_2=-\gamma(t)$ だから, 球面の単位法ベクトル場と平行である. □

定義 15.6 $\varphi:U\to\mathbb{R}^3$ を曲面のパラメータ表示とし,$\gamma:=\varphi\circ c:I\to\mathbb{R}^3$ が曲線の弧長パラメータ表示であるとする.

(1) γ の正規直交標構 $(F_1\ F_2\ N)$ をつぎで定め,φ に関する c (あるいは γ) の **Darboux 標構**とよぶ.

$$N(s):=n(c(s)),\quad F_1(s):=\frac{d\gamma}{ds}(s),\quad F_2(s):=N(s)\times F_1(s).$$

(2) $\kappa_g,\kappa_n,\tau_g\in C^\infty(I)$ を

$$\frac{d}{ds}(F_1\ F_2\ N)(s) = (F_1\ F_2\ N)(s) \begin{bmatrix} 0 & -\kappa_g(s) & -\kappa_n(s) \\ \kappa_g(s) & 0 & -\tau_g(s) \\ \kappa_n(s) & \tau_g(s) & 0 \end{bmatrix}, \quad \forall s \in I$$

で定め, $\kappa_g(s)$ を φ に関する c (あるいは γ) の s における**測地的曲率**, $\kappa_n(s)$ を φ に関する c の s における法曲率, $\tau_g(s)$ を φ に関する c の s における測地的捩率とよぶ. また, $k_g := \kappa_g F_2 : I \to \mathbb{R}^3$ を φ に関する c の測地的曲率ベクトル, $k_n := \kappa_n N : I \to \mathbb{R}^3$ を φ に関する c の法曲率ベクトルという. □

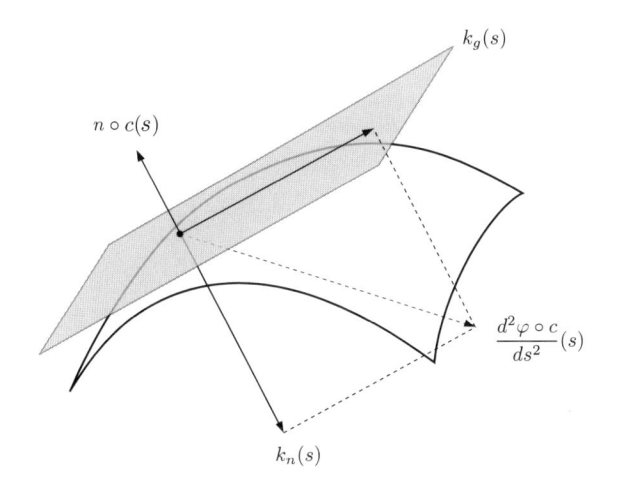

図 15.1

この定義を正当化するためには命題 2.6 に相当することを実行しなくてはいけないが, それはもはや容易であろう.

$F_2(s)$ は, $F_1(s)$ を $\varphi(U)$ の接平面の中で $n(c(s))$ 方向から見て $\dfrac{\pi}{2}$ 回転させたものである. 定義と補題 15.1 から,

$$k_g(s) = \left\langle \frac{dF_1}{ds}(s), F_2(s) \right\rangle F_2(s)$$
$$= \sum_{k=1}^{2} \left\{ \frac{d^2 c^k}{ds^2}(s) + \sum_{i,j=1}^{2} \Gamma_{ij}^k(c(s)) \frac{dc^i}{ds}(s) \frac{dc^j}{ds}(s) \right\} \partial_k \varphi(c(s))$$

がなりたつ. 測地的曲率 κ_g は c と φ の第 1 基本量が与えられれば定まるこ

とに注意しなければならない. γ が φ の測地線であることと κ_g が恒等的に消えることは同値である.

γ の空間曲線としての曲率を κ とすると,
$$\kappa^2(s) = \kappa_g^2(s) + \kappa_n^2(s) \tag{15.2}$$
がなりたつ. 座標曲面 $\varphi(U)$ 上に直線があれば, それは測地線の像であることがわかる.

練習 15.7$^\diamond$ $\varphi: U \to \mathbb{R}^3$ を曲面のパラメータ表示とし, $\gamma := \varphi \circ c : I \to \mathbb{R}^3$ が曲線の弧長パラメータ表示であるとする. $\mathcal{E}_1(u) := \langle \partial_1 \varphi(u), \partial_1 \varphi(u) \rangle^{-1/2} \partial_1 \varphi(u)$ とし, γ の正規直交標構 $(E_1\ E_2\ N)$ をつぎで定める.

$$N(s) := n(c(s)), \quad E_1(s) := \mathcal{E}_1(c(s)), \quad E_2(s) := N(s) \times E_1(s).$$

さらに, ω を E_1 から F_1 への有向角度, すなわち

$$(F_1(s)\ F_2(s)) = (E_1(s)\ E_2(s)) \begin{bmatrix} \cos\omega(s) & -\sin\omega(s) \\ \sin\omega(s) & \cos\omega(s) \end{bmatrix},$$

$$\omega(a) \in [0, 2\pi), \quad a := \inf I$$

がなりたち, かつ I 上連続 (したがって滑らかな) 関数になるように定める. ($\omega(I) \subset [0, 2\pi)$ とは限らないことにも注意.) このとき,

$$\kappa_g(s) = \left\langle \frac{dF_1}{ds}(s), F_2(s) \right\rangle$$
$$= \frac{d\omega}{ds}(s) + \left\langle \frac{dE_1}{ds}(s), E_2(s) \right\rangle$$

がなりたつことを示せ. $\square$

φ が平面をあらわすとき, $\partial_1 \mathcal{E}_1 = \partial_2 \mathcal{E}_1 = 0$ だから, どんな曲線のパラメータ表示 c に対しても $E_1' = 0$ を得る. ゆえに練習 15.7 から $\kappa_g = \omega'$, すなわち命題 5.8 より, κ_g は平面曲線としても曲率と一致することがわかる. 測地曲率は平面曲線としての曲率の拡張と理解できる.

これまでに曲線のパラメータ表示 $\gamma = \varphi \circ c$ の正規直交標構が 3 つ登場した. 定義 2.4 の Frenet 標構 $(e_1\ e_2\ e_3)$, 定義 15.6 の Darboux 標構 $(F_1\ F_2\ N)$, 練習 15.7 の $(E_1\ E_2\ N)$ がそれである. 次回に用いることになるので定義を整理しておいてほしい.

定理 15.8[*] 座標曲面上の 2 点を結ぶ最短線の弧長パラメータ表示は測地線である. □

このように変分問題の解としてあらわれる曲線や曲面を研究することは大変興味深く長い歴史がある. くわしくは, [15, p.97] [18] などを参照すること. 上の定理は, 最短距離を行くように進むためには,「まっすぐ」進まなくてはいけないということを表している. しかし,「まっすぐ」進めば最短になるとは限らないことにも注意が必要である. 平面上では「まっすぐ」と「最短」が自然に結びついていて直線という概念をつくっていたが, 歪んだ世界では簡単に両方を期待してはいけないのである.

練習 15.9 (1) 回転面において, 回転軸を含む平面と曲面の交わり (母線) はある測地線の像であることを示せ. すなわち,

$$\varphi(s, \theta) = \begin{bmatrix} f(s)\cos\theta \\ f(s)\sin\theta \\ g(s) \end{bmatrix},$$
$$(f, g \in C^\infty(I),\ f(s) > 0,\ \{f'(s)\}^2 + \{g'(s)\}^2 = 1)$$

に対して, $\psi(s) := \begin{bmatrix} 0 \\ f(s) \\ g(s) \end{bmatrix}$ が測地線であることを示せ.

(2) 回転面において, 回転軸に直交する平面と曲面の交わり (回転円) が測地線の像になりうるための必要十分条件を求めよ (上の設定で f に関する条件で述べよ). □

練習 15.10 定理 4.8 を仮定して, つぎを示せ.
$\varphi: U \to \mathbb{R}^3$ を曲面のパラメータ表示とし, $u_0 \in U, v_0 \in \mathbb{R}^2$ とする. このとき, $\varepsilon > 0$ が存在して, 測地線の方程式 (15.1) および初期条件 $c(0) = u_0$ と $\dfrac{dc}{dt}(0) = v_0$ をみたす $c: (-\varepsilon, \varepsilon) \to U \subset \mathbb{R}^2$ が一意的に存在する. □

練習 15.11 第 1 基本量が $U := \{u = \begin{bmatrix} u^1 \\ u^2 \end{bmatrix} \in \mathbb{R}^2 \mid u^2 > 0\} \ni u \mapsto$ $\mathrm{I}(u) = \begin{bmatrix} (u^2)^{-2} & 0 \\ 0 & (u^2)^{-2} \end{bmatrix} \in \mathrm{Sym}_2^+(\mathbb{R})$ で与えられる座標曲面 $\varphi(U)$ (があるとして，そ) の測地線を求めよ． □

定義 15.12* $\varphi : U \to \mathbb{R}^3$ を曲面のパラメータ表示とし，$\gamma := \varphi \circ c : I \to \mathbb{R}^3$ が曲線の弧長パラメータ表示であるとする．$c : I \to U$ が φ の**漸近線**である，あるいは $\gamma : I \to \mathbb{R}^3$ が φ の漸近線であるとは，φ に対する c の法曲率 κ_n が恒等的に消えることをいう． □

(15.2) より，座標曲面 $\varphi(U)$ 上に直線があれば，それは漸近線の像であることがわかる．

練習 15.13 φ に関する c の s における法曲率は
$$\kappa_n(s) = \left\langle \frac{dF_1}{ds}(s), N(s) \right\rangle$$
$$= {}^t\frac{dc}{ds}(s)\mathrm{II}(c(s))\frac{dc}{ds}(s) = \sum_{i,j=1}^{2} h_{ij}(c(s))\frac{dc^i}{ds}(s)\frac{dc^j}{ds}(s)$$
で与えられることを示せ． □

法曲率 κ_n は c の 2 階微分以上の情報は使われていない．すなわち，c の φ に関する s における法曲率 $\kappa_n(s)$ は，φ および座標曲面上の点 $c(s)$ とそこでの接ベクトルが与えられれば定まる．

定義 15.14* $\varphi : U \to \mathbb{R}^3$ を曲面のパラメータ表示とする．点 $u \in U$ とベクトル $v \in \mathbb{R}^2$ で ${}^tv\mathrm{I}(u)v = 1$ なるものに対して，
$$k_n(u, v) := \{{}^tv\mathrm{II}(u)v\}\, n(u),$$
$$\kappa_n(u, v) := {}^tv\mathrm{II}(u)v$$
とおいて，それぞれ φ の u における v 方向の法曲率ベクトル，**法曲率**とよぶ．$\kappa_n(u, v) = 0$ なる v が定める方向を φ の u における**漸近方向**とよぶ． □

練習 15.15 (J. Meusnier, 1776 年) $\varphi : U \to \mathbb{R}^3$ を曲面のパラメータ表示, $u_0 \in U$ とし, n を φ の u_0 での単位法ベクトルとする. $c : I \to U$ を $c(0) = u_0$ かつ $\varphi \circ c : I \to \mathbb{R}^3$ が曲線の弧長パラメータ表示になるものとし, e_2 を $\varphi \circ c$ の 0 における主法線ベクトル, κ を $\varphi \circ c$ の 0 における曲率とする. κ_n を $\varphi \circ c$ の 0 における法曲率とし, σ を e_2 と n のなす角度, すなわち $\cos \sigma = \langle e_2, n \rangle$ をみたすものとする. このとき,

$$\kappa_n = \kappa \cos \sigma$$

がなりたつことを示せ. とくに, $\varphi \circ c(I)$ が $\varphi(u_0)$ と n を含む平面上にあるとき, $\varphi \circ c$ の 0 における平面曲線としての曲率をあらためて κ とかくと, $|\kappa| = |\kappa_n|$ がなりたつことを示せ. □

練習 15.16 命題 14.6 を証明せよ. □

練習 15.17 (L. Euler, 1760 年) $\varphi : U \to \mathbb{R}^3$ を曲面のパラメータ表示, $u_0 \in U$ を臍点でないとし, そこでの主曲率を $\lambda_1 > \lambda_2$, 対応する固有ベクトルを $e_1, e_2 \in \mathbb{R}^2$ とする. ただし, ${}^t e_j \mathrm{I}(u_0) e_j = 1$ をみたすとする. ここで, $\mathrm{I}(u_0)$ は φ の u_0 における第 1 基本量である.

$v(\theta) := \cos \theta e_1 + \sin \theta e_2 \in \mathbb{R}^2$ とし, $\kappa_n(u_0, v(\theta))$ を φ の u_0 における $v(\theta)$ 方向の法曲率とする. このとき,

$$\kappa_n(u_0, v(\theta)) = \lambda_1 \cos^2 \theta + \lambda_2 \sin^2 \theta$$

がなりたつ. □

練習 15.18 $\varphi : U \to \mathbb{R}^3$ を曲面のパラメータ表示とし, その Gauss 曲率を K, 平均曲率を H とする.

（1） $K(u) > 0$ となる点において, 漸近方向が存在しないことを示せ.

（2） $K(u) = 0$ となる点において, 臍点でなければ 1 つの漸近方向が存在することを示せ.

（3） $K(u) < 0$ となる点において, 2 つの漸近方向が存在することを示せ.

（4） $H(u) = 0$ かつ $K(u) < 0$ となる点で, 2 つの漸近方向は直交することを示せ. □

練習 15.19 $c : I \to U$ が曲面のパラメータ表示 $\varphi : U \to \mathbb{R}^3$ の漸近線とする. $\varphi \circ c : I \to \mathbb{R}^3$ は非退化で,その捩率を τ,φ の Gauss 曲率を K とする. このとき,$\tau^2(s) = -K(c(s))$ であることを示せ. □

定義 15.20* $\varphi : U \to \mathbb{R}^3$ を曲面のパラメータ表示とし,$\gamma := \varphi \circ c : I \to \mathbb{R}^3$ が曲線の弧長パラメータ表示であるとする. $c : I \to U$ が φ の**曲率線**である,あるいは $\gamma : I \to \mathbb{R}^3$ が φ の曲率線であるとは,φ に対する c の測地的捩率 τ_g が恒等的に消えることをいう. □

練習 15.21 (1) $c : I \to U$ が曲面のパラメータ表示 $\varphi : U \to \mathbb{R}^3$ の曲率線であることと,任意の $t \in I$ で $\dfrac{dc}{dt}(t)$ が φ の $c(t)$ での形作用素 $\mathrm{A}(c(t))$ の固有ベクトルであることが同値であることを示せ.

(2) 回転面について,母線と回転円が曲率線の像であることを示せ.

(3) n を φ の単位法ベクトル場とする. 曲線のパラメータ表示 $c : I \to U$ に対して,$\psi(s, t) := \varphi \circ c(s) + t\, n \circ c(s)$ とおく. ψ の Gauss 曲率が 0 であることの必要十分条件は,c が曲率線であることを示せ. □

練習 15.22 $\varphi : U \to \mathbb{R}^3$ を曲面のパラメータ表示とする. ベクトル $v \neq 0 \in \mathbb{R}^3$ と v に直交する平面 Π とそこへの射影 $\pi : \mathbb{R}^3 \to \Pi$ が与えられているとする. ($c : I \to U$ あるいは) 曲線のパラメータ表示 $\varphi \circ c : I \to \mathbb{R}^3$ が,φ の v 方向の輪郭母線であるとは,任意の $t \in I$ に対して,$\varphi \circ c(t)$ における $\varphi(U)$ の接平面が $\varphi \circ c(t)$ を通る v と平行な直線を含むことをいう. (輪郭母線は,v 方向から $\varphi(U)$ に光をあてたとき,光のあたる部分と陰の部分との境界と思えばよい.)

点 $\varphi \circ c(t)$ における v 方向の法曲率を $\kappa_n(t)$ とかき,負と仮定する. ($\varphi(U)$ が不透明なものでできているとしたとき,単位法ベクトル $n(c(t))$ が v 方向から見える向きであると思えばよい.)

$\psi := \pi \circ \varphi \circ c : I \to \Pi = \mathbb{R}^2$ が平面曲線のパラメータ表示になっていて,$n(c(t))$ が進行方向に対して左向きと仮定する (ψ を φ の v 方向の**輪郭線**とよぶ). この ψ の t における平面曲線としての曲率を $\kappa(t)$ とする.

φ の $c(t)$ における Gauss 曲率は,

$$K(c(t)) = \kappa_n(t)\kappa(t)$$

で与えられることを示せ. □

これを J. Koenderink の公式という (1984 年). なだらかな山並みのスケッチを想像してみよう. これは, (左から進んでゆくとして) 輪郭線の曲率が負のところ (膨らんでいるところ) は, Gauss 曲率が正であることを主張している.

第 16 章

座標曲面の Gauss 曲率の積分

第 7 章において，曲線に対して曲率の積分を考察した．同様なことを座標曲面に対して行おう．

設定 16.1 (1) $\varphi : U \to \mathbb{R}^3$ を曲面のパラメータ表示とし，$K \in C^\infty(U)$ をその Gauss 曲率とする．

(2) $D \subset U$ を区分的に滑らかな曲線 $\partial D = c([a,b])$ で囲まれた閉領域 (k 角形領域) とする．ここで，$c : [a,b] \to U$ は $c(a) = c(b)$ なる連続写像で，D の内部が左側になるように進む向きをもつと仮定する．分割 $a = s_0 < s_1 < \cdots < s_k = b$ が存在して，$c^{(i)} := c|_{[s_{i-1}, s_i]} : [s_{i-1}, s_i] \to U$ $(i = 1, \ldots, k)$ とおくと，$\gamma^{(i)} := \varphi \circ c^{(i)} : (s_{i-1}, s_i) \to \mathbb{R}^3$ が曲線の弧長パラメータ表示となっている．

(3) 各 $\gamma^{(i)}$ に対して，$\kappa_g{}^{(i)}$ を φ に関する測地的曲率，$(F_1^{(i)} \ F_2^{(i)} \ N^{(i)})$, $(E_1^{(i)} \ E_2^{(i)} \ N^{(i)})$ を定義 15.6 と練習 15.7 のように定める正規直交標構，$\omega^{(i)}$ を同じく練習 15.7 のように定める $E_1^{(i)}$ から $F_1^{(i)}$ への有向角度とする．

(4) 各 $i = 1, \ldots, k$ に対して，$\pi - \theta_i \in [0, 2\pi]$ を多角形領域 $\varphi(D)$ の頂点 $\varphi(c(s_i))$ における内角とする．$\theta_i \in [-\pi, \pi]$ を $\varphi(D)$ の $\varphi(c(s_i))$ における外角という． □

定理 16.2 (座標曲面上の多角形領域に対する Gauss-Bonnet の定理) 設定 16.1 のもとでつぎがなりたつ．

$$\int_{\varphi(D)} K d\mu + \sum_{i=1}^{k} \int_{s_{i-1}}^{s_i} \kappa_g^{(i)}(s) ds + \sum_{i=1}^{k} \theta_i = 2\pi. \qquad (16.1)$$
□

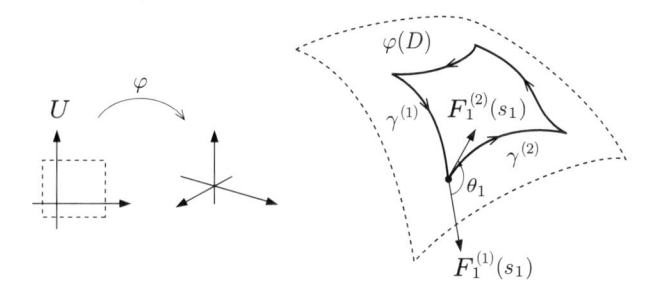

図 16.1

左辺第 1 項は Gauss 曲率の面積分をあらわしている．定義は微分積分学で学んだはずだが，簡単に確認しておこう．

注意 16.3 曲面のパラメータ表示 $\varphi: U \to \mathbb{R}^3$ および $f \in C^\infty(U)$ と閉領域 $D \subset U$ に対して，f の $\varphi(D)$ における面積分は

$$\int_{\varphi(D)} f\, d\mu := \iint_D f(u)|\partial_1 \varphi(u) \times \partial_2 \varphi(u)|\, du^1 du^2$$
$$= \iint_D f(u)\sqrt{\det \mathrm{I}(u)}\, du^1 du^2$$

で与えられる．

とくに $\varphi(D)$ の面積は $\int_{\varphi(D)} 1\, d\mu$ である． □

定理の証明をつける前に，(16.1) が何を言っているのかを確認しておく必要がある．

注意 16.4 (1) φ が例 10.4 で与えられた平面，$k=3$ とし c_i が測地線 (線分) のとき，(16.1) は「三角形の内角の和は π である」ことを述べている．

(2) φ が (10.4) で与えられた球面，$k=3$ とし c_i が測地線 (大円弧) のとき，(16.1) から「球面三角形の内角の和は π より大きい」ことがわかる．

実際，$\kappa_g^{(i)}(s) = 0$，$K = r^{-2}$ だから $r^{-2} \int_{\varphi(D)} d\mu + \sum_{i=1}^{3} \theta_i = 2\pi$ となり，外角の和は $\sum_{i=1}^{3} \theta_i < 2\pi$ となる．内角の和は $\sum_{i=1}^{3} (\pi - \theta_i) > 3\pi - 2\pi = \pi$ であ

る．π との差は，三角形の面積に比例している．

(3) Gauss 曲率 K の座標曲面上の測地 (線で描いた) 三角形 $\triangle$ の内角の和は $\pi + \int_\triangle K d\mu$ で与えられる． □

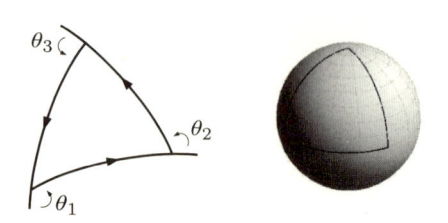

図 16.2

再び，$\varphi(U)$ を「全宇宙」と考えてみよう．三角形の内角の和が測れたとしてそれが π でない場合，自分のいる「全宇宙」が平らではない，すなわち平面 (の一部) ではないことがわかる．「全宇宙」と考えているので，宇宙から飛び出して外から形を眺めることはもちろんできない．飛び出さなくても歪みは検知できるのである．

今学んでいる曲面論の基礎を与えたのは，Gauss にほかならないが，その論文で，測地三角形に対して定理 16.2 を得ている (1827 年 Theorema elegantissimum とよんだ)．O. Bonnet は領域の境界を記述する曲線を一般にし，上のように測地的曲率の積分の項をつけた形に拡張したらしい (1848 年).

ここでは，第 1 基本量 $\mathrm{I} = (g_{ij})$ が $g_{12} = g_{21} = 0$ となる曲面のパラメータ表示 $\varphi : U \to \mathbb{R}^3$ について，定理 16.2 を証明する．実は，これで一般性を失わないことがわかる．

証明に入る前にもうひとつ微分積分学の復習をしておこう．

注意 16.5 設定 16.1 の状況で，$\Omega_1, \Omega_2 \in C^\infty(U)$ に対して，

$$\iint_D \left(\partial_1 \Omega_2 - \partial_2 \Omega_1\right)(u) du^1 du^2 = \int_{\partial D} \{\Omega_1 du^1 + \Omega_2 du^2\} \tag{16.2}$$

がなりたつ．ここで，右辺の線積分は

$$\sum_i \int_{s_{i-1}}^{s_i} \left\{ \Omega_1(c_i(t)) \frac{dc_i^1}{dt}(t) + \Omega_2(c_i(t)) \frac{dc_i^2}{dt}(t) \right\} dt$$

をあらわしていた．

これは **Green の定理**とよばれ，微分積分学の基本定理の拡張と理解できた．このタイプの積分公式を総称して Stokes の定理とよぶことにすると，それは数学全体の中で見ても最も重要な定理のひとつである．

ここでは，$du^i \wedge du^j = -du^j \wedge du^i$ という性質が特徴の外積 $\wedge$ や外微分 d についての微分形式の理論を用いて，(16.2) がつぎのように形式的に導けることを書きとめておく．ここではたんに覚え方と思ってよい．

$$\int_{\partial D} \sum_j \Omega_j \, du^j = \underline{\int_{\partial D} \Omega = \iint_D d\Omega}$$
$$= \iint_D d\left(\sum_j \Omega_j \, du^j\right) = \iint_D \sum_j d\Omega_j \wedge du^j = \iint_D \sum_j \left(\sum_i \frac{\partial \Omega_j}{\partial u^i} du^i\right) \wedge du^j$$
$$= \iint_D \sum_{i<j} \left(\frac{\partial \Omega_j}{\partial u^i} - \frac{\partial \Omega_i}{\partial u^j}\right) du^i \wedge du^j. \qquad \Box$$

定理 16.2 ($g_{12} = g_{21} = 0$ の場合) の証明

[第 1 段] $\mathcal{E}_j := g_{jj}^{-1/2} \partial_j \varphi$ とおくと，定義から $E_1^{(i)} = \mathcal{E}_1 \circ c^{(i)}$ であるが，$g_{12} = g_{21} = 0$ より，$E_2^{(i)} = \mathcal{E}_2 \circ c^{(i)}$ がなりたつ．このとき，

$$\langle E_1^{(i)'}, E_2^{(i)} \rangle = \left(c^{(i)1}\right)' \langle \partial_1 \mathcal{E}_1, \mathcal{E}_2 \rangle \circ c^{(i)} + \left(c^{(i)2}\right)' \langle \partial_2 \mathcal{E}_1, \mathcal{E}_2 \rangle \circ c^{(i)}$$

が計算できる．

[第 2 段]

$$\sum_i \int_{s_{i-1}}^{s_i} \kappa_g^{(i)}(s) ds = \sum_i \int_{s_{i-1}}^{s_i} \omega^{(i)'}(s) ds - \iint_D K(u) \sqrt{\det \mathrm{I}(u)} \, du^1 du^2 \tag{16.3}$$

を示す．

練習 15.7，第 1 段，Green の定理 (16.2) を順に用いて，

$$(左辺) = \sum_i \int_{s_{i-1}}^{s_i} \left\{ \omega^{(i)'}(s) + \langle E_1^{(i)'}, E_2^{(i)} \rangle(s) \right\} ds$$

$$= \sum_i \int_{s_{i-1}}^{s_i} \omega^{(i)'}(s) ds$$

$$+ \sum_i \int_{s_{i-1}}^{s_i} \left\{ \left(c^{(i)1}\right)' \langle \partial_1 \mathcal{E}_1, \mathcal{E}_2 \rangle(c^{(i)}(s)) + \left(c^{(i)2}\right)' \langle \partial_2 \mathcal{E}_1, \mathcal{E}_2 \rangle(c^{(i)}(s)) \right\} ds$$

$$= \sum_i \int_{s_{i-1}}^{s_i} \omega^{(i)'}(s) ds$$

$$+ \iint_D \{ \partial_1 \langle \partial_2 \mathcal{E}_1, \mathcal{E}_2 \rangle(u) - \partial_2 \langle \partial_1 \mathcal{E}_1, \mathcal{E}_2 \rangle(u) \} du^1 du^2$$

を得る．練習 14.10 より (16.3) がわかる．

[第 3 段] 以上から，つぎの補題 16.6 を示すことができれば，定理の証明が完成する． □

補題 16.6 設定 16.1 のもとで

$$\sum_{i=1}^k \int_{s_{i-1}}^{s_i} \frac{d\omega^{(i)}}{ds}(s) ds + \sum_{i=1}^k \theta_i = 2\pi$$

がなりたつ．

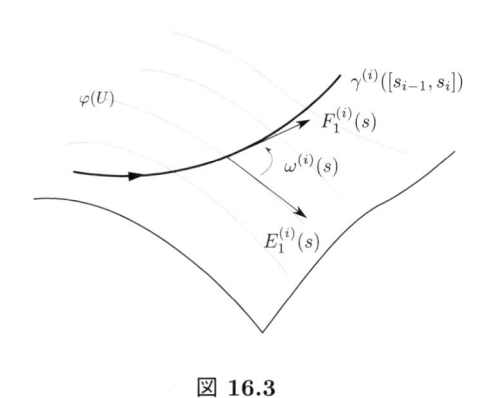

図 **16.3**

証明の方針 [第 1 段] $k = 0$ の場合，すなわち，$\partial D = c([a, b])$ が滑らかな閉曲線の場合に

$$\int_a^b \omega'(s)ds = 2\pi \tag{16.4}$$

がなりたつことを見る.

角度をあらわす関数 ω を区間 $[a,b]$ から単位円周 $S^1(1)$ への写像と理解するとき, ω は連続で $\omega(a) = \omega(b)$ であるから, s が a から b へと進むとき F_1 が d 回転したとすると, $\int_a^b \omega'(s)ds = 2\pi d$ である.

あとは $d=1$ であることを示さなくてはならない. c は D を囲む単純閉曲線なので, これは直感的には理解できるかもしれない. しかし, 注意しなければならないのは, ω が固定された方向から測った角度ではないということだ.

積分 $\frac{1}{2\pi}\int_a^b \omega'(s)ds$ は c と第 1 基本量 I から定まっているので, $d(c, \mathrm{I})$ と書いておく. かりに $\mathrm{I} = 1_2$ (単位行列) とすると, これは (u^1, u^2) 平面で u^1 方向からの角度を見えるままに測って積分したものである. このとき, $d(c, 1_2) = 1$ であることは, 納得していただこう (定理 7.8 参照. c の向きのとり方にも注意すること).

ここで, $u \in U, t \in [0,1]$ に対して, $\mathrm{I}(t)(u) := t\mathrm{I}(u) + (1-t)1_2 \in M_2(\mathbb{R})$ とおくと,

$$[0,1] \ni t \mapsto d(c, \mathrm{I}(t)) \in \mathbb{R}$$

が定義できて, しかも連続であることがわかる. $d(c, \mathrm{I}(0)) = d(c, 1_2) = 1$ かつ $d(c, \mathrm{I}(t))$ は整数値であることから, $d(c, \mathrm{I}(1)) = d = 1$ を得る. これで, (16.4) の証明が終わった.

[第 2 段] $k=1$ の場合について

$$\int_a^b \omega'(s)ds + \theta_1 = 2\pi$$

となる理由はつぎのとおりである.

$\lim_{s \searrow a}\omega(s) - \lim_{s \nearrow b}\omega(s) = \theta_1$ だから, 第 1 段と同様に $\int_a^b \omega'(s)ds$ の意味を考えると, $2\pi - \theta_1$ になるはずである. D の角を滑らかにしてできる領域 D_ε でもって D を近似すれば, $\int_{\partial D_\varepsilon} \omega'(s)ds = 2\pi$ であること, 頂点での突然の変

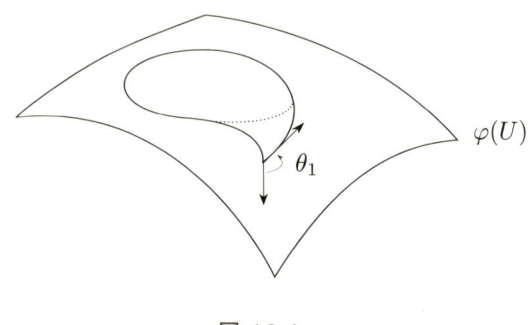

図 16.4

化が外角に相当することを考えると，納得できる．

$k \geqq 1$ の場合も同様に説明できる． □

注意 16.7 補題 16.6 の証明の第 1 段で (16.4) を示すのに D が単連結であるという仮定は重要である．ω の定義は $\varepsilon_1 \circ c$ から測った角であったが，穴が開いていると，$\varepsilon_1 \circ c$ 自身が回転してしまう恐れがあり，上の議論はできなくなるからである． □

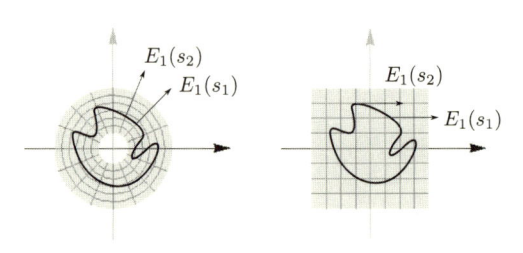

図 16.5

練習 16.8 $\varphi : U \to \mathbb{R}^3$ を Gauss 曲率が各点で 0 以下となる曲面のパラメータ表示とする．$\varphi(U)$ 上の測地線は自己交叉しないことを示せ．さらに，測地線同士が異なる 2 点で交わることがないことを示せ． □

練習 16.9 $\varphi : U \to \mathbb{R}^3$ を (10.4) で与えられる半径 r の球面のパラメータ表示とする．$\varphi(U)$ 上に内角の和が $\dfrac{3}{2}\pi$ の測地三角形を構成せよ． □

練習 16.10 $U := \mathbb{R}^2$, $D := \{ \begin{bmatrix} u^1 \\ u^2 \end{bmatrix} \in \mathbb{R}^2 \mid (u^1)^2 + (u^2)^2 \leqq 4 \}$ とし,

$$\varphi(u^1, u^2) = \begin{bmatrix} u^1 \\ u^2 \\ \sqrt{(u^1)^2 + (u^2)^2} \end{bmatrix}$$

とするとき, $\varphi(D)$ の面積 $\int_{\varphi(D)} 1 \, d\mu$ を求めよ. また, $f(u^1, u^2) := (u^1)^2 + (u^2)^2$ とするとき, 面積分 $\int_{\varphi(D)} f \, d\mu$ を求めよ. □

練習 16.11 $\varphi_j : U := \mathbb{R} \times (0, 1) \to \mathbb{R}^3$ を

$$\varphi_0(\theta, t) := \begin{bmatrix} \cos\theta \\ \sin\theta \\ t \end{bmatrix}, \quad \varphi_1(\theta, t) := \begin{bmatrix} \sqrt{1-t^2}\cos\theta \\ \sqrt{1-t^2}\sin\theta \\ t \end{bmatrix}$$

とし, $D := [0, 2\pi] \times [a, b] \subset U$ とするとき, $\varphi_j(D)$ ($j = 0, 1$) を図示せよ. $\varphi_0(D)$ と $\varphi_1(D)$ の面積が等しいことを示せ. □

練習 16.12 曲面のパラメータ表示 $\varphi : (0, r_0) \times (-\pi, \pi) \to \mathbb{R}^3$ がつぎをみたすとする. (i) 任意の $\theta \in (-\pi, \pi)$ に対して, $\gamma_\theta := \varphi(\cdot, \theta) : (0, r_0) \to \mathbb{R}^3$ は測地線の弧長パラメータ表示である. (ii) 2つの曲線 γ_0, γ_θ に対して, $\varphi(0, 0)$ でのなす角は θ で与えられる. すなわち, $\cos\theta = \left\langle \lim_{r \searrow 0} \dfrac{d\gamma_0}{dr}(r), \lim_{r \searrow 0} \dfrac{d\gamma_\theta}{dr}(r) \right\rangle$ がなりたつ. さらに, $\varphi \circ c$ を測地線の弧長パラメータ表示とし, c は $[0, \theta_0] \ni \theta \mapsto c(\theta) = \begin{bmatrix} r(\theta) \\ \theta \end{bmatrix} \in (0, r_0) \times (-\pi, \pi)$ という形をしているとする.

(1) φ の第1基本量と Gauss 曲率を求めよ.

(2) 点 $O := \varphi(0, 0)$, $P := \varphi(r(0), 0)$, $Q := \varphi(r(\theta_0), \theta_0)$ を頂点とする測地三角形について, Gauss-Bonnet の定理 (16.1) を証明せよ. □

第 17 章

位相多様体

　今までは座標曲面,すなわち「一枚の地図」で記述できる図形をおもに微分積分学を用いて調べてきた.今後「地図帳」で記述される図形を扱うためには,地図のつながり具合を記述しなくてはならない.そのために,点の近さの概念を抽象化することによって生まれた 20 世紀の数学,位相空間論の概念を用いることにする.この講義では,位相空間論を学んであることを前提としているが,念のため定義だけ復習しておくことにしよう.

　定義 17.1　X を集合とし,そのべき集合を $\mathcal{P}(X)(:= \{U \mid U \subset X\})$ とあらわす.$\mathcal{O} \subset \mathcal{P}(X)$ が X の**位相**であるとは,つぎの (i)(ii)(iii) をみたすことをいう.
 (ⅰ)　$\emptyset \in \mathcal{O}$ かつ $X \in \mathcal{O}$.
 (ⅱ)　$U, V \in \mathcal{O}$ ならば $U \cap V \in \mathcal{O}$.
 (ⅲ)　$\{U_\lambda\}_{\lambda \in \Lambda} \subset \mathcal{O}$ ならば $\displaystyle\bigcup_{\lambda \in \Lambda} U_\lambda \in \mathcal{O}$.
このとき,$(X, \mathcal{O})$ を**位相空間**とよび,$\mathcal{O}$ の元を**開集合**とよぶ.　　□

　定義 17.2　$X_j := (X_j, \mathcal{O}_j)$ $(j = 1, 2)$ を位相空間とし,$f: X_1 \to X_2$ とする.
 (1)　f が**連続**であるとは,開集合の逆像が開集合であること,すなわち,
$$U_2 \in \mathcal{O}_2 \implies f^{-1}(U_2)(:= \{u \in X_1 \mid f(u) \in U_2\}) \in \mathcal{O}_1$$
がなりたつことをいう.
 (2)　f が**同相写像**であるとは,f は全単射で,$f: X_1 \to X_2$ とその逆写像 $f^{-1}: X_2 \to X_1$ がともに連続であるときをいう.

(3) X_1 が X_2 に**同相**であるとは,X_1 から X_2 への同相写像が存在するときをいう. □

蛇足であるとは思うが,逆像と逆写像の違いを明確にしておくこと.

以後,我々は異なる 2 点を開集合で分離できるのに十分なくらい豊富に開集合が存在するような位相だけを扱うことになる.

定義 17.3 $X = (X, \mathcal{O})$ を位相空間とする.X が **Hausdorff 空間**であるとは,相異なる任意の 2 点 $x, y \in X$ に対して,ある $U, V \in \mathcal{O}$ が存在して,

$$x \in U, \ y \in V, \ U \cap V = \emptyset$$

をみたすことをいう. □

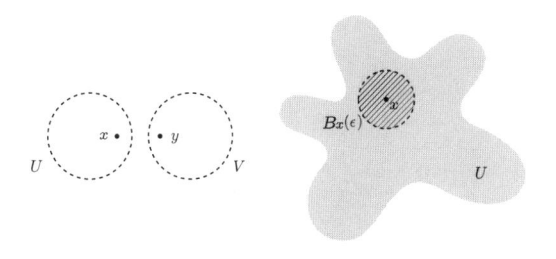

図 17.1 左:定義 17.3,右:例 17.6

定義 17.4 $X = (X, \mathcal{O})$ を位相空間とし,S を X の部分集合とする.

$$\mathrm{Int} S := \bigcup \{U \in \mathcal{O} \mid U \subset S\}, \quad \mathrm{Ext} S := \mathrm{Int}(X \setminus S),$$
$$\partial S := X \setminus (\mathrm{Int} S \cup \mathrm{Ext} S), \quad \overline{S} := S \cup \partial S$$

と定め,それぞれ S の**内部**,**外部**,**境界**,**閉包**とよぶ. □

定義と注意 17.5 $X = (X, \mathcal{O})$ を位相空間とし,S を X の部分集合,$i \colon S \ni x \mapsto x \in X$ をその包含写像とする.

(1) $\mathcal{O}_S := \{U \cap S \mid U \in \mathcal{O}\} (\subset \mathcal{P}(S))$ は S の位相である.この $\mathcal{O}_S$ を S の X に対する**相対位相**(あるいは誘導位相)とよび,$(S, \mathcal{O}_S)$ を $(X, \mathcal{O})$ の

部分 (位相) 空間という.

（2） このとき, $i: S \hookrightarrow X$ は連続である. また, $\mathcal{O}_S$ は, 包含写像 i が連続となるような S の位相でもっとも弱いものである. □

$\mathcal{O}' \subset \mathcal{P}(S)$ を S の位相とすると, 写像 $f: S \to X$ は, $\mathcal{O}'$ が大きければ, すなわち S の開集合がたくさんあれば連続になりやすい. $\mathcal{O}_S \subset \mathcal{O}'$ のとき, $\mathcal{O}_S$ は $\mathcal{O}'$ より**弱い位相**であるという.

例 17.6 （1） $d: \mathbb{R}^n \times \mathbb{R}^n \ni (x,y) \mapsto |x-y|(:= \{{}^t(x-y)(x-y)\}^{\frac{1}{2}}) \in \mathbb{R}$ を Euclid 距離とする (記号 3.3 参照). $\mathcal{O} \subset \mathcal{P}(\mathbb{R}^n)$ をつぎのように定義する. $U \subset \mathbb{R}^n$ に対して, $U \in \mathcal{O}$ であるとは, 任意の $x \in U$ に対して, ある $\varepsilon > 0$ が存在して, $B_x^n(\varepsilon)(:= \{y \in \mathbb{R}^n \mid d(x,y) < \varepsilon\}) \subset U$ とできるときをいう. このとき, $(\mathbb{R}^n, \mathcal{O})$ は Hausdorff 空間である. この位相 $\mathcal{O}$ を $\mathbb{R}^n$ の Euclid 距離から定まる位相, または $\mathbb{R}^n$ の**自然な位相**という.

（2） $S \subset \mathbb{R}^3$ を座標曲面とし, $\mathcal{O}_S$ を S の $(\mathbb{R}^3, \mathcal{O})$ に対する相対位相とする. このとき, $(S, \mathcal{O}_S)$ は Hausdorff 空間である. □

一般に, Hausdorff 空間の部分空間は Hausdorff 空間であることが容易にわかる.

定義 17.7 $M = (M, \mathcal{O}_M)$ を位相空間とする. M が n 次元**位相多様体**であるとは, つぎの (i) (ii) をみたすことをいう.

（i） M は Hausdorff 空間である.

（ii） 任意の $x \in M$ に対して, $x \in V$ となるある $V \in \mathcal{O}_M$ と同相写像 $\psi: V \to B^n(1) := B_0^n(1) (= \{u \in \mathbb{R}^n \mid |u| < 1\} \subset \mathbb{R}^n)$ が存在するときをいう. □

要約すれば, n 次元位相多様体とは, M の各点に対して, $\mathbb{R}^n$ の開集合と同相な近傍をもつような Hausdorff 空間のことをいう. 今の段階では気にする必要がないので詳述しないが, これから紹介することになる定理の多くが, 位相多様体に第 2 可算公理を要請する必要がある (練習 17.14 参照). 仮定されているものとして以下いちいち断らないことにする. なお, ここでは用いないが, 2 次元位相多様体のことをたんに**曲面**とよぶ場合がある.

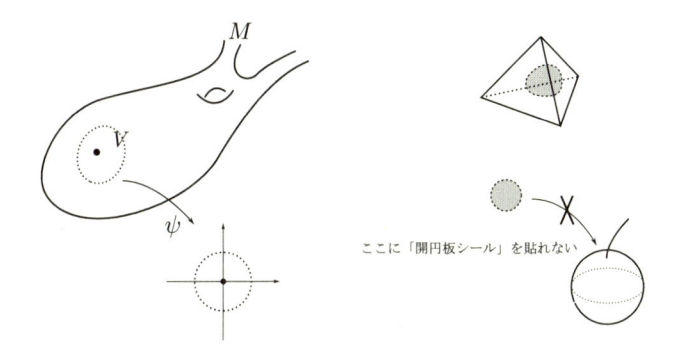

図 **17.2** 右上：位相多様体．　右下：位相多様体ではない．

例 17.8 円周 $S^1(1) \subset \mathbb{R}^2$ に $(\mathbb{R}^2, \mathcal{O})$ に対する相対位相 $\mathcal{O}_{S^1(1)}$ を考えると，$(S^1(1), \mathcal{O}_{S^1(1)})$ は 1 次元位相多様体である．

実際，条件 (i) については，Hausdorff 空間の部分空間だから $S^1(1)$ が Hausdorff 空間であることがわかる．条件 (ii) は，$\varepsilon \in (0, \pi)$ とし，任意の点 $x_0 = \begin{bmatrix} \cos t_0 \\ \sin t_0 \end{bmatrix} \in S^1(1)$ に対して，$V = \{\begin{bmatrix} \cos t \\ \sin t \end{bmatrix} \mid t \in (t_0 - \varepsilon, t_0 + \varepsilon)\}$ とおくと，$V \in \mathcal{O}_{S^1(1)}$ で，

$$\psi : V \ni \begin{bmatrix} \cos t \\ \sin t \end{bmatrix} \mapsto t \in (t_0 - \varepsilon, t_0 + \varepsilon) \underset{\Rightarrow}{\approx} (-1, 1) = B^1(1)$$

が同相写像を与える (練習 6.12 も参照)． □

練習 17.9 $\mathbb{R}^n_+ := \{x = \begin{bmatrix} x^1 \\ \vdots \\ x^n \end{bmatrix} \in \mathbb{R}^n \mid x^n \geqq 0\}$ とおき，$\mathbb{R}^n$ に対する相対位相を考える．M を Hausdorff 空間とする．M が境界付 n 次元位相多様体とは，M の各点に対して，$\mathbb{R}^n_+$ の開集合と同相な近傍をもつことをいう．また，$\mathbb{R}^n$ の開集合とは同相な近傍をもたないが，$\mathbb{R}^n_+$ の開集合とは同相な近傍をもつような点の全体を ∂M とかき，M の位相多様体としての境界とよぶ．

$$\varphi : \mathbb{R} \times [0,1] \ni (s,t) \mapsto \begin{bmatrix} \cos s \\ \sin s \\ t \end{bmatrix}$$ の像に，$\mathbb{R}^3$ の相対位相を考えたものを M とするとき，これが境界付 2 次元位相多様体になることを示せ．また，この位相多様体としての境界を図示せよ．　□

すでに連結性やコンパクト性の概念は登場しているが，もう一度，定義を復習しておく．$\mathbb{R}^n$ の位相に限ってしか学んだことのない場合は，つぎの定義を読むだけではよくわからないかもしれないので，位相空間を扱った教科書を参考にするとよい．ここでは，以前学んだときの感触を大切にして進めばよいが，機会を見てこれから述べる一般の場合との整合性をとるとよい．

定義 17.10　$X = (X, \mathcal{O})$ を位相空間とする．

（1）　X が**連結**であるとは，X が互いに交わらない 2 つの空でない開集合の和集合としてあらわせないことをいう．すなわち，

$$U \in \mathcal{O} \text{ かつ } X \setminus U \in \mathcal{O} \implies U = \varnothing \text{ または } U = X$$

がなりたつことをいう．

（2）　X が**コンパクト**であるとは，X の任意の開被覆が有限部分被覆をもつことをいう．すなわち，$X = \bigcup_{\alpha \in A} U_\alpha$ となる任意の $\{U_\alpha\}_{\alpha \in A} \subset \mathcal{O}$ に対して，つぎをみたす有限集合 B が存在する：$B \subset A$, $X = \bigcup_{\beta \in B} U_\beta$.　□

ここでは用いないが，連結かつコンパクトな 2 次元位相多様体をたんに閉曲面とよぶ場合がある．

位相空間に対して定まる性質 (P) が，位相 (幾何学的に) 不変な性質であるとは，任意の位相空間 $(X, \mathcal{O})$ と $(X', \mathcal{O}')$ に対して，それらが同相ならば，$(X, \mathcal{O})$ が (P) であることと $(X', \mathcal{O}')$ が (P) であることとが同値になる場合をいう．上で登場した Hausdorff 性，連結性，コンパクト性は位相不変な性質である．

練習 17.11　位相多様体と同相な位相空間は，また位相多様体であることを示せ．　□

練習 17.12　球面 $S^2(1)$ が 2 次元位相多様体であることを示せ．　□

位相多様体としての球面，あるいは $S^2(1)$ と同相な位相多様体をたんに S^2 とかく．ここには半径や中心という概念はもはや存在しない．S^1 も同様である．

定理 17.13　連結な 1 次元位相多様体は，コンパクトなら円周 S^1 と同相，非コンパクトなら実数全体 $\mathbb{R}$ と同相である．　□

定理の主張は直感的に納得できると思うが，証明は簡単に書けるというわけではない．[2, p.145] などを参照するとよい．学習が進んでいる読者は，位相多様体に第 2 可算公理を仮定していることにも注意せよ．

練習 17.14　位相空間について，第 2 可算公理およびパラコンパクト性の定義を確認せよ．位相多様体が第 2 可算公理をみたせばパラコンパクトであることを示せ．　□

練習 17.15　$(X_1, \mathcal{O}_1)$ と $(X_2, \mathcal{O}_2)$ を位相空間とし，π_j $(j=1,2)$ をつぎで定め，自然な射影とよぶ．

$$\pi_j : X_1 \times X_2 \ni (x_1, x_2) \mapsto x_j \in X_j.$$

$\mathcal{O}_{X_1} \times \mathcal{O}_{X_2}$ を，$X_1 \times X_2$ の位相で，自然な射影 π_1, π_2 を連続とするような最も弱い位相とし，X_1 と X_2 の積位相とよぶ．

$\mathbb{R}^n$ の自然な位相を $\mathcal{O}_n$ とかくとき (例 17.6 参照)，$\mathbb{R}^2$ につぎの 3 つの位相を考える．

(1)　$\mathbb{R}^2$ の自然な位相 $\mathcal{O}_2$．
(2)　$\mathbb{R}^2 = \mathbb{R} \times \mathbb{R}$ の積位相 $\mathcal{O}_1 \times \mathcal{O}_1$．
(3)　$\mathbb{R}^2$ の $(\mathbb{R}^3, \mathcal{O}_3)$ に対する相対位相 $\mathcal{O}$．

ここで，$\mathbb{R}^2$ は包含写像 $i : \mathbb{R}^2 \ni \begin{bmatrix} x^1 \\ x^2 \end{bmatrix} \mapsto \begin{bmatrix} x^1 \\ x^2 \\ 0 \end{bmatrix} \in \mathbb{R}^3$ で $\mathbb{R}^3$ の部分集

合と理解せよ.

このとき，(1)(2)(3) の関係を調べよ． □

練習 17.16 $\mathbb{R}^3$ の部分集合 K が凸であるとは，K の任意の 2 点に対して，それらを結ぶ線分は K に属することをいう．

K を内部が空でない $\mathbb{R}^3$ の凸なコンパクト集合とすると，K は $\overline{B^3(1)}(:=\{x \in \mathbb{R}^3 \mid |x| \leqq 1\})$ と同相，∂K は $\partial \overline{B^3(1)} = S^2(1)$ と同相であることを示せ． □

第 18 章

射影平面と商位相

前回定義した連結かつコンパクトな 2 次元位相多様体の重要な例として，射影平面がある．今回はそれがどんなものかを理解しよう．

定義と注意 18.1 $X = (X, \mathcal{O})$ を位相空間とし，Y を集合，$f : X \to Y$ を全射とする．

(1) $\mathcal{O}_f := \{V \in \mathcal{P}(Y) \mid f^{-1}(V) \in \mathcal{O}\}$ は Y の位相である．この $\mathcal{O}_f$ を Y の f に関する**商位相**とよび，$(Y, \mathcal{O}_f)$ を $(X, \mathcal{O})$ の f に関する商 (位相) 空間という．

(2) このとき，$f : X \to Y$ は連続である．また，$\mathcal{O}_f$ は f が連続となるような Y の位相でもっとも強いものである． □

例 18.2 $S^2(1) \subset \mathbb{R}^3$ を球面とし，$\mathcal{O}_{S^2(1)}$ を $(\mathbb{R}^3, \mathcal{O})$ に対する $S^2(1)$ の相対位相とする．($\mathcal{O}$ は $\mathbb{R}^3$ の自然な位相である．)

$x, y \in S^2(1) \subset \mathbb{R}^3$ に対して，$y = \pm x$ のとき $x \sim y$ とかくとする．このとき，関係 $\sim$ は同値関係になる．$S^2(1)$ の $\sim$ に関する同値類全体を $S^2(1)/\sim$ とあらわし，$x \in S^2(1)$ を含む $\sim$ に関する同値類を $[x]$ とあらわす．すなわち，

$$[x] := \{y \in S^2(1) \mid y \sim x\} \in S^2(1)/\sim$$

である．

このとき，自然な射影 $\pi : S^2(1) \ni x \mapsto [x] \in S^2(1)/\sim$ は全射である．$\mathbb{R}P^2 := (S^2(1)/\sim, \mathcal{O}_\pi)$ を (2 次元実射影空間あるいはたんに) **射影平面**という．射影平面は連結かつコンパクトな 2 次元位相多様体である． □

上の定義を言い直すと，球面の対蹠点を同一視して得られる図形が射影平面である．これを直感的に理解するのが今回の目標であるが，そのまえにもう少

例 18.3 $X := [0,1] \times [0,1] (\subset \mathbb{R}^2)$ とし,$\mathcal{O}_X$ を $(\mathbb{R}^2, \mathcal{O})$ に対する X の相対位相とする.つぎのように X の関係 $\sim_1, \sim_2, \sim_3$ を定める.$x = \begin{bmatrix} x^1 \\ x^2 \end{bmatrix}, \overline{x} = \begin{bmatrix} \overline{x}^1 \\ \overline{x}^2 \end{bmatrix} \in X$ に対して,

(1) つぎの (i)(ii)(iii) のどれかがなりたつとき,$x \sim_1 \overline{x}$ とかく.(i) $x = \overline{x}$.(ii) $x^1 = 0$ かつ $\overline{x}^1 = 1$ かつ $x^2 = \overline{x}^2$.(iii) $x^1 = 1$ かつ $\overline{x}^1 = 0$ かつ $x^2 = \overline{x}^2$.

このとき,$\sim_1$ は X の同値関係となり,$X/\sim_1$ は円筒(帯)と理解できる.$X/\sim_1$ は X を図のように同一視したからである.

このように平面上の多角形の辺に同一視の情報を書き込んだものを**展開図**(または等化図)という.

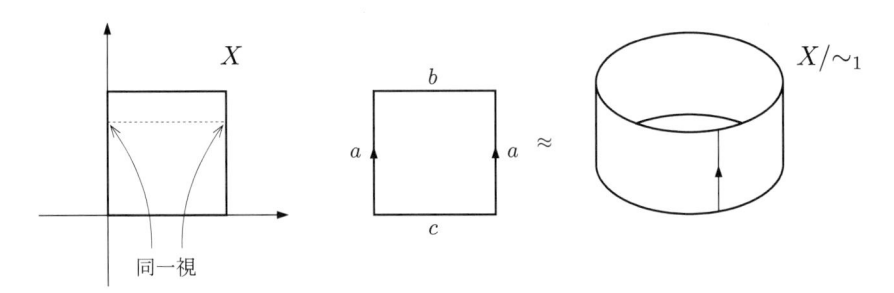

図 18.1

(2) (i) およびつぎの (ii′)(iii′) のどれかがなりたつとき,$x \sim_2 \overline{x}$ とかく.(ii′) $x^1 = 0$ かつ $\overline{x}^1 = 1$ かつ $x^2 = 1 - \overline{x}^2$.(iii′) $x^1 = 1$ かつ $\overline{x}^1 = 0$ かつ $x^2 = 1 - \overline{x}^2$.

このとき,$\sim_2$ は X の同値関係となり,$X/\sim_2$ は Möbius の帯(図 18.2(右),裏表のない帯)と理解できる.

(3) (i)(ii)(iii) およびつぎの (iv) から (ix) のどれかがなりたつとき,$x \sim_3 \overline{x}$ とかく.(iv) $x^1 = \overline{x}^1$ かつ $x^2 = 0$ かつ $\overline{x}^2 = 1$.(v) $x^1 = \overline{x}^1$ かつ $x^2 =$

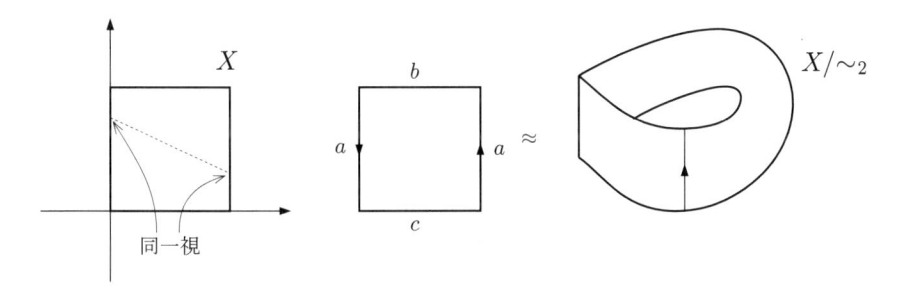

図 18.2

1 かつ $\overline{x}^2 = 0$. (vi) $x = \begin{bmatrix} 0 \\ 0 \end{bmatrix}$ かつ $\overline{x} = \begin{bmatrix} 1 \\ 1 \end{bmatrix}$. (vii) $x = \begin{bmatrix} 1 \\ 1 \end{bmatrix}$ かつ $\overline{x} = \begin{bmatrix} 0 \\ 0 \end{bmatrix}$. (viii) $x = \begin{bmatrix} 1 \\ 0 \end{bmatrix}$ かつ $\overline{x} = \begin{bmatrix} 0 \\ 1 \end{bmatrix}$. (ix) $x = \begin{bmatrix} 0 \\ 1 \end{bmatrix}$ かつ $\overline{x} = \begin{bmatrix} 1 \\ 0 \end{bmatrix}$.

このとき, $\sim_3$ は X の同値関係となり, $X/\sim_3$ をトーラス (円環面) という.

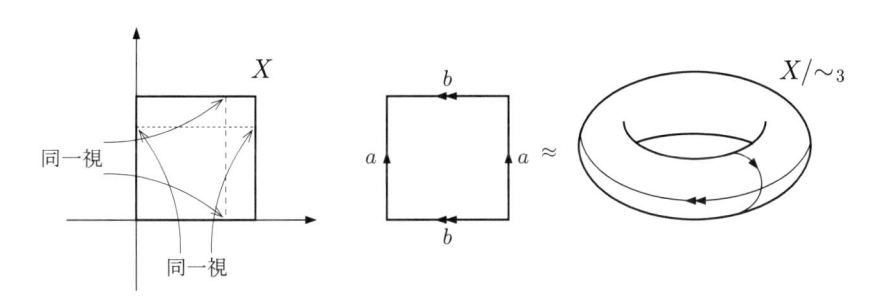

図 18.3

$X/\sim_1$, $X/\sim_2$ は位相多様体ではないが, $T := X/\sim_3$ は連結かつコンパクトな 2 次元位相多様体である. □

練習 18.4 トーラス $X/\sim_3$ (例 18.3(3)) が $S^1 \times S^1$ と同相であることを示せ. □

射影平面 $S^2(1)/\sim$ の元 p に対して, その代表元 $x(\in p)$ を $S^2(1)$ の北半球

と赤道の和集合 (上から見ると閉円板 $\overline{B^2(1)}$) から選ぼう．x が北半球 ($B^2(1)$) にある場合は代表元となりうるのはその点のみであるが，x が赤道 ($\partial \overline{B^2(1)} = S^1(1)$) にある場合は代表元となりうるのはその対蹠点があるので 2 点存在する．したがって，境界の円周を対蹠点同士で同一視した閉円板が $S^2(1)/\sim$ をあらわしている．ゆえにつぎを得る．

例 18.5 (1) 射影平面の展開図はつぎで与えられる．

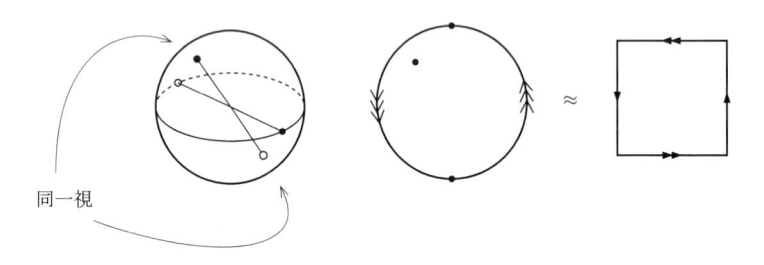

図 18.4

(2) 射影平面は Möbius の帯の境界に円板を貼り付けたものである．

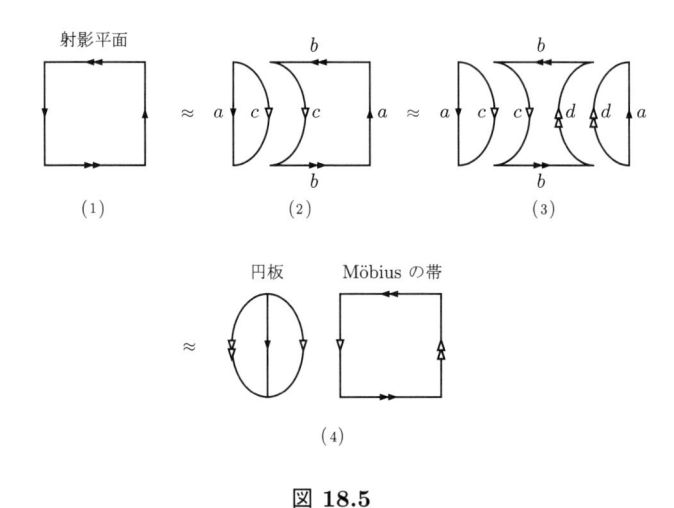

図 18.5

□

空間 W の展開図は，わかりやすい位相空間 X と同値関係 $\sim_X$ を見出し，

$W = X/\sim_X$ と表示することであった．X が Y と同相のとき，正しい貼り合わせ方 $\sim_Y$ をすれば，W は $Y/\sim_Y$ と同相であるとわかる．つぎの命題は，このような意味で上の議論を正当化している．

命題 18.6　X, Y を位相空間とし，$\sim_X, \sim_Y$ をそれぞれの同値関係とする．$f : X \to Y$ を同相写像とし，$x \sim_X \overline{x}$ と $f(x) \sim_Y f(\overline{x})$ が同値であると仮定する．このとき，$X/\sim_X$ は $Y/\sim_Y$ に同相である．　□

証明は省略する (練習 18.9) が，方針はつぎの通り．$F([x]) := [f(x)]$ とおくとき，(1) $F : X/\sim_X \to Y/\sim_Y$ は well-defined であること，さらに，(2) F が全単射であること，(3) F が連続であること，(4) F^{-1} が連続であることを示せばよい．(1) を示すためには，仮定を用いて $[x] = [\overline{x}]$ ならば $[f(x)] = [f(\overline{x})]$ であることを見ればよい．

練習 18.7　位相空間 X の展開図 $\mathcal{X}$ が与えられているとする．この多角形の境界の同一視の情報を，文字の集合と境界を反時計回りに一周するように向きも込めて読んだ文字列 (語) を組にして表したものを $\mathcal{X}$ の表示とよぶ．

たとえば，図 18.1 は $\langle a, b, c \mid aba^{-1}c \rangle$，図 18.3 は $\langle a, b \mid aba^{-1}b^{-1} \rangle$ という表示をもつ．

今，$\mathcal{X}_j$ を位相空間 X_j の展開図とし，$\langle S_j \mid W_j \rangle$ をその表示とする ($j = 1, 2$)．X_1 と X_2 が同相であるためには，$\langle S_1 \mid W_1 \rangle$ と $\langle S_2 \mid W_2 \rangle$ にどのような関係があればよいか．　□

たとえば，$\langle a_1, \ldots, a_m \mid a_1 a_2 \cdots a_m \rangle$ と $\langle a_1, \ldots, a_m \mid a_2 \cdots a_m a_1 \rangle$ のあらわす位相空間は同相である．

誤解のないときは，表示の語の部分だけをとりだして，展開図 $a_1 \cdots a_m$ などとあらわすことがある．

練習 18.8　位相空間の展開図 $\mathcal{X}$ が一つの多角形でない場合でも，文字の集合とそれぞれの多角形に対して定まる文字列をならべたものとの組を $\mathcal{X}$ の表示とよぶ．

たとえば，図 18.5(2) は $\langle a, b, c \mid abcb, c^{-1}a \rangle$ という表示をもつ．

今, $\mathcal{X}_j$ を位相空間 X_j の展開図とし, $\langle S_j \mid W_{j_1}, \ldots, W_{j_{k_j}} \rangle$ をその表示とする ($j = 1, 2$). X_1 と X_2 が同相であるためには, $\langle S_1 \mid W_{11}, \ldots, W_{1k_1} \rangle$ と $\langle S_2 \mid W_{21}, \ldots, W_{2k_2} \rangle$ にどのような関係があればよいか. □

たとえば, $\langle S, x \mid W_1 x, x^{-1} W_2, W_3, \ldots, W_k \rangle$ と $\langle S \mid W_1 W_2, W_3, \ldots, W_k \rangle$ のあらわす位相空間は同相である. ただし, $W_1 W_2$ は W_1 と W_2 をつなげて得られる語をあらわす. たとえば, $\langle a, b, c \mid abcb, c^{-1}a \rangle$ と図 18.5(3) の表示 $\langle a, b, c, d \mid ad^{-1}, dbcb, c^{-1}a \rangle$ は同相な位相空間をあらわす.

練習 18.9 命題 18.6 を証明せよ. □

練習 18.10 区間 $(-1, 2]$ に対して, つぎの形の集合の和集合および $\varnothing$ からなる集合族を $\mathcal{U}$ とする.

$$(\alpha, \beta) \qquad -1 \leqq \alpha < \beta \leqq 2,$$
$$(\alpha, 0) \cup (\beta, 2] \qquad -1 \leqq \alpha < 0, -1 \leqq \beta < 2.$$

(1) $\mathcal{U}$ が位相を定めることを示せ. さらに, それが $\mathbb{R}$ の自然な位相に対する相対位相と異なることを示せ.

(2) $((-1, 2], \mathcal{U})$ が定義 17.7 の (ii)($n = 1$) をみたすことを示せ.

(3) $((-1, 2], \mathcal{U})$ が定義 17.7 の (i) をみたさないこと, すなわち, Hausdorff 空間でないことを示せ. □

練習 18.11 つぎの r, c, b が射影平面 $\mathbb{R}P^2$ から $\mathbb{R}^3$ への写像とみなせることを確かめよ.

$$r(u, v) := \begin{bmatrix} \sin 2u \cos^2 v \\ \sin u \sin 2v \\ \cos u \sin 2v \end{bmatrix}, \tag{18.1}$$

$$c(u, v) := \begin{bmatrix} \sin u \sin 2v \\ \sin 2u \cos^2 v \\ \cos 2u \cos^2 v \end{bmatrix}, \tag{18.2}$$

$$b(u, v) := a(\cos u \cos v, \cos u \sin v, \sin u), \tag{18.3}$$

ただし,

$a(x, y, z)$

$$:= \begin{bmatrix} \frac{1}{2}[(2x^2 - y^2 - z^2)(x^2 + y^2 + z^2) + 2yz(y^2 - z^2) + zx(x^2 - z^2) + xy(y^2 - x^2)] \\ \frac{\sqrt{3}}{2}[(y^2 - z^2)(x^2 + y^2 + z^2) + zx(z^2 - x^2) + xy(y^2 - x^2)] \\ \frac{1}{8}(x + y + z)[(x + y + z)^3 + 4(y - x)(z - y)(x - z)] \end{bmatrix}$$

とする. □

これらは射影平面の $\mathbb{R}^3$ 内への視覚化を実現していて, (18.1) の像は J. Steiner のローマ曲面, (18.2) の像は十字帽, (18.3) の像は F. Apéry の Boy 曲面とよばれる.

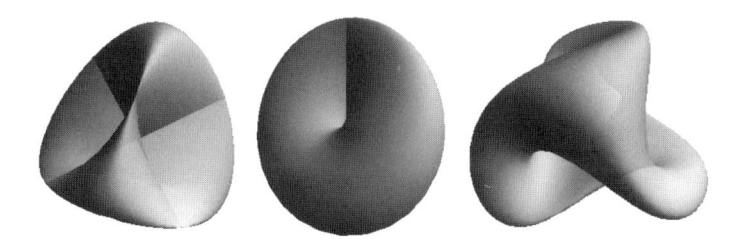

図 18.6 左 : $r(\mathbb{R}^2)$, 中 : $c(\mathbb{R}^2)$, 右 : $b(\mathbb{R}^2)$

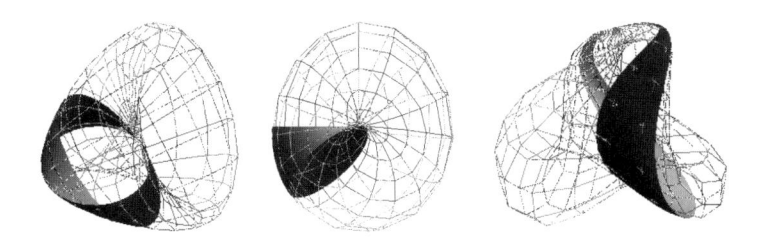

図 18.7 同 (一部のみ描画)

練習 18.12 (1) つぎの φ が $\mathbb{R}P^2$ から $\mathbb{R}^5$ への写像とみなせることを示せ. さらにその像について $\varphi(\mathbb{R}P^2) \subset S^4(r)$ であることを確かめ, 半径 r を

求めよ．

$$\varphi(u,v) = \begin{bmatrix} \frac{1}{2}\cos^2 u \cos 2v \\ \frac{1}{2}\cos^2 u \sin 2v \\ \frac{1}{2}\sin 2u \cos v \\ \frac{1}{2}\sin 2u \sin v \\ \frac{\sqrt{3}}{2}\sin^2 u - \frac{1}{2\sqrt{3}} \end{bmatrix}$$

（2） φ に対して第 1 基本量 $\mathrm{I} = (g_{ij})$ を計算せよ ($\mathbb{R}^5$ の Euclid 内積 $\langle\,,\,\rangle$ を用いて (10.1) と同様に定義すればよい)．これが球面 (10.4) ($r = 1$) の第 1 基本量と等しいことを確かめよ． □

第19章

標準曲面と連結和

連結かつコンパクトな 2 次元位相多様体の例として,球面,トーラス,射影平面などを紹介してきたが,ほかにはどのようなものがあるだろうか.

補題 19.1 M_1, M_2 を連結かつコンパクトな 2 次元位相多様体とする.部分空間 $\overline{D}_j \subset M_j$ と同相写像 $h_j : \overline{D}_j \to \overline{B^2(1)}$ が与えられているとする ($j = 1, 2$). $\text{Int}\overline{D}_j$ を D_j とかくと,$D_j = \{x \in \overline{D}_j \mid |h_j(x)| < 1\}$, $\partial D_j = \{x \in \overline{D}_j \mid |h_j(x)| = 1\}$ である.

(1) 点 $x, y \in (M_1 \setminus D_1) \cup (M_2 \setminus D_2)$ に対して,つぎの (i) または (ii) がなりたつとき,$x \sim_{h_1 h_2} y$ とかく. (i) $x = y$. (ii) ある $i, j = 1, 2$ が存在して,$x \in \partial D_i$ かつ $y \in \partial D_j$ で,$h_i(x) = h_j(y)$ がなりたつ.

このとき,関係 $\sim_{h_1 h_2}$ は同値関係である.さらに,$(M_1 \setminus D_1) \cup (M_2 \setminus D_2)/\sim_{h_1 h_2}$ は連結かつコンパクトな 2 次元位相多様体になる.

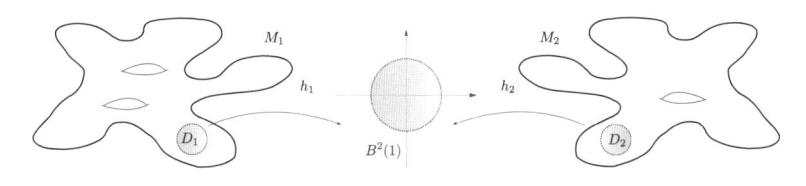

図 19.1

(2) (1) の設定で,さらに部分空間 $\overline{D'}_j$ と同相写像 $h'_j : \overline{D'}_j \to \overline{B^2(1)}$ が与えられたとする.連結かつコンパクトな 2 次元位相多様体

$$(M_1 \setminus D_1) \cup (M_2 \setminus D_2)/\sim_{h_1 h_2} \quad と \quad (M_1 \setminus D'_1) \cup (M_2 \setminus D'_2)/\sim_{h'_1 h'_2}$$

は同相である. □

このとき，連結かつコンパクトな 2 次元位相多様体

$$(M_1 \setminus D_1) \cup (M_2 \setminus D_2)/\sim_{h_1 h_2}$$

を M_1 と M_2 の**連結和**とよび，$M_1 \sharp M_2$ とあらわす．

$M_1 \sharp M_2$ は，M_1, M_2 から小さい開円板を取り除いて，できる穴のふちを互いに貼り合わせてできる連結かつコンパクトな 2 次元位相多様体である．h_1, h_2 あるいは $h_2 \circ h_1^{-1}$ はその貼り合わせ方をあらわしているが，(2) は，できあがる連結かつコンパクトな 2 次元位相多様体が貼り合わせ方によらないことを主張している．補題の証明は，たとえば [2] などを参照せよ．

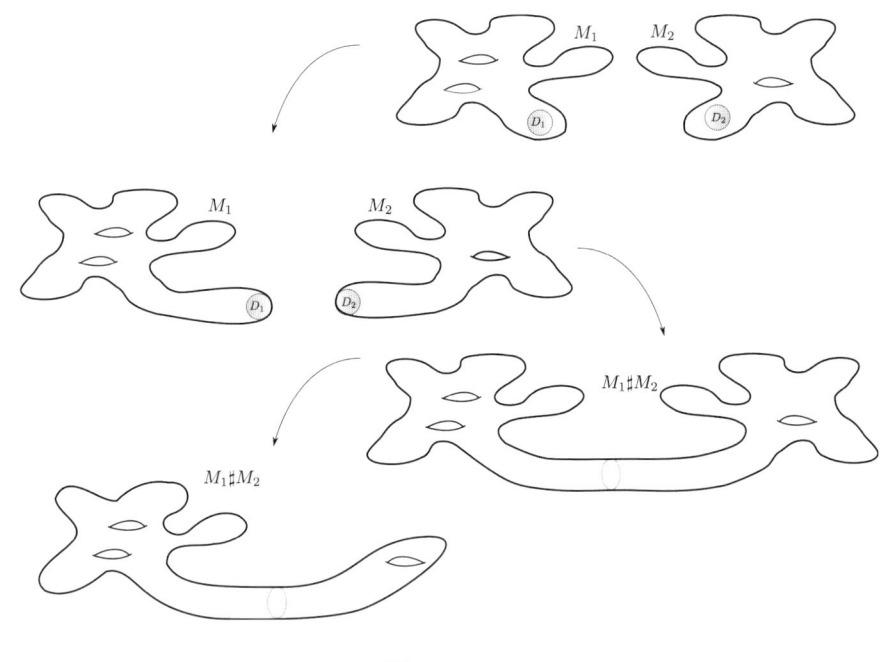

図 19.2

$M_1 \sharp M_2 = M_2 \sharp M_1$ であること，$(M_1 \sharp M_2) \sharp M_3 = M_1 \sharp (M_2 \sharp M_3)$ であることが容易にわかる．以後，$(M_1 \sharp M_2) \sharp M_3$ をたんに $M_1 \sharp M_2 \sharp M_3$ とかく．

例 19.2 (1) 連結かつコンパクトな 2 次元位相多様体 M と球面 S^2 の連結和は M と同相である．

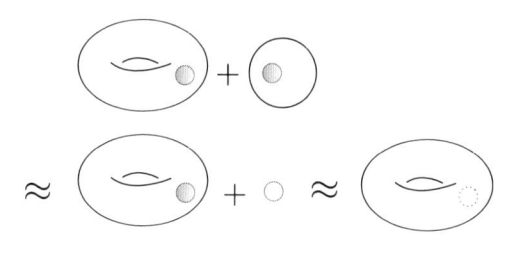

図 19.3

(2) 連結かつコンパクトな 2 次元位相多様体 M とトーラス T の連結和は，穴をあけた M に図のようにハンドルを貼り付けることと理解できる．

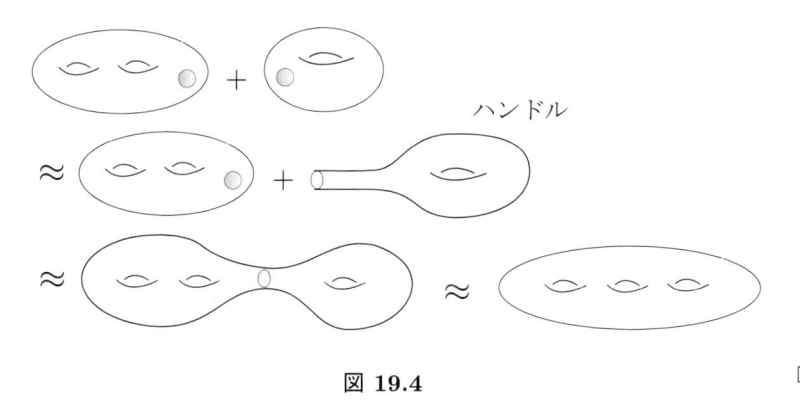

図 19.4 □

命題 19.3 (1) m を自然数とするとき，つぎの図 19.5($4m$ 角形) は連結かつコンパクトな 2 次元位相多様体

$$S^2 \sharp \underbrace{T \sharp \cdots \sharp T}_{m} =: S^2 \sharp mT$$

の展開図を与える．

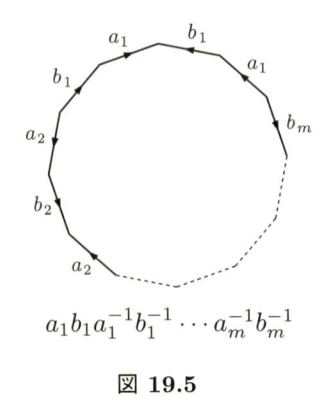

$$a_1b_1a_1^{-1}b_1^{-1}\cdots a_m^{-1}b_m^{-1}$$

図 19.5

（2） n を自然数とするとき，つぎの図 19.6($2n$ 角形) は連結かつコンパクトな 2 次元位相多様体

$$S^2 \sharp \underbrace{\mathbb{R}P^2 \sharp \cdots \sharp \mathbb{R}P^2}_{n} =: S^2 \sharp n\mathbb{R}P^2$$

の展開図を与える．

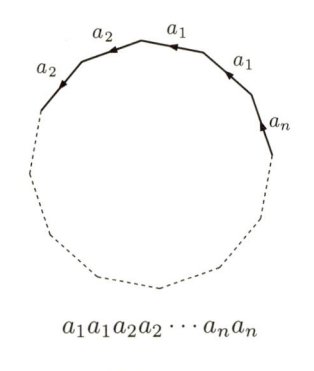

$$a_1a_1a_2a_2\cdots a_na_n$$

図 19.6 □

　前回は 4 辺形の 2 辺ずつを貼り合わせて連結かつコンパクトな 2 次元位相多様体を構成した．トーラス (例 18.3(3)) と射影平面 (例 18.5) を思い出そう．ここではそれを拡張して，多角形の外周の 2 辺ずつを貼り合わせて連結かつコンパクトな 2 次元位相多様体を構成している．貼り合わせる 2 辺を同じ文字であらわし，反対向きの場合はその文字に $\cdot^{-1}$ をつけてあらわしている．

たとえば，(1) の図で，a_1 の終点は b_1 の始点と同じ点をあらわしているが，同一視するもうひとつの a_1 を考えると，それは b_1 の終点と同じ点をあらわしている．したがって，b_1 の始点と終点は同じ点をあらわしている．このような考察を続けると，展開図の $4m$ 個の頂点は実は同じ点をあらわしていることがわかる．(2) の図も同様である．

$S^2 \sharp mT$ について，$m = 0$ のときは，球面 S^2 をあらわすと約束し，m は 0 以上の整数をとることにする．$S^2 \sharp mT$ は，$m = 1$ のときはトーラス，$S^2 \sharp n\mathbb{R}P^2$ は，$n = 1$ のときは射影平面をあらわしている．

(1) の証明のアイディア 展開図の 4 辺 $a_j b_j a_j^{-1} b_j^{-1}$ に対して，a_j の始点と b_j^{-1} の終点 (すなわち 2 つ目の b_j の始点) を結ぶ線分を c_j とする．5 角形 $a_j b_j a_j^{-1} b_j^{-1} c_j$ は，トーラスの展開図から開円板を取り除いたもので，その円周が c_j と理解できる．$4m$ 角形の展開図からこのようなハンドルが m 個できる．一方，残りの $c_1 \cdots c_m$ を外周とする m 角形は，頂点を 1 点に同一視することにより，球面から m 個の開円板を取り除いたものと理解できる．ここに m 個のハンドルを貼りつけることにより $S^2 \sharp mT$ が得られる．

たとえば，(1) $m = 3$ の場合は，つぎの図 19.7 のように理解するとよい．

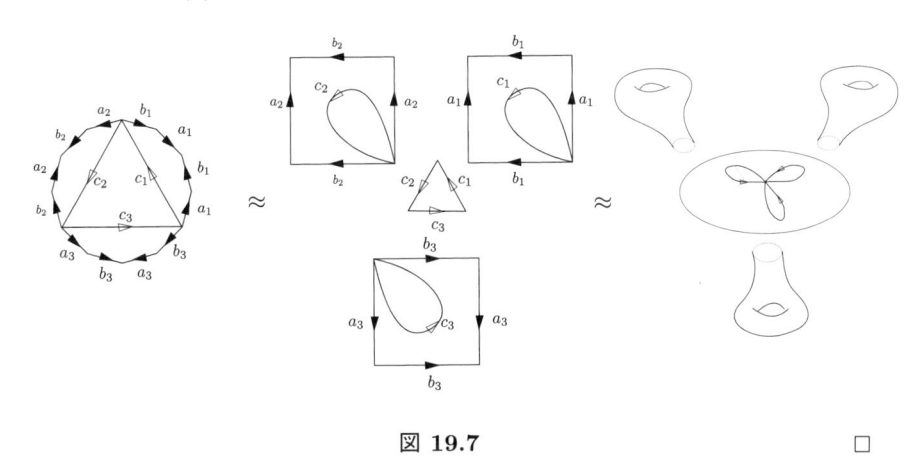

図 19.7 □

定義 19.4 命題 19.3(1) の連結かつコンパクトな 2 次元位相多様体 $S^2 \sharp mT$ を**種数** $m (\geqq 0)$ **の向き付け可能な標準曲面**とよび，展開図 $a_1 b_1 a_1^{-1} b_1^{-1} \cdots a_m^{-1} b_m^{-1}$

をその**標準展開** $4m$ **角形**という．命題 19.3(2) の連結かつコンパクトな 2 次元位相多様体 $S^2 \sharp n \mathbb{R}P^2$ を種数 $n (\geqq 1)$ の向き付け不可能な**標準曲面**とよび，展開図 $a_1 a_1 a_2 a_2 \cdots a_n a_n$ をその**標準展開** $2n$ **角形**という． □

定理 19.5（1） 任意の連結かつコンパクトな 2 次元位相多様体は，標準曲面 $S^2 \sharp mT$ ($m \geqq 0$) または $S^2 \sharp n \mathbb{R}P^2$ ($n \geqq 1$) のいずれかと同相である．

（2） 標準曲面 $S^2 \sharp mT$ ($m \geqq 0$)，$S^2 \sharp n \mathbb{R}P^2$ ($n \geqq 1$) はどの 2 つも同相ではない． □

この定理により，連結かつコンパクトな 2 次元位相多様体が完全に分類されている．(1) は，どんなに複雑な連結かつコンパクトな 2 次元位相多様体もうまく切り開くと命題 19.3 の多角形になることを主張しているのだから不思議である．この結果には多くの研究を総合しなければたどりつけない．大雑把に言うと，位相的な問題を組み合わせ的な問題にするまでが T. Rado(1925 年) など，してからが M. Dehn-P. Heegaard(1907 年)，H. Brahana(1921 年) などによる．証明は本書のレベルを超えているが，[2] [16] などを参照するとよい．

位相空間 M に対して，ある値 $\lambda(M)$ が定義されているとしよう．M と M' が同相ならば，$\lambda(M) = \lambda(M')$ がなりたつとする．このとき，各標準曲面にたいして不変量 λ が計算できて，それらがみな異なれば，それらは互いに同相ではないことがわかる．(2) は，このような方針で証明が与えられる．これを示すことは，大学で学ぶ位相幾何学の一つのゴールとなりうるものである．

上の定理は，つぎの定義が意味のあることを保証している．

定義 19.6 連結かつコンパクトな 2 次元位相多様体 M に対して，M の**種数**（ジーナス）が g であるとは，M と同相な標準曲面の種数が g であることをいう． □

例 19.7 正方形の対辺の 1 組を同じ向きにもう 1 組を逆向きに同一視して得られる位相多様体（図 19.8 左下の展開図参照）を Klein の壺（あるいは Klein 管）という．Klein の壺は $S^2 \sharp 2 \mathbb{R}P^2$ と同相である． □

例 18.5(2) に注意すると，つぎのことがわかる．

図 19.8

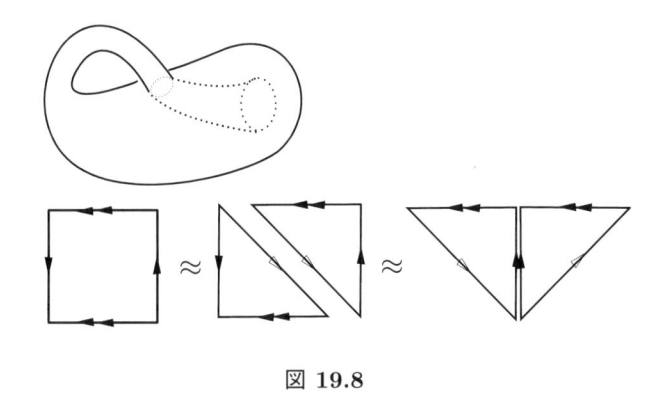

注意 19.8 連結かつコンパクトな 2 次元位相多様体 M と射影平面 $\mathbb{R}P^2$ の連結和は,穴をあけた M に Möbius の帯を貼りつけることと理解できる.□

定義 13.5 で $\mathbb{R}^2$ の領域について定義した単連結という概念は,同様にして位相空間に対して定義できる.その概念を用いると球面がつぎのように特徴づけられることが知られている.

定理 19.9[*] 連結かつコンパクトな 2 次元位相多様体は,単連結ならば球面と同相である. □

練習 19.10 トーラス T と射影平面 $\mathbb{R}P^2$ に対して,連結和 $pT \sharp q\mathbb{R}P^2$ ($p, q \geqq 1$) は,どの標準曲面と同相か. □

練習 19.11 つぎの文字列であらわされる展開図をもつ連結かつコンパクトな 2 次元位相多様体は,どの標準曲面と同相か. (1) $a_1 a_2 a_2^{-1} a_1^{-1} a_3 a_3^{-1}$. (2) $a_1 a_2 a_3 a_1 a_3 a_2^{-1}$. □

練習 19.12 練習 18.7, 18.8 の設定で,位相空間 X_j が表示 $\langle S_j \mid W_j \rangle$ をもつとし,$S_1 \cap S_2 = \varnothing$ とする.このとき,$\langle S_1, S_2 \mid W_1 W_2 \rangle$ は,連結和 $X_1 \sharp X_2$ の表示を与えることを示せ. □

練習 18.7, 18.8, 19.12 を実行すれば,「切ったり貼ったり」といういくぶん直感的に見える議論を代数的に記述することが可能である.たとえば,例 19.7

はつぎのように計算できる．

$$\langle a,b \mid abab^{-1}\rangle \approx \langle a,b,c \mid abc, c^{-1}ab^{-1}\rangle \approx \langle a,b,c \mid bca, b^{-1}c^{-1}a\rangle$$
$$\approx \langle a,b,c \mid bca, a^{-1}cb\rangle \approx \langle b,c \mid bccb\rangle \approx \langle b,c \mid bbcc\rangle$$
$$\approx \langle b \mid bb\rangle \sharp \langle c \mid cc\rangle \approx \langle a,b \mid abab\rangle \sharp \langle c,d \mid cdcd\rangle.$$

第 20 章

多面体と Euler 標数

この章では，多面体 (単体的複体) を紹介しその Euler 標数を定義する．これらは位相幾何学のもっとも古典的な対象とよんでもよいものである．

定義 20.1 n を $0 \leq n \leq m$ なる整数とし，$v_0, v_1, \ldots, v_n \in \mathbb{R}^m$ を一般の位置にある点 (定義 3.5 参照) とする．

（1） 集合 $\langle v_0, \ldots, v_n \rangle := \{\sum_{i=0}^{n} \lambda_i v_i \in \mathbb{R}^m \mid \sum_{i=0}^{n} \lambda_i = 1, \ \lambda_i \geq 0\}$ を $v_0, \ldots, v_n$ を頂点とする n **単体**という．

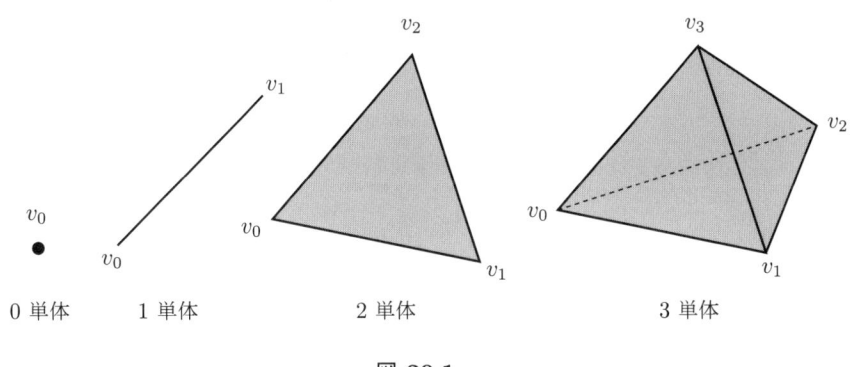

v_0 　　　v_1 　　　v_2　　　　　v_3
0 単体　　1 単体　　　2 単体　　　　3 単体

図 **20.1**

（2） k を $0 \leq k \leq n$ なる整数とする．$\{v_0, v_1, \ldots, v_n\}$ の $k+1$ 個の元からなる部分集合 $\{v_{i_0}, \ldots, v_{i_k}\}$ に対して定まる k 単体 $\tau := \langle v_{i_0}, \ldots, v_{i_k} \rangle$ を，$\sigma := \langle v_0, \ldots, v_n \rangle$ の k **辺単体**とよび，$\tau \preceq \sigma$ とあらわす． □

$\tau \preceq \sigma$ ならば $\tau \subset \sigma$ であるが，記号 $\preceq$ と $\subset$ をはっきり区別すること．

定義 20.2（1） K を単体の集合とする．K が 2 次元複体であるとは，つ

ぎをみたすことをいう．(i) K は有限集合である．(ii) $\sigma \in K$ かつ $\tau \preceq \sigma$ ならば $\tau \in K$ である．(iii) $\sigma, \tau \in K$ が $\sigma \cap \tau \neq \emptyset$ ならば $\sigma \cap \tau \preceq \sigma$ かつ $\sigma \cap \tau \preceq \tau$ がなりたつ．(iv) K は 2 単体を含み，3 単体は含まない．

(2) 2 次元複体 K に対して，K に属する 0 単体の個数を $v(K)$，1 単体の個数を $e(K)$，2 単体の個数を $f(K)$ とかき，

$$\chi(K) := v(K) - e(K) + f(K)$$

とおく．また，$|K| := \cup\{\sigma \mid \sigma \in K\}(\subset \mathbb{R}^m)$ とおく． □

(1) の (ii)(iii) から，空でない単体の共通部分は，また K に属する単体になっていることがわかる．$\mathbb{R}^m$ の部分集合 $|K|$ はいわゆる多面体と思えばよい．$v(K)$ は頂点 (vertex) の数，$e(K)$ は辺 (edge) の数，$f(K)$ は面 (face) の数である．K 自体が $\mathbb{R}^m$ の部分集合でないことを注意しよう．K の元は多面体 $|K|$ をつくる部品である．

定義 20.3 位相空間 $X = (X, \mathcal{O})$ に対して，X が**多面体**であるとは，ある 2 次元複体 P が存在して，$|P|$ が X と同相になることをいう．このとき，P を X の**単体分割**または**三角形分割**という． □

本書では断らない限り，2 次元複体 P はさらにつぎの (v) をみたすと仮定する．

(v) 任意の 1 単体 $\sigma^1 \in P$ を 1 辺単体とする P の 2 単体の個数は，1 つあるいは 2 つである．

連結かつコンパクトな 2 次元位相多様体のみを扱いたいときは，この個数を 2 つと仮定してしまってもよい．単体 σ あるいは $|P|$ には，$\mathbb{R}^m$ に対する相対位相を考えている．定義から，多面体はコンパクトな Hausdorff 空間である．

Φ を位相空間 X の三角形分割を与える写像，すなわち，$|P|$ から X への同相写像とする．混同しても不都合が生じない場合は，単体 $\sigma \in P$ に対して，X の部分集合 $\Phi(\sigma)$ も σ とかき，$\sigma \subset X$ と理解する場合が多い．

例 20.4 図 20.2 のように σ_j^i を定め $P_1 := \{\sigma_1^0, \ldots, \sigma_4^0, \sigma_1^1, \ldots, \sigma_8^1, \sigma_1^2, \ldots, \sigma_4^2\}$ とする．

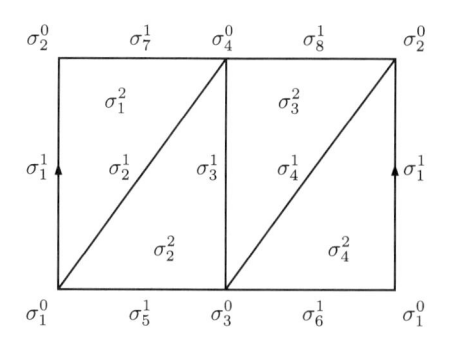

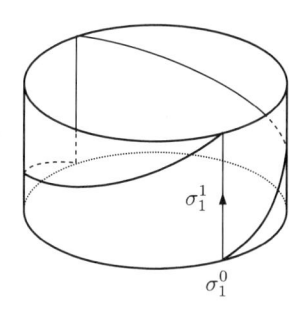

図 20.2

$|P_1|$ は円筒と同相であるが，その三角形分割を与えているわけではない．実際，$\sigma_1^2 \cap \sigma_3^2 = \sigma_2^0 \cup \sigma_4^0$ であるから，単体にならない (2 点からなる集合はひとつの単体ではない)．

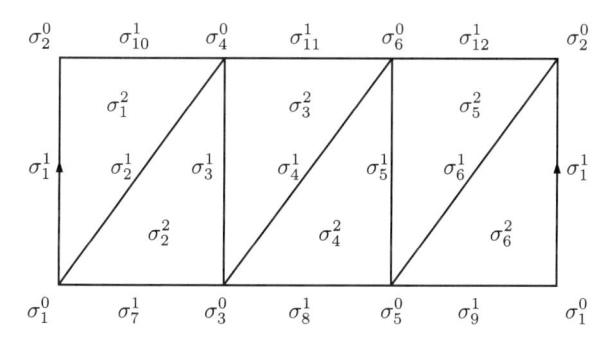

図 20.3

図 20.3 のように σ_j^i を定め $P_2 := \{\sigma_1^0, \ldots, \sigma_6^0, \sigma_1^1, \ldots, \sigma_{12}^1, \sigma_1^2, \ldots, \sigma_6^2\}$ とすると，P_2 は円筒の三角形分割をあたえる． □

定理 20.5 M を連結かつコンパクトな 2 次元位相多様体とする．このときつぎがなりたつ．

(1) M は多面体である．

(2) M の三角形分割 P, P' に対して，$\chi(P) = \chi(P')$ がなりたつ．このとき，この値を $\chi(M)$ とかき，M の **Euler 標数**とよぶ．

（3） M の Euler 標数はつぎで与えられる．

$$\chi(M) = \begin{cases} 2-2m & M \text{ が種数 } m \text{ の向き付け可能な標準曲面と同相のとき,} \\ 2-n & M \text{ が種数 } n \text{ の向き付け不可能な標準曲面と同相のとき.} \end{cases}$$

(2) の証明のアイディア $\widetilde{P}$ が三角形分割 P の細分であるとは，$\widetilde{P}$ は $|P|$ の三角形分割で，つぎの (i)(ii) をみたすときをいう．

（ⅰ） 任意の $\sigma \in P$ に対して，ある $\widetilde{\tau}_1, \ldots, \widetilde{\tau}_l \in \widetilde{P}$ が存在して $\sigma = \bigcup_{j=1}^{l} \widetilde{\tau}_j$ とあらわすことができる．

（ⅱ） 任意の $\widetilde{\sigma} \in \widetilde{P}$ に対して，ある $\sigma \in P$ が存在して $\widetilde{\sigma} \subset \sigma$ となる．

[第 1 段] $\widetilde{P}$ を P の細分とするとき，$\chi(\widetilde{P}) = \chi(P)$ を示す．$\widetilde{P}$ が $v(\widetilde{P}) = v(P) + 1$ となる P の細分の場合に示しておけばよい．

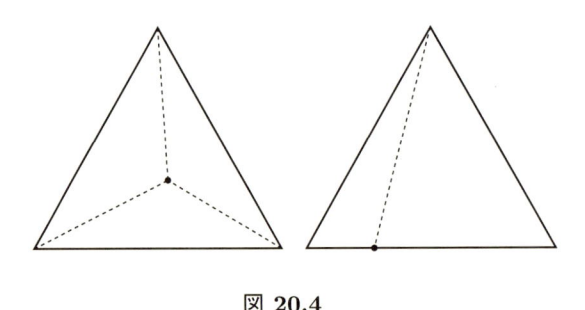

図 20.4

左図のように，頂点が三角形の内部に増える場合は，

$$v(\widetilde{P}) - e(\widetilde{P}) + f(\widetilde{P}) = \{v(P)+1\} - \{e(P)+3\} + \{f(P)+2\} = \chi(P)$$

となる．また，右図のように，頂点が三角形の辺の内部に増える場合は，

$$v(\widetilde{P}) - e(\widetilde{P}) + f(\widetilde{P}) = \{v(P)+1\} - \{e(P)+2\} + \{f(P)+1\} = \chi(P)$$

となる．いずれにしても，$\chi(\widetilde{P}) = \chi(P)$ を得る．

[第 2 段] M の任意の 2 つの三角形分割 P, P' に対して，M のある三角形分割 $\widetilde{P}$ で，P および P' の細分になっているものが存在する．これがわかれば，第 1 段とあわせて，$\chi(P) = \chi(\widetilde{P}) = \chi(P')$ を得て，証明が完成する．

第 2 段の主張は，C. Papakyriakopoulos の定理 (1943 年) で実は易しくない．(興味のある読者は，基本予想 (Hauptvermutung) をキーワードに調べてみるとよい．)

(1)(3) の説明　標準曲面に実際に三角形分割を与え，Euler 標数を計算する．

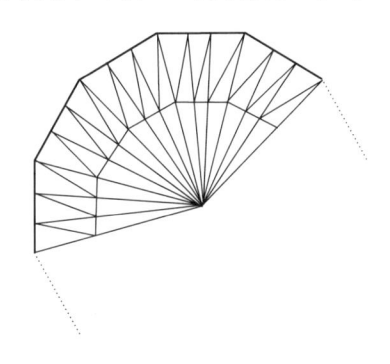

図 20.5

$M \approx S^2 \sharp mT$ の場合について，標準展開 $4m$ 角形 (図 19.5) の三角形分割は図 20.5 で与えられることが確かめられる．($4m$ 角形の各辺を 3 等分し，各分点と $4m$ 角形の中心を結ぶ線分をかく．その各線分の中点を結んで小さな $4m$ 角形をつくる．その外側にできる各四角形を三角形 2 つに分けるように線分を書く．) これを P とあらわそう．頂点の数は，同一視に注意して，多角形の外周から内側に向けて数えると，$v(P) = 1 + 2(2m) + 3(4m) + 1$ となる．同様にして辺の数は $e(P) = 3(2m) + 6(4m) + 3(4m) + 3(4m)$，面の数は $f(P) = 6(4m) + 3(4m)$ である．これを計算して，$\chi(M) = \chi(P) = v(P) - e(P) + f(P) = 2 - 2m$ を得る．　□

これから，球面の Euler 標数は 2，トーラスの Euler 標数は 0 などがわかる．

$$\chi(S^2) = 2, \ \chi(T) = 0, \ \chi(\mathbb{R}P^2) = 1, \ \chi(\text{Klein の壺}) = 0.$$

ここでは，(1) の主張「連結かつコンパクトな 2 次元位相多様体が三角形分割可能である」の証明が簡単そうに見えるかもしれないが，そうではないことに注意する．実際は，これが前掲の Rado による定理で，これを用いて定理

19.5 が示される．

向きを指定した n 単体を有向 n 単体とよぶ．

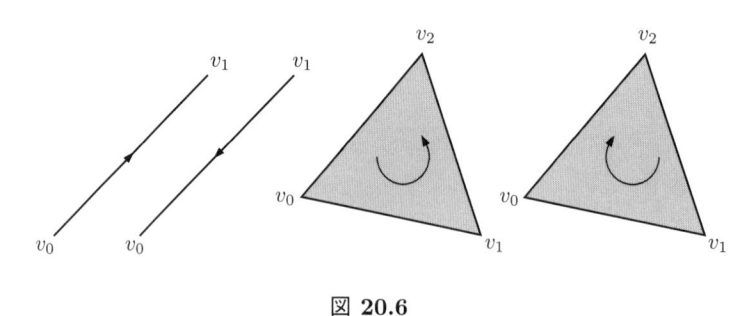

図 20.6

1 単体 $\langle v_0, v_1 \rangle$ の場合は，v_0 から v_1 へか，v_1 から v_0 へを指定すればよいし，2 単体 $\langle v_0, v_1, v_2 \rangle$ の場合，左回りか右回りを指定すればよいだろう．もう少し正確にいえば，n 単体 $\langle v_0, \ldots, v_n \rangle$ に対して，文字 $v_0, \ldots, v_n$ のつくる列全体の集合を考え，$(v_0, \ldots, v_n)$ からの置換の符号により定めた同値類 2 つのうちのどちらかを指定することをいう．

有向 2 単体の 1 辺単体には自然に向きが定まることに注意する．

定義 20.6 多面体 $X \approx |P|$ が**向き付け可能**であるとは，三角形分割 P に属するすべての 2 単体につぎのような向きを指定できることをいう．1 単体 $\sigma^1 \in P$ を 1 辺単体とする 2 つの 2 単体 $\sigma_1^2, \sigma_2^2 \in P$ に対して，σ_1^2 から定まる σ^1 の向きと，σ_2^2 から定まる σ^1 の向きは異なる． □

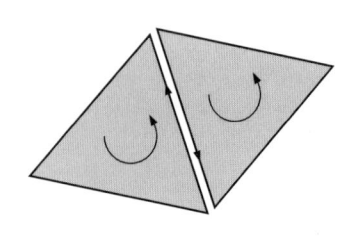

図 20.7

仮定から，1 単体 $\sigma^1 \in P$ を辺単体とする 2 単体は，1 つか 2 つである．辺を共有している 2 つの三角形は，片方が左回りならもう一方も左回りということを意味している．向き付け可能性は三角形分割 P の取り方によらずに，位相空間 X について定まる概念であることがわかる．証明はもう少し位相幾何学の準備が必要となる．

練習 20.7 上の事実を仮定して，Möbius の帯 (例 18.3(2)) は向き付け不可能であることを示せ． □

実際に図 20.5 に向きを記入してみるとよい．自然に定まってゆく状況が納得できるだろう．さらにつぎがわかる．

命題 20.8 標準曲面 $S^2 \sharp mT$ は向き付け可能である．標準曲面 $S^2 \sharp n\mathbb{R}P^2$ は向き付け不可能である． □

これと定理 19.5, 20.5 をまとめると，**連結かつコンパクトな 2 次元位相多様体は向き付け可能性と Euler 標数により分類される**ことがわかった．

この章の終わりに，正多面体が 5 種類しかないことを紹介しよう．これは，Platon や J. Kepler など古くから多くの人の興味を引いた．$\mathbb{R}^3$ の部分集合 P が正 F 面体であるとは，つぎをみたすときをいう．(i) F 個の合同な正多角形の和集合である．(ii) 各正多角形の各辺は，2 つの正多角形の共通の辺 (稜) になっている．(iii) 各正多角形の各頂点は，同じ数の辺が出ている．(iv) P は凸集合の境界である．

定理 20.9 正多面体は下の 5 種類 (正 4, 6, 8, 12, 20 面体) のみである．

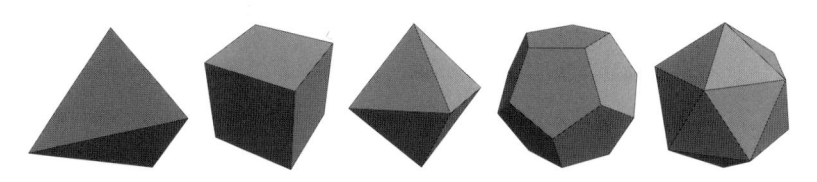

図 20.8

証明 正多面体の各面が p 角形でできているとし，面の数を F，辺の数を E，頂点の数を V とおくと

$$F - E + V = 2(= \chi(S^2)) \tag{20.1}$$

がなりたつことを示す (Euler の公式, 1750 年). ここでは，正多面体が球面と同相とし証明を述べておく (条件 (iv) と練習 17.16 参照). 各面に対して，重心とそこから p 個の頂点を結ぶ辺を加えると，これは P の三角形分割を与える.

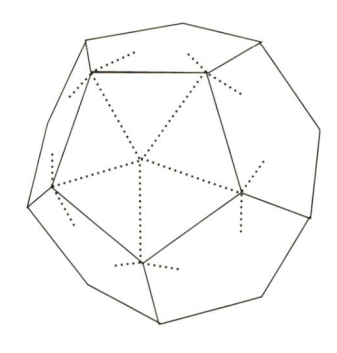

図 20.9

この三角形分割を $\widetilde{P}$ とかき，その面の数を f，辺の数を e，頂点の数を v とすると，

$$f = pF,\ e = E + pF,\ v = V + F$$

となる．よって，$\chi(S^2) = f - e + v = pF - (E + pF) + (V + F) = F - E + V$ を得る．

つぎに，各頂点に集まる辺の数を d とし，辺の総数を頂点から見て数えること，面から見て数えることから，

$$dV = 2E, \tag{20.2}$$

$$pF = 2E, \tag{20.3}$$

$$d \geqq 3,\ p \geqq 3 \tag{20.4}$$

がわかる．これをみたす組 (d, p) がつぎのいずれかになることを示す．

$(3,3), (3,4), (3,5), (4,3), (5,3).$

(20.1), (20.2), (20.3) より, $2pd = dpF - dpE + dpV = 2dE - dpE + 2pE = E(2d - dp + 2p)$ となるから, $dp - 2d - 2p < 0$ である. これから $(d-2)(p-2) = dp - 2d - 2p + 4 < 4$ となり, (20.4) より, (d, p) の取りうる組み合わせは, 上の 5 通りである.

(20.1), (20.2), (20.3) より, 上の (d, p) に対して F, E, V を計算するとつぎのようになる.

(d,p)	(3,3)	(3,4)	(3,5)	(4,3)	(5,3)
F	4	6	12	8	20
E	6	12	30	12	30
V	4	8	20	6	12

□

練習 20.10 複体から複体への写像について, その構造を保つ写像として, **単体写像**を定義し, 2 つの複体が同型であるとは何かを定めよ. □

練習 20.11 図のように a, b, c, d, e を定め, $K = \{\langle a, b, c\rangle, \langle a, b\rangle, \langle b, c\rangle, \langle c, a\rangle, \langle d, e\rangle, \langle a\rangle, \langle b\rangle, \langle c\rangle, \langle d\rangle, \langle e\rangle\}$ とするとき, これは複体になるか, 説明せよ. □

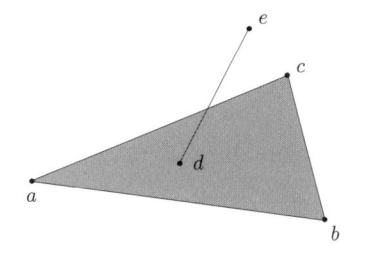

図 20.10

練習 20.12 X_1, X_2 を多面体とするとき,

$$\chi(X_1 \cup X_2) = \chi(X_1) + \chi(X_2) - \chi(X_1 \cap X_2)$$

を, つぎを仮定して示せ. P_j を X_j の三角形分割とすると, $P_1 \cup P_2$ が $X_1 \cup X_2$ の, $P_1 \cap P_2$ が $X_1 \cap X_2$ の三角形分割を与える. □

第21章

曲面のパラメータ変換

　位相幾何学的な曲面のイメージがつかめたところで，Euclid 空間内の曲面を再び取り扱う．第 6 章で「曲線」を定義したように「曲面」の定義を与えよう．

　定義 21.1 (1)　M を連結な 2 次元位相多様体とする．連続写像 $\phi: M \to \mathbb{R}^3$ がはめ込みであるとは，任意の点 $p \in M$ に対して，p のある近傍 $V \in \mathcal{O}_M$ と同相写像 $\psi: V \to U := B^2(1) \subset \mathbb{R}^2$ が存在して，$\phi \circ \psi^{-1}: U \to \mathbb{R}^3$ が定義 8.1 の意味で曲面のパラメータ表示になるときをいう．この $\varphi := \phi \circ \psi^{-1}$ を点 p のまわりの ϕ の**局所パラメータ表示**とよぶ．

　(2)　$\mathbb{R}^3$ の部分集合 S が**曲面**であるとは，あるはめ込み $\phi: M \to \mathbb{R}^3$ が存在して，$S = \phi(M)$ とあらわせるときをいう．M としてコンパクトなものがとれるとき，S を閉曲面とよぶ．

　(3)　2 つの曲面 $\phi(M), \widetilde{\phi}(\widetilde{M})$ が等しいとは，同相写像 $\xi: M \to \widetilde{M}$ と Euclid 変換 $\varPhi: \mathbb{R}^3 \to \mathbb{R}^3$ が存在して，$\widetilde{\phi} \circ \xi = \varPhi \circ \phi$ がなりたつときをいう． □

　上のように $\mathbb{R}^3$ の部分集合 S を曲面とよぶことは日常的な感覚とあうが，今まで見てきたとおり，はめ込み ϕ が目に見える形を支配していると考えるほうが自然である．今後は「曲面 $S = \phi(M)$」とかき，たんに $\mathbb{R}^3$ の部分集合ではないことを強調したい．「曲面 $\phi: M \to \mathbb{R}^3$」とかくほうがすっきりするかもしれない．なお，ϕ を M の実現とよぶこともある．はめ込みという用語は，本来可微分多様体間の可微分写像について用いられるもので，先走って用いていることを注意しておく．

　命題 21.2　$S = \phi(M) \subset \mathbb{R}^3$ を曲面とすると，つぎをみたす $\{(V_\alpha, \psi_\alpha:$

$V_\alpha \to U_\alpha) \mid \alpha \in A\}$ が存在する．

(a) 任意の $\alpha \in A$ に対して，$V_\alpha \subset M$ は開集合で，$M = \bigcup_{\alpha \in A} V_\alpha$ がなりたつ．

(b) 任意の $\alpha \in A$ に対して，$U_\alpha \subset \mathbb{R}^2$ は開集合で，$\psi_\alpha : V_\alpha \to U_\alpha$ は同相写像である．

(c) 任意の $\alpha, \beta \in A$ に対して，$V_\alpha \cap V_\beta \neq \varnothing$ ならば

$$\xi_{\beta\alpha} := \psi_\beta \circ (\psi_\alpha^{-1}|_{\psi_\alpha(V_\alpha \cap V_\beta)}) : (\mathbb{R}^2 \supset) \psi_\alpha(V_\alpha \cap V_\beta) \to \psi_\beta(V_\alpha \cap V_\beta)(\subset \mathbb{R}^2)$$

が C^∞ 写像である． □

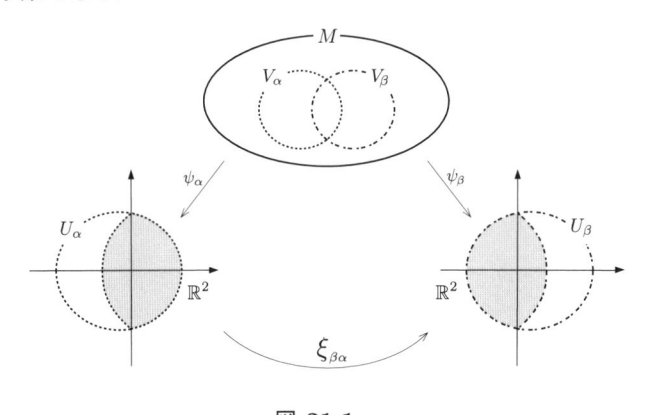

図 21.1

この $\psi_\alpha : V_\alpha \to U_\alpha$ を M の局所座標系あるいは**チャート** (地図，文字通り訳せば海図のこと) とよび，その集合 $\{(V_\alpha, \psi_\alpha : V_\alpha \to U_\alpha) \mid \alpha \in A\}$ を M の C^∞ **アトラス** (地図帳) とよぶ．$p \in V_\alpha$ なら $\psi_\alpha : V_\alpha \to U_\alpha \subset \mathbb{R}^2$ は p のまわりのチャートとよぶ．

命題 21.2 の証明* $S = \phi(M)$ が曲面であることから，任意の $p \in M$ に対して $V_p \in \mathcal{O}_M$ と同相写像 $\psi_p : (M \supset) V_p \to B^2(1) =: U_p (\subset \mathbb{R}^2)$ が存在し，これらが条件 (a)(b) をみたす．以下，これらが (c) をみたすこと，すなわち，$V_\alpha \cap V_\beta \neq \varnothing$ のとき $\xi_{\beta\alpha} := \psi_\beta \circ (\psi_\alpha^{-1}|_{\psi_\alpha(V_\alpha \cap V_\beta)}) : (\mathbb{R}^2 \supset) \psi_\alpha(V_\alpha \cap V_\beta) \to \psi_\beta(V_\alpha \cap V_\beta)(\subset \mathbb{R}^2)$ が C^∞ 写像であることを示す．

$\psi_\beta^{-1}(u_0) = v_0 \in V_\alpha \cap V_\beta$ とする．$\varphi_\beta := \phi \circ \psi_\beta^{-1} : U_\beta \to \mathbb{R}^3$ は曲面のパラメータ表示であるから，$\mathrm{rank}\, d\varphi_\beta = 2$ である．必要なら Euclid 空間の座標の番号を書きなおして $\det \begin{bmatrix} \partial_1 \varphi_\beta^1 & \partial_2 \varphi_\beta^1 \\ \partial_1 \varphi_\beta^2 & \partial_2 \varphi_\beta^2 \end{bmatrix}(u_0) \neq 0$ と仮定してよい．I を 0 を含む開区間とし，$\widetilde{\varphi_\beta} : (\mathbb{R}^3 \supset) U_\beta \times I \to \mathbb{R}^3$ を $\widetilde{\varphi_\beta}(u^1, u^2, t) := \begin{bmatrix} \varphi_\beta^1(u^1, u^2) \\ \varphi_\beta^2(u^1, u^2) \\ \varphi_\beta^3(u^1, u^2) + t \end{bmatrix}$ と定める．このとき，$(u_0, 0) \in U_\beta \times I$ の近傍 $\widetilde{U_\beta}$ と $\varphi_\beta(u_0) = \phi(v_0) \in \mathbb{R}^3$ の近傍 $\widetilde{W}$ が存在して，$\widetilde{\varphi_\beta}|_{\widetilde{U_\beta}} : (\mathbb{R}^3 \supset)\widetilde{U_\beta} \to \widetilde{W}(\subset \mathbb{R}^3)$ が微分同相写像になること，とくに，C^∞ 写像 $(\widetilde{\varphi_\beta}|_{\widetilde{U_\beta}})^{-1}$ が存在することを示す．

この結論は逆関数定理 (定理 6.22) から導くことができるので，適用できるための条件 $\det d\widetilde{\varphi_\beta}(u_0, 0) \neq 0$ を確かめればよい．実際，

$$\det d\widetilde{\varphi_\beta}(u_0, 0) = \det \begin{bmatrix} \partial_1 \varphi_\beta^1 & \partial_2 \varphi_\beta^1 & 0 \\ \partial_1 \varphi_\beta^2 & \partial_2 \varphi_\beta^2 & 0 \\ \partial_1 \varphi_\beta^3 & \partial_2 \varphi_\beta^3 & 1 \end{bmatrix}(u_0, 0)$$

$$= \det \begin{bmatrix} \partial_1 \varphi_\beta^1 & \partial_2 \varphi_\beta^1 \\ \partial_1 \varphi_\beta^2 & \partial_2 \varphi_\beta^2 \end{bmatrix}(u_0, 0) \neq 0$$

を得る．

構成の仕方より，$\psi_\alpha(v_0)$ の近傍 $(U_\alpha)' (\subset \psi_\alpha(V_\alpha \cap V_\beta))$ が存在して $\psi_\beta \circ \psi_\alpha^{-1}|_{(U_\alpha)'} = (\widetilde{\varphi_\beta}|_{\widetilde{U}})^{-1} \circ \varphi_\alpha|_{(U_\alpha)'}$ となり，C^∞ 写像の合成で書ける．各点で同様の議論ができるので，$\xi_{\beta\alpha}$ は C^∞ 写像であることがわかった． □

我々は第 8 章から 16 章までで，曲面のパラメータ表示に対して様々な概念を定義した．上の定義に即して言えば，曲面が与えられたとき，各局所パラメータ表示 $\phi \circ \psi^{-1}$ に対して様々な概念を定義した．それらは一枚の地図上でだけ意味のあるものとしてではなく，地図帳の中で実体のあるものとして定義されているのだろうか．第 6 章において，「曲線のパラメータ表示」という写像

に対して定義した諸概念について，パラメータ変換に関する不変性を調べることにより，「曲線」に対して定義しなおしたことを思い出そう．今回はその曲面版を展開する．

M の任意に固定した点のまわりの 2 つのチャート $\psi, \widetilde{\psi}$ に対して $\varphi = \phi \circ \psi^{-1}, \widetilde{\varphi} = \phi \circ \widetilde{\psi}^{-1}$ (および $\xi = \widetilde{\psi} \circ \psi^{-1}$) とし，これらから定義される諸量を比較したい．

設定 21.3 (1) $\varphi : U \to \mathbb{R}^3, \widetilde{\varphi} : \widetilde{U} \to \mathbb{R}^3$ を曲面のパラメータ表示とし，$\xi : U \to \widetilde{U}$ を C^∞ 同相写像とする．すなわち，ξ は全単射で，ξ とその逆写像 ξ^{-1} が C^∞ 写像であると仮定する．このとき，U 上で ξ がつぎの (21.1) または (21.2) をみたすと仮定する．

$$\varphi(u) = \widetilde{\varphi} \circ \xi(u), \quad \det d\xi(u) > 0, \quad \forall u \in U, \tag{21.1}$$

$$\varphi(u) = \widetilde{\varphi} \circ \xi(u), \quad \det d\xi(u) < 0, \quad \forall u \in U. \tag{21.2}$$

ここで，$\det d\xi(u) = \partial_1 \xi^1(u) \partial_2 \xi^2(u) - \partial_1 \xi^2(u) \partial_2 \xi^1(u)$ である．

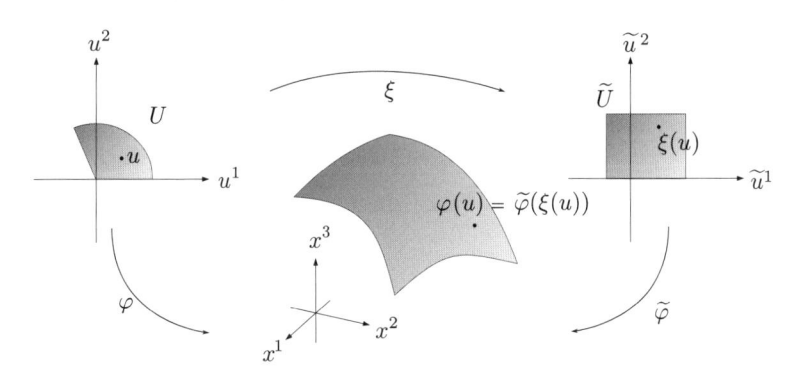

図 **21.2**

(2) 簡単のため，

$$\widetilde{d\varphi}(\widetilde{u}) := (\frac{\partial \widetilde{\varphi}}{\partial \widetilde{u}^1}(\widetilde{u}) \ \frac{\partial \widetilde{\varphi}}{\partial \widetilde{u}^2}(\widetilde{u})) = \begin{bmatrix} \dfrac{\partial \widetilde{\varphi}^1}{\partial \widetilde{u}^1}(\widetilde{u}) & \dfrac{\partial \widetilde{\varphi}^1}{\partial \widetilde{u}^2}(\widetilde{u}) \\ \dfrac{\partial \widetilde{\varphi}^2}{\partial \widetilde{u}^1}(\widetilde{u}) & \dfrac{\partial \widetilde{\varphi}^2}{\partial \widetilde{u}^2}(\widetilde{u}) \\ \dfrac{\partial \widetilde{\varphi}^3}{\partial \widetilde{u}^1}(\widetilde{u}) & \dfrac{\partial \widetilde{\varphi}^3}{\partial \widetilde{u}^2}(\widetilde{u}) \end{bmatrix}$$

とかく.

さらに, $\widetilde{\varphi}$ の単位法ベクトル場, 第 1 基本量, 第 2 基本量, 形作用素, Gauss 曲率をそれぞれ, $\widetilde{n}$, $\widetilde{\mathrm{I}} = (\widetilde{g}_{kl})$, $\widetilde{\mathrm{II}} = (\widetilde{h}_{kl})$, $\widetilde{\mathrm{A}} = (\widetilde{a}_l^k)$, $\widetilde{K}$ のようにティルダ $\sim$ をつけてあらわす. □

注意 21.4 設定 21.3 のもとでつぎがなりたつ.

$$d\varphi(u) = d\widetilde{\varphi}(\xi(u))d\xi(u), \tag{21.3}$$

すなわち $\dfrac{\partial \varphi}{\partial u^i}(u) = \sum_{k=1}^{2} \dfrac{\partial \xi^k}{\partial u^i}(u) \dfrac{\partial \widetilde{\varphi}}{\partial \widetilde{u}^k}(\xi(u)).$

$$n(u) = \pm \widetilde{n}(\xi(u)). \tag{21.4}$$

ただし, (21.4) の符号は, (21.1) のときはプラス, (21.2) のときはマイナスである.

(21.4) の証明 $\dfrac{\partial \varphi}{\partial u^1} \times \dfrac{\partial \varphi}{\partial u^2}$

$$= \left(\dfrac{\partial \xi^1}{\partial u^1} \dfrac{\partial \widetilde{\varphi}}{\partial \widetilde{u}^1} \circ \xi + \dfrac{\partial \xi^2}{\partial u^1} \dfrac{\partial \widetilde{\varphi}}{\partial \widetilde{u}^2} \circ \xi \right)$$

$$\times \left(\dfrac{\partial \xi^1}{\partial u^2} \dfrac{\partial \widetilde{\varphi}}{\partial \widetilde{u}^1} \circ \xi + \dfrac{\partial \xi^2}{\partial u^2} \dfrac{\partial \widetilde{\varphi}}{\partial \widetilde{u}^2} \circ \xi \right)$$

$$= \left(\dfrac{\partial \xi^1}{\partial u^1} \dfrac{\partial \xi^2}{\partial u^2} - \dfrac{\partial \xi^2}{\partial u^1} \dfrac{\partial \xi^1}{\partial u^2} \right) \dfrac{\partial \widetilde{\varphi}}{\partial \widetilde{u}^1} \circ \xi \times \dfrac{\partial \widetilde{\varphi}}{\partial \widetilde{u}^2} \circ \xi$$

$$= \det d\xi \left(\dfrac{\partial \widetilde{\varphi}}{\partial \widetilde{u}^1} \times \dfrac{\partial \widetilde{\varphi}}{\partial \widetilde{u}^2} \right) \circ \xi$$

となる. $n, \widetilde{n}$ は $\dfrac{\partial \varphi}{\partial u^1} \times \dfrac{\partial \varphi}{\partial u^2}, \dfrac{\partial \widetilde{\varphi}}{\partial \widetilde{u}^1} \times \dfrac{\partial \widetilde{\varphi}}{\partial \widetilde{u}^2}$ の長さを 1 にしたものであるから, (21.4) を得る. □

命題 21.5 設定 21.3 のもとでつぎがなりたつ.

$$\mathrm{I}(u) = {}^t (d\xi(u)) \widetilde{\mathrm{I}}(\xi(u)) d\xi(u), \tag{21.5}$$

すなわち $g_{ij}(u) = \sum_{k,l=1}^{2} \partial_i \xi^k(u) \partial_j \xi^l(u) \widetilde{g}_{kl}(\xi(u)),$

$$\mathrm{II}(u) = \pm {}^t (d\xi(u)) \widetilde{\mathrm{II}}(\xi(u)) d\xi(u), \tag{21.6}$$

すなわち $h_{ij}(u) = \pm \sum_{k,l=1}^{2} \partial_i \xi^k(u) \partial_j \xi^l(u) \widetilde{h}_{kl}(\xi(u))$.

ただし，(21.6) の符号は，(21.1) のときはプラス，(21.2) のときはマイナスである．

証明 (21.3) より，$\mathrm{I} = {}^t d\varphi \, d\varphi = {}^t d\xi {}^t(\widetilde{d\varphi} \circ \xi)(\widetilde{d\varphi} \circ \xi)d\xi = {}^t d\xi \, \widetilde{\mathrm{I}} \circ \xi \, d\xi$ を得る．また，補題 11.1 と (21.4) より，同様にして $\mathrm{I\!I} = -{}^t d\varphi dn = \mp {}^t d\xi {}^t(\widetilde{d\varphi} \circ \xi)(\widetilde{dn} \circ \xi)d\xi = \pm {}^t d\xi \, \widetilde{\mathrm{I\!I}} \circ \xi \, d\xi$ を得る． □

命題 21.6 設定 21.3 のもとでつぎがなりたつ．

$$A(u) = \pm (d\xi(u))^{-1} \widetilde{A}(\xi(u))d\xi(u), \tag{21.7}$$
$$K(u) = \widetilde{K}(\xi(u)). \tag{21.8}$$

ただし，(21.7) の符号は，(21.1) のときはプラス，(21.2) のときはマイナスである．

証明 命題 21.5 より，

$$A = \mathrm{I}^{-1} \mathrm{I\!I} = \pm \left({}^t d\xi \, \widetilde{\mathrm{I}} \circ \xi \, d\xi\right)^{-1} \left({}^t d\xi \, \widetilde{\mathrm{I\!I}} \circ \xi \, d\xi\right)$$
$$= \pm d\xi^{-1}(\widetilde{\mathrm{I}} \circ \xi)^{-1}{}^t(d\xi)^{-1}{}^t d\xi(\widetilde{\mathrm{I\!I}} \circ \xi)d\xi = \pm d\xi^{-1}\widetilde{A} \circ \xi d\xi$$

を得る．また，

$$K = \det A = \det \left(\pm d\xi^{-1} \widetilde{A} \circ \xi \, d\xi\right)$$
$$= (\pm 1)^2 \det d\xi^{-1} \det \widetilde{A} \circ \xi \det d\xi = \det \widetilde{A} \circ \xi = \widetilde{K} \circ \xi$$

となる． □

(21.8) より Gauss 曲率 K は「パラメータ変換に関する不変性」をもっている．すなわち，曲面 $S = \phi(M)$ に対して，Gauss 曲率 K は M 上の関数と理解できるということを主張している．いいかえると，$\mathbb{R}^3$ 内の曲面が自己交差していないときは，曲面の点を指して，「ここの」Gauss 曲率ということができることがわかった．定義としてまとめておこう．

定義 21.7 $S = \phi(M) \subset \mathbb{R}^3$ を曲面とし, $p \in M$ とする.

(1) S の p での **Gauss 曲率** を $K(u)$ と定める. ここで, $\psi : (M \supset)V \to U(\subset \mathbb{R}^2)$ を p のまわりのチャートで $\psi(p) = u$ とし, K は p のまわりの S の局所パラメータ表示 $\varphi := \phi \circ \psi^{-1} : U \to \mathbb{R}^3$ の Gauss 曲率である. あらためて, S の p での Gauss 曲率を $K(p)$ とかき, $K : M \to \mathbb{R}$ を S の Gauss 曲率という.

(2) S の p における**接ベクトル空間**を $\varphi_* T_u U(\subset \mathbb{R}^3)$ と定め, $\phi_* T_p M$ とかく. S の p における接平面を $\mathcal{T}_p \varphi(U)(\subset \mathbb{R}^3)$ と定め, $\mathcal{T}_p S$ とかく. ここで, φ は (1) のように定める p のまわりの S の局所パラメータ表示とする. □

上の議論から, これらはチャート ψ (したがって局所パラメータ表示) の取り方によらず well-defined である. 一方, 第 1 基本量, 第 2 基本量, 形作用素は, パラメータ変換に関して不変にはなっていない. しかし, 変換則 (21.5) - (21.7) は, φ の u における第 1 基本量, 第 2 基本量はある対称双線型形式の表現行列, 形作用素はある線形写像の表現行列と解釈できることを示唆している. これについては次回に調べることになる.

記号 21.8 $S = \phi(M) \subset \mathbb{R}^3$ を曲面とし, $p \in M$ とする. S の p における接ベクトル空間 $\phi_* T_p M \subset \mathbb{R}^3$ を抽象的な 2 次元ベクトル空間と思ったものを $T_p M$ とかく.

$\psi : V \to U$ と $\widetilde{\psi} : V \to \widetilde{U}$ を M のチャートとし, $\varphi := \phi \circ \psi^{-1} : U \to \mathbb{R}^3$ と $\widetilde{\varphi} := \phi \circ \widetilde{\psi}^{-1} : \widetilde{U} \to \mathbb{R}^3$ が設定 21.3 をみたす ϕ の局所パラメータ表示とする. $\phi_* T_p M$ の基底 $\left(\dfrac{\partial \varphi}{\partial u^1}(u) \ \dfrac{\partial \varphi}{\partial u^2}(u) \right)$ に対応する $T_p M$ の基底を

$$\left(\left(\dfrac{\partial}{\partial u^1} \right)_u \ \left(\dfrac{\partial}{\partial u^2} \right)_u \right) \quad \text{あるいは簡単に} \quad ((\partial_1)_u \ (\partial_2)_u)$$

とかき, ψ から定まる $T_p M$ の基底, あるいは φ から定まる $T_p M$ の基底とよぶ. $\widetilde{\psi}$ から定まる $T_p M$ の基底を

$$\left(\left(\dfrac{\partial}{\partial \widetilde{u}^1} \right)_{\xi(u)} \ \left(\dfrac{\partial}{\partial \widetilde{u}^2} \right)_{\xi(u)} \right) \quad \text{あるいは簡単に} \quad ((\widetilde{\partial}_1)_{\xi(u)} \ (\widetilde{\partial}_2)_{\xi(u)})$$

とかく.

$$T_pM = \mathrm{span}\{(\partial_1)_u, (\partial_2)_u\} = \mathrm{span}\{(\widetilde{\partial}_1)_{\xi(u)}, (\widetilde{\partial}_2)_{\xi(u)}\}$$

で，(21.3) より基底の変換行列は

$$((\partial_1)_u \ (\partial_2)_u) = ((\widetilde{\partial}_1)_{\xi(u)} \ (\widetilde{\partial}_2)_{\xi(u)}) \, d\xi(u) \tag{21.9}$$

で与えられる． □

T_pM の ϕ_*T_pM（あるいは ϕ）を用いない定義は可微分多様体論で行われるだろう．M の各点にベクトル空間が定義されていると理解せよ．ϕ_*T_pM は T_pM を $\mathbb{R}^3$ の中で見たものという気持ちで，先取りしてこのような記号を使っているのである．

命題 21.9 曲面 $S = \phi(M) \subset \mathbb{R}^3$ に対してつぎの (1)(2) は同値である．

(1) 命題 21.2 の (a)(b)(c) に加えてつぎをみたす C^∞ アトラス $\{(V_\alpha, \psi_\alpha : V_\alpha \to U_\alpha) \mid \alpha \in A\}$ が存在する．

(d) 任意の $\alpha, \beta \in A$ に対して，$V_\alpha \cap V_\beta \neq \varnothing$ ならば，任意の $u \in \psi_\alpha(V_\alpha \cap V_\beta)$ に対して，$\det(d\xi_{\beta\alpha}(u)) > 0$ がなりたつ．

(2) 曲面全体で連続な単位法ベクトル場が定義できる．

さらに，S が閉曲面のとき，(1)(2) はつぎとも同値である．

(3) M は向き付け可能である（定義 20.6）． □

(1) の C^∞ アトラスを M に**向きを与える** C^∞ **アトラス**とよぶ．向きを与える C^∞ アトラスを指定した曲面を有向曲面という．(1) から (2) を導くのは，(21.4) による．(1) の C^∞ アトラスに属するチャートを用いて，定義 21.7 のようにして単位法ベクトル場が定義できるからである．それをあらためて $n: M \to S^2(1)$ とかき，**有向曲面 S の単位法ベクトル場**とよぶ．また，有向曲面になりうる曲面，すなわち向きを与える C^∞ アトラスを許容する曲面を**向き付け可能な曲面**とよぶ．(2) から (3) を導くのは，連続な単位法ベクトル場 n が存在すると，各 2 単体に図 21.3 のように向きが誘導できるからである．なお，S を閉曲面に限定した理由は，向き付け可能性をこの場合にしかはっきり述べていないからにすぎない．

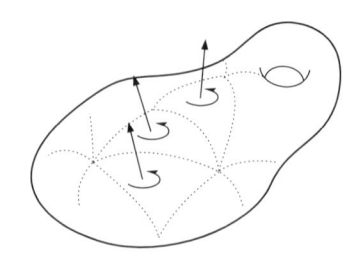

図 21.3

練習 21.10 半径 r の球面について,定義 21.1(1) の $\phi \circ \psi^{-1} : (\mathbb{R}^2 \supset B^2(1) =:)U \to \mathbb{R}^3$ の族を構成したい.

(1) 一つの $\phi \circ \psi^{-1}$ を (10.3) の φ として,他に必要な $\phi \circ \psi^{-1} : U \to \mathbb{R}^3$ を構成せよ.

(2) (10.4) の φ に対して,(1) と同じことを実行せよ.

(3) (10.5) の φ に対して,(1) と同じことを実行せよ.

(4) (10.7) の φ に対して,(1) と同じことを実行せよ. □

練習 21.11$^\diamond$ つぎを確かめよ.

V を $\mathbb{R}$ 上の 2 次元ベクトル空間とする.$\{e_1, e_2\}$ と $\{\widetilde{e}_1, \widetilde{e}_2\}$ を V の 2 組の基底とし,$P = (p^i_j) \in GL(2; \mathbb{R})$ を基底の変換行列とする:

$$(e_1 \ e_2) = (\widetilde{e}_1 \ \widetilde{e}_2)P, \quad \text{すなわち} \quad e_j = \sum_{i=1}^{2} p^i_j \widetilde{e}_i$$

がなりたつとする.

(1) $f : V \to V$ を線型写像とし,$A = (a^i_j) \in GL(2; \mathbb{R})$ を f の $(e_1 \ e_2)$ に関する表現行列,$\widetilde{A} \in GL(2; \mathbb{R})$ を f の $(\widetilde{e}_1 \ \widetilde{e}_2)$ に関する表現行列とする:

$$(f(e_1) \ f(e_2)) = (e_1 \ e_2)A, \quad \text{すなわち} \quad f(e_j) = \sum_{i=1}^{2} a^i_j e_i,$$
$$(f(\widetilde{e}_1) \ f(\widetilde{e}_2)) = (\widetilde{e}_1 \ \widetilde{e}_2)\widetilde{A}, \quad \text{すなわち} \quad f(\widetilde{e}_j) = \sum_{i=1}^{2} \widetilde{a}^i_j \widetilde{e}_i$$

がなりたつとする.このとき,

$$A = P^{-1}\widetilde{A}P$$

がなりたつ.

(2) $\alpha : V \times V \to \mathbb{R}$ を双線型形式とし,$A \in GL(2;\mathbb{R})$ を α の $(e_1\ e_2)$ に関する表現行列,$\widetilde{A} \in GL(2;\mathbb{R})$ を α の $(\widetilde{e}_1\ \widetilde{e}_2)$ に関する表現行列とする:

$$x = (e_1\ e_2)\begin{bmatrix} x^1 \\ x^2 \end{bmatrix},\ y = (e_1\ e_2)\begin{bmatrix} y^1 \\ y^2 \end{bmatrix}\ \text{のとき}\ \alpha(x,y) = (x^1\ x^2)A\begin{bmatrix} y^1 \\ y^2 \end{bmatrix},$$

$$x = (\widetilde{e}_1\ \widetilde{e}_2)\begin{bmatrix} \widetilde{x}^1 \\ \widetilde{x}^2 \end{bmatrix},\ y = (\widetilde{e}_1\ \widetilde{e}_2)\begin{bmatrix} \widetilde{y}^1 \\ \widetilde{y}^2 \end{bmatrix}\ \text{のとき}\ \alpha(x,y) = (\widetilde{x}^1\ \widetilde{x}^2)\widetilde{A}\begin{bmatrix} \widetilde{y}^1 \\ \widetilde{y}^2 \end{bmatrix}$$

がなりたつとする.このとき,

$$A = {}^t P \widetilde{A} P$$

がなりたつ. □

練習 21.12 設定 21.3 のもとでつぎがなりたつことを示せ.

$$\sum_{k=1}^{2} \Gamma_{ij}^k(u) \partial_k \xi^n(u)$$
$$= \sum_{l,m=1}^{2} \widetilde{\Gamma}_{lm}^n(\xi(u)) \partial_i \xi^l(u) \partial_j \xi^m(u) + \partial_i \partial_j \xi^n(u),$$
$$i,j,n = 1,2. \qquad \square$$

この変換の様子は I, II, A のそれとは著しく異なることに注意が必要である.

練習 21.13 設定 21.3 で,$\varphi(D) = \widetilde{\varphi}(\widetilde{D}) =: E$ なる閉領域 $D \subset U, \widetilde{D} \subset \widetilde{U}$ に対して,

$$\int_{\varphi(D)} 1 d\mu = \int_{\widetilde{\varphi}(\widetilde{D})} 1 d\mu$$

を確かめ,E の面積を定義せよ. □

第 22 章

曲面の基本形式

 前回は，Gauss 曲率はパラメータ変換に関する不変性をもっていること，第 1，第 2 基本量 (の各成分) は不変性をもっていないことを見た．今回は，第 1，第 2 基本量の変換則の意味を明らかにし，曲面に対して第 1 基本形式と第 2 基本形式を定義する．

補題 22.1 V を $\mathbb{R}$ 上の 2 次元ベクトル空間とし，$(e_1\ e_2)$ を V の基底とする．$(\theta^1\ \theta^2)$ を $(e_1\ e_2)$ の双対基底とする．すなわち，θ^i は V 上の線型関数で，$\theta^i(e_j) = \delta^i_j$ をみたすものとする．

（1） 双線型関数 $\theta^i \otimes \theta^j : V \times V \to \mathbb{R}$ を $\theta^i \otimes \theta^j(X, Y) = \theta(X)\theta^j(Y)$ $(X, Y \in V,\ i, j = 1, 2)$ と定める．$A = (a_{ij}) \in \mathrm{Sym}_2(\mathbb{R})$ に対して，

$$\sum_{i,j=1}^{2} a_{ij}\theta^i \otimes \theta^j : V \times V \ni (X, Y) \mapsto \sum_{i,j=1}^{2} a_{ij}\theta^i \otimes \theta^j(X, Y) \in \mathbb{R}$$

は，V 上の対称双線型形式である．

（2） 逆に，対称双線型形式 $\alpha : V \times V \to \mathbb{R}$ が与えられたとき，$\alpha(e_i, e_j) =: a_{ij}$ とおくと，$(a_{ij}) \in \mathrm{Sym}_2(\mathbb{R})$ で，$\alpha = \sum_{i,j=1}^{2} a_{ij}\theta^i \otimes \theta^j$ と表示できる．

（3） $(\widetilde{e}_1\ \widetilde{e}_2)$ を V の基底とし $(\widetilde{\theta}^1\ \widetilde{\theta}^2)$ をその双対基底とする．$P = (p^i_j) \in GL(2; \mathbb{R})$ を基底の変換行列，すなわち $(e_1\ e_2) = (\widetilde{e}_1\ \widetilde{e}_2)P$ とすると，

$$\begin{bmatrix} \theta^1 \\ \theta^2 \end{bmatrix} = P^{-1} \begin{bmatrix} \widetilde{\theta}^1 \\ \widetilde{\theta}^2 \end{bmatrix}, \quad \text{すなわち}, \quad \theta^i = \sum_{k=1}^{2} q^i_k \widetilde{\theta}^k \tag{22.1}$$

がなりたつ．ここで，$P^{-1} =: (q^i_j)$ とおいた．

(4) $\widetilde{A} = (\widetilde{a}_{ij}) \in \mathrm{Sym}_2(\mathbb{R})$ に対して,V 上の対称双線型形式 $\sum_{i,j=1}^{2} \widetilde{a}_{ij} \widetilde{\theta}^i \otimes \widetilde{\theta}^j$ と $\sum_{i,j=1}^{2} a_{ij} \theta^i \otimes \theta^j$ が一致する必要十分条件は,$A = {}^t P \widetilde{A} P$ で与えられる.

(4) の証明 まず,$\theta^i = \sum_k q_k^i \widetilde{\theta}^k$ のとき,$\theta^i \otimes \theta^j = \sum_{m,n} q_m^i q_n^j \widetilde{\theta}^m \otimes \widetilde{\theta}^n$ がなりたつことに注意する.実際,$X, Y \in V$ に対して,$\theta^i \otimes \theta^j (X, Y) = \theta^i(X) \theta^j(Y) = \sum_m q_m^i \widetilde{\theta}^m(X) \sum_n q_n^j \widetilde{\theta}^n(Y) = \sum_{m,n} q_m^i q_n^j \widetilde{\theta}^m(X) \widetilde{\theta}^n(Y) = \sum_{m,n} q_m^i q_n^j \widetilde{\theta}^m \otimes \widetilde{\theta}^n (X, Y)$ がなりたつからである.

$A = {}^t P \widetilde{A} P$ とすると,$a_{ij} = \sum_{k,l} \{{}^t P \text{ の } (i,k) \text{ 成分}\} \widetilde{a}_{kl} p_j^l = \sum_{k,l} p_i^k \widetilde{a}_{kl} p_j^l$ より,

$$\sum_{i,j=1}^{2} a_{ij} \theta^i \otimes \theta^j = \sum_{i,j} \sum_{k,l,m,n} p_i^k \widetilde{a}_{kl} p_j^l q_m^i q_n^j \widetilde{\theta}^m \otimes \widetilde{\theta}^n$$
$$= \sum_{k,l,m,n} \widetilde{a}_{kl} \sum_i p_i^k q_m^i \sum_j p_j^l q_n^j \widetilde{\theta}^m \otimes \widetilde{\theta}^n = \sum_{k,l,m,n} \widetilde{a}_{kl} \delta_m^k \delta_n^l \widetilde{\theta}^m \otimes \widetilde{\theta}^n$$
$$= \sum_{k,l} \widetilde{a}_{kl} \widetilde{\theta}^k \otimes \widetilde{\theta}^l$$

となる.逆の証明は練習 21.11(2) を参照せよ. □

記号 22.2 補題 22.1 のもとで,

$$\theta^i \theta^j := \frac{1}{2} \{ \theta^i \otimes \theta^j + \theta^j \otimes \theta^i \}$$

とかき,$(\theta^i)^2 := \theta^i \theta^i$ とかくことにする.この記法をもちいると,補題 22.1 の対称双線型形式は

$$\alpha = a_{11} (\theta^1)^2 + 2 a_{12} \theta^1 \theta^2 + a_{22} (\theta^2)^2$$

とかける. □

定義 22.3 $S = \phi(M)$ を曲面とし,$p \in M$ とする.ψ を p のまわりのチャートとし,$u = \psi(p) \in U \subset \mathbb{R}^2$ とする.$((\partial_1)_u \ (\partial_2)_u)$ を ψ から定まる $T_p M$ の基底とする.この双対基底を $((du^1)_u \ (du^2)_u)$ とかく. □

設定 21.3 のように, φ と $\widetilde{\varphi}$ を同じ曲面の局所パラメータ表示で, C^∞ 同相写像 $\xi : U \to \widetilde{U}$ に対して $\varphi = \widetilde{\varphi} \circ \xi$ とする. $\widetilde{u} = \xi(u)$ とし, $\widetilde{\varphi}$ から定まる T_pM の基底 $((\widetilde{\partial}_1)_{\widetilde{u}} \ (\widetilde{\partial}_2)_{\widetilde{u}})$ の双対基底を $((d\widetilde{u}^1)_{\widetilde{u}} \ (d\widetilde{u}^2)_{\widetilde{u}})$ とかく. このとき, (22.1) と (21.9) より,

$$\begin{bmatrix} (d\widetilde{u}^1)_{\widetilde{u}} \\ (d\widetilde{u}^2)_{\widetilde{u}} \end{bmatrix} = d\xi(u) \begin{bmatrix} (du^1)_u \\ (du^2)_u \end{bmatrix},$$

すなわち $\quad (d\widetilde{u}^i)_{\widetilde{u}} = \sum_{j=1}^{2} \partial_j \xi^i(u) (du^j)_u$

がなりたつ.

定義 22.4 定義 22.3 の設定で, $\mathrm{I} = (g_{ij}) : U \to \mathrm{Sym}_2^+(\mathbb{R})$ を φ の第 1 基本量とする.

$$g_p := \sum_{i,j=1}^{2} g_{ij}(u)(du^i)_u \otimes (du^j)_u$$

とおくと, これは T_pM 上の内積となり, 命題 21.5 と補題 22.1(4) よりチャート ψ の取り方によらない.

$g_p : T_pM \times T_pM \to \mathbb{R}$ を $S = \phi(M)$ の p における**第 1 基本形式**とよぶ. 写像 $g : M \ni p \mapsto g_p$ をたんに S の第 1 基本形式とよび,

$$g|_U = g_{11}(du^1)^2 + 2g_{12}du^1 du^2 + g_{22}(du^2)^2$$

とかく. $\square$

チャートによって $V \subset M$ と U を同一視しているという立場から, 写像に対して定義域を制限する記号 $g|_U$ を用いる. 誤解のない場合は, たんに g とかくことも多い.

例 22.5

$$\varphi(u) := r \begin{bmatrix} \cos u^1 \cos u^2 \\ \cos u^1 \sin u^2 \\ \sin u^1 \end{bmatrix}, \quad u \in U := (-\frac{\pi}{2}, \frac{\pi}{2}) \times (-\pi, \pi)$$

とすると，第1基本量は $\mathrm{I}(u) = \begin{bmatrix} r^2 & 0 \\ 0 & r^2 \cos^2 u^1 \end{bmatrix}$ である (練習 10.9(10.4)).

$$\begin{bmatrix} \widetilde{u}^1 \\ \widetilde{u}^2 \end{bmatrix} = \widetilde{u} = \xi(u) = \begin{bmatrix} \log \tan(\dfrac{u^1}{2} + \dfrac{\pi}{4}) \\ u^2 \end{bmatrix}$$

とおくと，$\xi : U \to \widetilde{U} := \xi(U) = (-\infty, \infty) \times (-\pi, \pi)$ は C^∞ 同相写像で，

$$d\xi(u) = \begin{bmatrix} (\cos u^1)^{-1} & 0 \\ 0 & 1 \end{bmatrix}$$

となる．$\cos u^1 = \dfrac{1 - \tan^2 \frac{u^1}{2}}{1 + \tan^2 \frac{u^1}{2}} = \cdots = (\cosh \widetilde{u}^1)^{-1}$ より，

$$du^1 = (\cosh \widetilde{u}^1)^{-1} d\widetilde{u}^1, \quad du^2 = d\widetilde{u}^2$$

となる．ゆえに，$S = \varphi(U)$ の第1基本形式は

$$g = r^2 \{(du^1)^2 + \cos^2 u^1 (du^2)^2\}$$
$$= r^2 (\cosh \widetilde{u}^1)^{-2} \{(d\widetilde{u}^1)^2 + (d\widetilde{u}^2)^2\}$$

とかける．

$\widetilde{\varphi} := \varphi \circ \xi$ は，練習 10.9(10.5) で与えられる．$\widetilde{\varphi}$ で与えられる $S^2(r)$ の地図を，Mercator 地図という． □

与えられた曲面に対して，チャート ψ を上手に見つけて，第1基本量をきれいな形にできないだろうか．練習 14.8, 注意 14.11 等をみると，これが可能ならいろいろな計算に非常に役に立つだろう．

定理 22.6 $S = \phi(M) \subset \mathbb{R}^3$ を曲面とし，g をその第1基本形式とする．任意の $p \in M$ に対して，p のまわりのチャート $\psi : V \to U \subset \mathbb{R}^2$ でつぎをみたすものが存在する．g はある正値関数 $E \in C^\infty(U)$ を用いて，

$$g|_U = E\{(du^1)^2 + (du^2)^2\}$$

とかける．この ψ を S の p のまわりの**等温座標系**とよぶ． □

これは Gauss 以来の研究の成果で，A. Korn (1914 年), L. Lichtenstein (1916 年) 等を経て，S. Chern (1955 年) の論文が有名である．[7, IV, p.455] も参照せよ．これは 2 次元 Riemann 多様体について定式化される定理で，Riemann 多様体の概念を学んでからもう一度見直すとよいだろう．

定義 22.7 $S = \phi(M)$ を有向曲面とし，$p \in M$ とする．ψ を向きを与える C^∞ アトラスに属する p のまわりのチャートとし，$u = \psi(p) \in U \subset \mathbb{R}^2$ とする．

（1）$\mathrm{I\!I} = (h_{ij}) : U \to \mathrm{Sym}_2(\mathbb{R})$ を局所パラメータ表示 $\varphi := \phi \circ \psi^{-1} : U \to \mathbb{R}^3$ の第 2 基本量とする．

$$h_p := \sum_{i,j=1}^{2} h_{ij}(u)(du^i)_u \otimes (du^j)_u$$

とおくと，これは $T_p M$ 上の対称双線型形式となり，命題 21.5 と補題 22.1(4) よりチャート ψ の取り方によらない．

$h_p : T_p M \times T_p M \to \mathbb{R}$ を $S = \phi(M)$ の p における**第 2 基本形式**とよぶ．写像 $h : M \ni p \mapsto h_p$ をたんに S の第 2 基本形式とよび，

$$h|_U = h_{11}(du^1)^2 + 2h_{12}du^1 du^2 + h_{22}(du^2)^2$$

とかく．

（2）$\mathrm{A} = (a^i_j) : U \to M_2(\mathbb{R})$ を φ の形作用素とする．行列 $\mathrm{A}(u)$ を基底 $((\partial_1)_u, (\partial_2)_u)$ をもつベクトル空間 $T_p M$ から $T_p M$ への線型写像と理解したものをあらためて A_p とかくと，命題 21.6 と練習 21.11(1) よりチャート ψ の取り方によらない．$A_p : T_p M \to T_p M$ を S の p における**型作用素** (あるいは Weingarten 写像) とよぶ．写像 $A : M \ni p \mapsto A_p$ をたんに S の型作用素とよぶ． □

ここでは，第 1 基本量 I と第 1 基本形式 g の対応に合わせる形で，形作用素 A に対して型作用素 A という用語を用いたが，慣れてくればそれらをいちいち別の用語や記号であらわす必要はないだろう．写像 $g : M \ni p \mapsto g_p$ や $A : M \ni p \mapsto A_p$ の値域となるべき集合を明記していないことに気付いただろうか．不満を感じることと思うが，それらを的確に定義するのは可微分多様体論を学ぶまで待つほうが得策である (付録 B で一応記号を与える)．

練習 22.8 $S = \phi(M) \subset \mathbb{R}^3$ を有向曲面とし，h をその第 2 基本形式とする．Gauss 曲率が負となる任意の点 $p \in M$ に対して，ある関数 $M \in C^\infty(U)$ をもちいて，
$$h|_U = 2M du^1 du^2$$
とかけるような p のまわりのチャート $\psi : V \to U$ が存在することを示せ．

この ψ を S の p のまわりの**漸近線座標系**とよぶ． □

練習 22.9 $S = \phi(M) \subset \mathbb{R}^3$ を有向曲面とし，g, h をその第 1，第 2 基本形式とする．臍点でない任意の点 $p \in M$ に対して，ある関数 $E, G, L, N \in C^\infty(U)$ をもちいて，
$$g|_U = E(du^1)^2 + G(du^2)^2, \quad h|_U = L(du^1)^2 + N(du^2)^2$$
とかけるような p のまわりのチャート $\psi : V \to U$ が存在することを示せ．

この ψ を S の p のまわりの**曲率線座標系**とよぶ． □

練習 22.10 $S = \phi(M) \subset \mathbb{R}^3$ を曲面とし，g をその第 1 基本形式とする．任意の点 $p \in M$ に対して，ある関数 $G \in C^\infty(U)$ をもちいて，
$$g|_U = (du^1)^2 + G(du^2)^2$$
とかけるような p のまわりのチャート $\psi : V \to U$ が存在することを示せ．

この ψ を S の p のまわりの**測地的極座標系**とよぶ．(練習 13.9 も参照．) □

練習 22.10，あるいは練習 22.9(の一部)，あるいは定理 22.6 がわかれば，第 16 章で与えた Gauss-Bonnet の定理の証明が完結することになる．

練習 22.11 双曲放物面の 2 つのパラメータ表示

$$\varphi_1(u) = \begin{bmatrix} \sqrt{2} \sinh u^1 \cosh u^2 \\ \sqrt{2} \cosh u^1 \sinh u^2 \\ \sinh^2 u^1 - \sinh^2 u^2 \end{bmatrix}, \quad \varphi_2(v) = \begin{bmatrix} v^1 + v^2 \\ v^1 - v^2 \\ 2v^1 v^2 \end{bmatrix}$$

に対して，第 1，第 2 基本形式を計算せよ．各々の u^i 曲線，v^j 曲線を図示し，座標の特徴を調べよ． □

第 23 章

正規閉曲面と Gauss-Bonnet の定理

　第 16 章では，$\mathbb{R}^3$ 内の座標曲面の上で Gauss 曲率の積分が何をあらわすのかを調べ，座標曲面上の多角形領域に対する Gauss-Bonnet の定理を紹介した (定理 16.2)．そのあと我々は，位相空間論の助けをかりて，曲面とくに有向閉曲面の概念を導入した．今回は，大域的な Gauss-Bonnet の定理を取り上げる．

　定義 23.1 　$S = \phi(M) \subset \mathbb{R}^3$ が**正規曲面**であるとは，はめ込み ϕ が M から S への同相写像であるときをいう．ただし，S には $\mathbb{R}^3$ に対する相対位相を考える．　　　　　　　　　　　　　　　　　　　　　　　　　□

　このとき ϕ を M の埋め込みとよぶことがある．$S \subset \mathbb{R}^3$ が正規曲面であることは，S が練習 8.7 の性質 (RS) をもつことと同じことがわかる．正規曲面でありかつ閉曲面である曲面を正規閉曲面とよぶ．

　命題 23.2 　正規閉曲面は向き付け可能である．　　　　　　　　　　□

　証明は易しくないが，アイディアはつぎの通り．S を正規閉曲面とすると，S は $\mathbb{R}^3$ を内部と外部に分ける．すなわち，定理 7.9 の曲面版がなりたつ (たとえば，[6, p.117] 参照)．S 上の各点に対して，「外向き」の単位法ベクトルを選ぶことにより，連続な単位法ベクトル場 n を構成できるので，命題 21.9 より向き付け可能であることが分かる．

　$S = \phi(M)$ を正規閉曲面とし，$\{(V_\alpha, \psi_\alpha : V_\alpha \to U_\alpha) \mid \alpha \in A\}$ を M に向きを与える C^∞ アトラスとする．M はコンパクトだから，A の有限部分集合 B が存在し，$\{(V_\beta, \psi_\beta : V_\beta \to U_\beta) \mid \beta \in B\}$ がまた M の向きを与える C^∞ アトラスになるようにできる．

設定 23.3 $S = \phi(M)$ を正規閉曲面とし,$\{(V_n, \psi_n : V_n \to U_n) \mid n \in \Lambda\}$ を有限個のチャートからなる向きを与える C^∞ アトラスとする.P を M の三角形分割で,つぎをみたすものとする.

(i) P の任意の 2 単体 $\sigma_k^2 \in P$ に対して,ある $n_k \in \Lambda$ が存在して $\sigma_k^2 \subset V_{n_k}$ となる.

(ii) P の任意の 1 単体 $\sigma^1 (\preceq \sigma_k^2)$ に対して,$\phi(\sigma^1)$ は座標曲面 $\phi \circ \psi_{n_k}^{-1}(U_{n_k})$ 上の滑らかな曲線である. $\square$

定義 23.4 $S = \phi(M)$ を正規閉曲面とし,その第 1 基本形式を g とかく.連続関数 $\lambda : M \to \mathbb{R}$ に対して,面積分 $\int_M \lambda d\mu_g$ がつぎのように定義できる.設定 23.3 の P をとり,各 2 単体 (三角形領域) に対して,

$$\int_{\sigma_k^2} \lambda d\mu_{g|_{\sigma_k^2}} := \int_{\phi(\sigma_k^2)} \lambda \circ \psi_{n_k}^{-1} d\mu$$
$$= \iint_{\psi_{n_k}(\sigma_k^2)} \lambda \circ \psi_{n_k}^{-1}(u) \sqrt{\det(g_{ij}(u))} du^1 du^2$$

とし (注意 16.3 参照),f を P の 2 単体の数とするとき,それらをすべて合わせて

$$\int_M \lambda d\mu_g := \sum_{k=1}^f \int_{\sigma_k^2} \lambda d\mu_{g|_{\sigma_k^2}}$$

とせよ.これはチャート,三角形分割の取り方に依存しない. $\square$

積分を定義するために,実は三角形分割を持ち出す必要はない.くわしくは [6, p.215] [18, p.68] などを参照するとよい (正確に述べるには,説明してこなかった第 2 可算公理が重要な役割を果たす).正規閉曲面 $S = \phi(M)$ の第 1 基本形式を g,Gauss 曲率を K_g とかく.Gauss 曲率が g から定まっていたことに注意しよう.

定理 23.5 (大域的な **Gauss-Bonnet** の定理) 正規閉曲面 $S = \phi(M)$ に対して,

$$\int_M K_g d\mu_g = 2\pi \chi(M) \tag{23.1}$$

がなりたつ.

証明 C^∞ アトラス $\{(V_n, \psi_n : V_n \to U_n) \mid n \in \Lambda\}$ と三角形分割 $P = \{\sigma_1^0, \ldots, \sigma_v^0, \sigma_1^1, \ldots, \sigma_e^1, \sigma_1^2, \ldots, \sigma_f^2\}$ を設定 23.3 のものとする．座標曲面上の多角形領域に対する Gauss-Bonnet の定理 16.2 により，

$$\int_{\sigma_k^2} K_g d\mu_g|_{\sigma_k^2} = -\int_{\partial\sigma_k^2} \kappa_g(s)ds - (\theta_{k1} + \theta_{k2} + \theta_{k3}) + 2\pi$$
$$= -\int_{\partial\sigma_k^2} \kappa_g(s)ds \qquad (23.2)$$
$$+ \{(\pi - \theta_{k1}) + (\pi - \theta_{k2}) + (\pi - \theta_{k3})\} - \pi$$

となる．ここで，$\partial\sigma_k^2$ と θ_{kj} は設定 16.1 と同様に図 23.1(左) のように定めたものである．

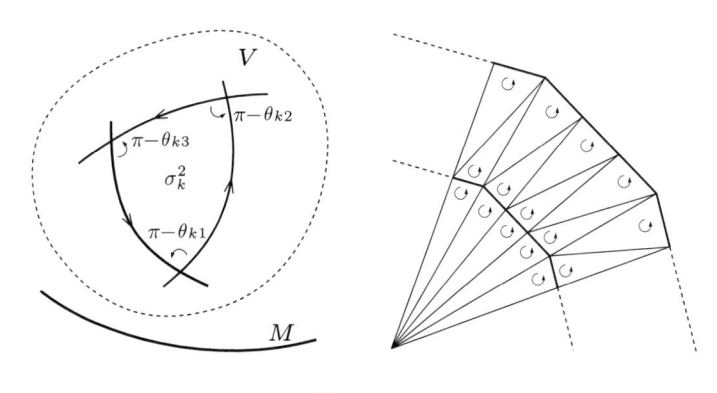

図 23.1

(23.1) の左辺を得るには，(23.2) をすべての三角形について足し合わせればよい.

右辺第 1 項は，すべての三角形について足し合わせると，三角形の各辺がちょうど 2 回勘定され，それが互いに逆向きになっている．よって，

$$-\sum_{k=1}^{f} \int_{\partial\sigma_k^2} \kappa_g(s)ds = 0$$

がなりたつ.

右辺第 2 項は，すべての三角形について足し合わせると，三角形の各頂点についてそこに集まっているすべての角を足していることになるので

$$\sum_{k=1}^{f}\{(\pi-\theta_{k1})+(\pi-\theta_{k2})+(\pi-\theta_{k3})\}=2\pi v$$

がなりたつ．v は頂点 (0 単体) の数である．

一方，1 つの辺は 2 つの三角形に共有されているので $3f=2e$，すなわち，

$$\frac{3}{2}f-e=0$$

がなりたつことに注意する．以上から，

$$\int_M K_g d\mu_g = \sum_{k=1}^{f} \int_{\sigma_k^2} K_g d\mu_{g|_{\sigma_k^2}}$$
$$= 0 + 2\pi v - \pi f = 2\pi\{v - \frac{1}{2}f\}$$
$$= 2\pi\{v - \frac{1}{2}f + \frac{3}{2}f - e\} = 2\pi\{v - e + f\} = 2\pi\chi(M)$$

を得る． □

定理の左辺は微分幾何学的に得られる量であるのに対し，右辺は位相幾何学的な量であることを注意しなくてはならない．これは現在，Gauss-Bonnet の定理とよばれているが，このような形にあらわされるようになったのは W. Dyck (1888 年) などの後世の多くの数学者の成果のようだ．また，これは 2 次元 Riemann 多様体について定式化される定理である．Riemann 多様体の概念を学んでから見直すとよい．また，C. Allendoerfer と A. Weil (1943 年) や S. Chern (1944 年) などによるこの定理の高次元化の研究が，現代数学の発展に大きく寄与したことは，いくら強調してもしすぎることはなかろう．

系 23.6 正規閉曲面は，Gauss 曲率がいたるところ正ならば，球面 S^2 と同相である．

証明 $S=\phi(M)$ を正規閉曲面とすると，仮定と定理 23.5 より，$\chi(M) > 0$ となる．定理 20.5 より $\chi(M)=2$，ゆえに M したがって S は球面 S^2 と

同相であることがわかる. □

より精密にはつぎが知られている.

定理 23.7 (J. Hadamard, 1897 年)[*] $S = \phi(M) \subset \mathbb{R}^3$ を有向閉曲面とする. $K_g : M \to \mathbb{R}$ を S の Gauss 曲率とし, $n : M \to S^2(1)$ を S の単位法ベクトル場とする. 任意の $p \in M$ に対して $K_g(p) > 0$ ならば, つぎがなりたつ.

（1） n は同相写像である.

（2） M の各点 p に対して, S は接平面 $\mathcal{T}_p S$ の片側にある. さらに, S はある凸集合の境界であるような正規閉曲面 (**卵形面**とよぶ) である. □

証明はたとえば [7, III, p.94] を見よ. 命題 7.10 も思い出すとよい. さて, 系 23.6 の状況と Gauss 曲率の符号が異なる場合はどうなるだろうか.

命題 23.8 $\mathbb{R}^3$ 内に Gauss 曲率がいたるところ非正の正規閉曲面は存在しない.

証明の方針 正規閉曲面 $S = \phi(M) \subset \mathbb{R}^3$ に対して, ある $p \in M$ が存在して $K_g(p) > 0$ となることを示せばよい.

$\mathbb{R}^3$ の単位ベクトル e を任意にとって固定する. $h : M \ni p \mapsto \langle \phi(p), e \rangle \in \mathbb{R}$ とおくと, h は M 上の連続関数である ($\phi(p)$ の e 方向の「高さ」をあらわしている). M はコンパクトだから h の最大点が存在するが, それを $p_0 \in M$

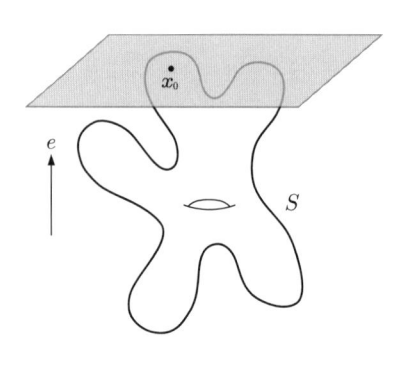

図 23.2

とおくと，$K(p_0) > 0$ を示すことができる． □

練習 23.9 $([u], [v]) \in T := \mathbb{R}/2\pi\mathbb{Z} \times \mathbb{R}/2\pi\mathbb{Z}$ に対して，$\phi([u], [v]) = \begin{bmatrix} (\cos u + 2)\cos v \\ (\cos u + 2)\sin v \\ \sin u \end{bmatrix}$ とおくとき，写像 $\phi : T \to \mathbb{R}^3$ が well-defined であることを確かめよ．さらに，$\phi(T) \subset \mathbb{R}^3$ の概形を図示せよ．K_g を曲面 $\phi(T) \subset \mathbb{R}^3$ の Gauss 曲率とする．図示した $\phi(T)$ 上に集合 $\{\phi(p) \in \mathbb{R}^3 \mid K_g(p) > 0\}$ を描け．積分 $\int_T K_g d\mu_g$ を求めよ． □

練習 23.10 (H. Weyl, 1939 年) $S = \phi(M) \subset \mathbb{R}^3$ を正規閉曲面とし，$n : M \to S^2(1) \subset \mathbb{R}^3$ をその単位法ベクトル場とする．$t \in [-\varepsilon, \varepsilon]$ に対して $\phi_t(p) := \phi(p) + tn(p)$ とし，$S_t := \phi_t(M)$ も正規閉曲面であると仮定する（S の平行曲面という）．

(1) K_g, H を S の Gauss 曲率，平均曲率とするとき，S_t の面積がつぎで与えられることを示せ．

$$(S \text{ の面積}) - 2t \int_M H d\mu_g + t^2 \int_M K_g d\mu_g.$$

(2) $\mathbb{R}^3$ の部分集合 $\cup \{S_t \mid t \in [-\varepsilon, \varepsilon]\}$ の体積が，つぎで与えられることを Gauss-Bonnet の定理 23.5 を用いて示せ．

$$2(S \text{ の面積})\varepsilon + \frac{4\pi}{3}\chi(M)\varepsilon^3.$$

□

第 24 章

Riemann 多様体とその実現

前回は，曲面の概念を整えたのち，位相幾何学的量と微分幾何学的量を結びつける Gauss-Bonnet の定理を紹介した．今回は Riemann 多様体の概念を紹介して，もう一度曲面論の基本定理を書きなおしてみよう．可微分多様体あるいは Riemann 多様体を学ぶ出発点ととらえてほしい．

復習 24.1 $S = \phi(M) \subset \mathbb{R}^3$ を有向曲面とし，g, h を S の第 1 基本形式，第 2 基本形式とする．

（1） M には向きを与える C^∞ アトラスが存在する (命題 21.2 と命題 21.9)．

（2） 点 $p \in M$ に対してベクトル空間 $T_p M$ が定まる (記号 21.8)．

（3） $g : M \ni p \mapsto g_p \ (: T_p M$ の内積$)$ は，M の向きを与える C^∞ アトラスに属する任意のチャート $\psi : (M \supset)V \to U(\subset \mathbb{R}^2)$ に対して，$g_{ij} \in C^\infty(U)$ をもちいて，$g|_U = g_{11}(du^1)^2 + 2g_{12}du^1 du^2 + g_{22}(du^2)^2$ とかける (定義 22.4)．

（4） $h : M \ni p \mapsto h_p \ (: T_p M$ 上の双線型形式$)$ は，M の向きを与える C^∞ アトラスに属する任意のチャート $\psi : (M \supset)V \to U(\subset \mathbb{R}^2)$ に対して，$h_{ij} \in C^\infty(U)$ をもちいて，$h|_U = h_{11}(du^1)^2 + 2h_{12}du^1 du^2 + h_{22}(du^2)^2$ とかける (定義 22.7)．

（5） g, h は Gauss-Codazzi の方程式をみたす．すなわち，M の向きを与える C^∞ アトラスに属する任意のチャートに対して，(g_{ij}) と (h_{ij}) が Gauss-Codazzi の方程式 (13.4) をみたす (命題 13.3)． □

定義 24.2 位相多様体とその C^∞ アトラスの組を可微分多様体とよぶ．復習 24.1(3) をみたす g を可微分多様体 M の Riemann 計量とよぶ．Riemann 計量が与えられた可微分多様体を **Riemann 多様体**とよび，(M, g) のように組であらわす．さらに，考えている C^∞ アトラスが向きを与えるものである

とき，それを向きづけられた Riemann 多様体とよぶ． □

今までやってきたことは，曲面 $S = \phi(M) \subset \mathbb{R}^3$ に対して，はめ込み $\phi : M \to \mathbb{R}^3$ を用いてEuclid 空間から M に Riemann 多様体の構造を誘導したといってもよい．2 つの曲面が同じ第 1 基本形式をもつとき，これらの曲面は**等長的**であるというが，これは 2 つの曲面から誘導される Riemann 多様体が同じことをさすと定式化できる．

Riemann 幾何学のアイディアの一つは，曲面の幾何学を展開するのに，ϕ からはじめなくても g からはじめることが可能であると主張したことである．Gauss の Theorema Egreguim (定理 14.7) がその先駆けになっていることを再び注意しておこう．

このような立場で，(M,g) から定まる性質や量を内在的，ϕ を用いなくては定まらないものを外在的とよぶ．内在的な性質がどのくらい外在的な性質に影響を与えるかという問題は非常に興味深い．いいかえれば，(1) 曲面の Riemann 多様体としての構造から Euclid 空間内での形がどのくらい決まるのか，(2) そもそもあたえられた Riemann 多様体を実現する形があるのか，は重要なテーマとして深く研究されてきたし現在もされている．

我々はすでに，2 つの正規曲面でその形は違っても等長的であるものの例を知っている．平面と柱面 (例 10.5) などを思い出すとよい ((10.12) も)．つぎの定理は，球面にはそのようなことが起きないことを主張している (球面の剛性という)．

定理 24.3 (H. Liebmann, 1899 年) 球面と等長的な正規閉曲面は球面と Euclid 合同である．実際，正規閉曲面は Gauss 曲率が一定値 K_0 ならば，$K_0 > 0$ で，半径 $K_0^{-\frac{1}{2}}$ の球面と Euclid 合同である．

証明の方針 * まず，命題 23.8 より $K_0 > 0$ であることに注意する．

正規閉曲面 $S = \phi(M)$ の主曲率 λ_1, λ_2 (型作用素の固有値) は M 上の連続関数で，主曲率がいたるところ一致するとき，S を全臍的とよんだ (定義 11.8)．S が全臍的ならば，主曲率 $\lambda_1 = \lambda_2 =: \lambda$ は 0 でない定数関数で，S は 半径 $|\lambda|^{-1}$ の球面に含まれる (命題 11.9)．

以下, S が全臍的でないとして矛盾を導くアイディアを説明しよう. $\lambda_1\lambda_2 = K_0 > 0$ より $\lambda_1(p)$ が最大値, $\lambda_2(p)$ が最小値となるような点 $p \in M$ が存在する (必要なら番号を付け替えよ). 一方, Codazzi の方程式 (13.2) から導かれる λ_j に関する微分方程式を用いて, 一般に $p \in M$ が λ_1 の極大点, λ_2 の極小点をとるならば, $K(p) \leqq 0$ であることが証明できる (詳細は [1, p.602] を参照). □

定理には M のコンパクト性を用いていて, 大域的な主張であることに注意する. つぎに曲面論の基本定理 (定理 12.1 と系 13.6) を書き直した後, このテーマに関する古典的な定理をいくつか紹介しよう.

定理 24.4 (曲面論の基本定理, O. Bonnet, 1867 年) (1) $S = \phi(M)$, $\widetilde{S} = \widetilde{\phi}(\widetilde{M}) \subset \mathbb{R}^3$ を有向曲面とする. これらが等長的でかつ第 2 基本形式が等しければ, これらは Euclid 合同である. すなわち, $(M, g), (\widetilde{M}, \widetilde{g})$ を $S, \widetilde{S}$ から誘導される Riemann 多様体とし, $h, \widetilde{h}$ をそれぞれの第 2 基本形式とする. $(M, g) = (\widetilde{M}, \widetilde{g})$ かつ $h = \widetilde{h}$ ならば, ある Euclid 変換 $\Phi : \mathbb{R}^3 \to \mathbb{R}^3$ が存在して $\widetilde{\phi} = \Phi \circ \phi$ とかける.

(2) 向きづけられた 2 次元 Riemann 多様体 (M, g) と復習 24.1(4) をみたす h が与えられたとする. M が単連結かつ g, h が Gauss-Codazzi の方程式 (復習 24.1(5)) をみたせば, g を第 1 基本形式, h を第 2 基本形式とする有向曲面 $S = \phi(M)$ が Euclid 空間 $\mathbb{R}^3$ に存在する. □

上では可積分条件 (Gauss-Codazzi の方程式) は各チャートを用いて書かれているが, もっとすっきりした記法を本書の最後に触れることになるだろう.

定理 24.5 (S. Cohn-Vossen, 1927 年, G. Herglotz, 1943 年)[*] 正の Gauss 曲率をもつ 2 つの等長的な閉曲面は Euclid 合同である. すなわち, Gauss 曲率がいたるところ正であるコンパクトな 2 次元 Riemann 多様体の Euclid 空間 $\mathbb{R}^3$ への実現は Euclid 変換を除いて一意的である. □

定理 23.7 より, 正の Gauss 曲率をもつコンパクトな 2 次元 Riemann 多様体の Euclid 空間 $\mathbb{R}^3$ への実現は, あるとしたら卵形面である. Cohn-Vossen

の定理の主張を卵形面の剛性という．Liebmann の定理は，Cohn-Vossen の定理の特別な場合と解釈できる．証明はたとえば [7, V, p.280] をみよ．曲面論の基本定理から，条件をみたす等長的な 2 つの閉曲面についてそれらの第 2 基本形式が一致することを示せばよい．Minkowski の積分公式とよばれるものを用いてこれを導く．

この定理が一意性に関する結果であるのに対して，存在に関する定理としてはたとえばつぎが知られている．

定理 24.6 (E. Cartan, 1927 年) U を $\mathbb{R}^2$ の単連結領域とし，$g_{11}, g_{12} = g_{21}, g_{22} \in C^\omega(U)$ が U 上の Riemann 計量を与えるとき，それを第 1 基本量の成分とする曲面のパラメータ表示 $\varphi: U \to \mathbb{R}^3$ が存在する．すなわち，実解析的な 2 次元 Riemann 多様体は局所的に 3 次元 Euclid 空間に実現できる．
□

L. Schläfli (1871 年) や M. Janet (1926 年) など本来は多くの人名を挙げなくてはならないのは他の定理と同様である．詳細は [7, V, p.216] 等を参照していただきたい．証明には，Cauchy-Kowalewski の定理が用いられる．定理の滑らかさの仮定を弱める研究，一般の次元に対する研究は現在も進行中である．

定理 24.7 (H. Weyl, 1916 年, L. Nirenberg, 1953 年) (M, g) を球面 S^2 と同相な 2 次元 Riemann 多様体とし，Gauss 曲率がいたるところ正であると仮定する．このとき，$\phi: M \to \mathbb{R}^3$ が存在して，g を第 1 基本形式とする有向曲面 $S = \phi(M)$ として Euclid 空間 $\mathbb{R}^3$ に実現できる． □

定理 24.6 と異なり，大域的に実現できるかがポイントである．Monge-Ampère 方程式とよばれる偏微分方程式の解析を用いて証明された．その後，このような Riemann 多様体の Euclid 空間への実現問題には，有名な J. Nash や M. Gromov 等多くの研究がある．

定理 24.8 (D. Hilbert, 1901 年, E. Holmgren, 1902 年) Riemann

多様体 $\left(H^2 := \{ \begin{bmatrix} u^1 \\ u^2 \end{bmatrix} \in \mathbb{R}^2 \mid u^2 > 0 \},\ g := (u^2)^{-2}((du^1)^2 + (du^2)^2) \right)$ は，Euclid 空間 $\mathbb{R}^3$ に実現できない．すなわち，g が第 1 基本形式となる曲面 $\phi(H^2)$ を実現する $\phi\colon H^2 \to \mathbb{R}^3$ は存在しない． □

定理の 2 次元 Riemann 多様体は，注意 14.11 より Gauss 曲率が一定値 -1 をもつ (さらに練習 15.11 では測地線を求めている)．この Riemann 多様体を**双曲平面**あるいは Poincaré の上半平面とよび，とくにこの Riemann 計量を Poincaré 計量とよぶことがある．この定理も，H^2 の一部ではなく，全体が実現できるかを問題にしていることに注意する．

双曲平面の場合は一枚のチャートで覆われているのでわかりやすいが，一般の場合はそう簡単ではない．Riemann 多様体は，Riemann 計量を用いて曲線に対して長さの概念が定まり，そこから距離空間の構造が定義できる．Hilbert の定理は，距離空間として完備な 2 次元 Riemann 多様体は Gauss 曲率が負で一定ならば 3 次元 Euclid 空間には実現できないと言い換えることができる．

この定理は様々な形に拡張されているが，関係した未解決の問題も多い．たとえば，H^2 が 4 次元 Euclid 空間に実現できるかはまだ解答が得られていない．

練習 24.9 例 14.9 によって，(H^2, g) の一部が 3 次元 Euclid 空間に実現されていることを確かめ，その実現されている範囲を求めよ． □

付録 A
中心アファイン微分幾何学

A.1 平面曲線論

今までの話に一区切りをつけて，今回から中心アファイン微分幾何学の初歩を紹介する．今までは外界の $\mathbb{R}^3$ を Euclid 空間と認識していたが，これはたんにベクトル空間と認識する幾何学である．

定義 A.1 $\mathbb{R}^n$ の線型変換で逆変換をもつものを中心アファイン変換とよぶ．すなわち，$\Phi : \mathbb{R}^n \to \mathbb{R}^n$ が**中心アファイン変換**であるとは，ある $A \in GL(n;\mathbb{R})$ が存在して，任意の $x \in \mathbb{R}^n$ に対して，

$$\Phi(x) = Ax$$

とあらわせることをいう． □

正則線型変換という言葉を使えばよいものの，ここでは歴史的な背景から中心アファイン変換という言葉を用いることにする．アファイン変換でうつりあうものを同じものとみなす幾何学をアファイン幾何学とよぶが，その特別な場合として研究が進められたためである．「アファイン」はアフィン (affine) の英語風の発音で，affinity というのは類似性，親近性をさす．Euler により導入された用語らしい．Euclid 空間内の曲線や曲面について，Euclid 変換に関する不変量を構成したように，曲線と曲面について中心アファイン不変量を構成したい．今回は平面曲線について解説する．

定義 A.2 $I \subset \mathbb{R}$ を区間とし，C^∞ 写像 $\varphi : I \to \mathbb{R}^2$ が，**中心アファイン曲線のパラメータ表示**であるとは，任意の $t \in I$ に対して，

$$\det(\varphi(t)\,\frac{d\varphi}{dt}(t)) \neq 0$$

がなりたつことをいう. □

まず,この定義が中心アファイン幾何学として意味があることに注意する.すなわち,$A \in GL(2;\mathbb{R})$ に対して,$\widetilde{\varphi} := A\varphi$ とおくとき,$\varphi : I \to \mathbb{R}^2$ が中心アファイン曲線のパラメータ表示であることと,$\widetilde{\varphi} : I \to \mathbb{R}^2$ が中心アファイン曲線のパラメータ表示であることとは同値である. 実際,$\det\left(\widetilde{\varphi}(t)\,\frac{d\widetilde{\varphi}}{dt}(t)\right) = \det A \det\left(\varphi(t)\,\frac{d\varphi}{dt}(t)\right)$ と $\det A \neq 0$ に注意すればよい.

以下,いちいち断らないが,つねにこのような注意が必要である.

定義 A.3 (1) 中心アファイン曲線のパラメータ表示 $\varphi : I \to \mathbb{R}^2$ に対して,

$$\varepsilon(t) := \frac{\det\left(\dfrac{d\varphi}{dt}(t)\ \dfrac{d^2\varphi}{dt^2}(t)\right)}{\det\left(\varphi(t)\ \dfrac{d\varphi}{dt}(t)\right)}$$

とおく. 中心アファイン曲線のパラメータ表示 $\varphi : I \to \mathbb{R}^2$ が**非退化**であるとは,任意の $t \in I$ に対して,$\varepsilon(t) \neq 0$ となることをいう.

(2) 非退化な中心アファイン曲線のパラメータ表示 $\varphi : I \to \mathbb{R}^2$ が**中心アファイン曲線の中心アファイン弧長パラメータ表示**であるとは,任意の $t \in I$ に対して,

$$\varepsilon(t) = \pm 1$$

がなりたつことをいう. このとき,$\varepsilon \in \{\pm 1\}$ を φ の**符号**という.

(3) このとき,$F := \left(\varphi\ \dfrac{d\varphi}{ds}\right) : I \to GL(2;\mathbb{R})$ を φ の**中心アファイン標構**という. □

例 A.4 ベクトル $a \neq 0, b \in \mathbb{R}^2$ に対して,$\varphi(t) = ta + b$ とおくと,a, b が一次従属のとき,φ の像は原点を通る直線で,φ は中心アファイン曲線のパラメータ表示ではない. 一次独立のとき,φ の像は原点を通らない直線で,φ は中心アファイン曲線のパラメータ表示ではあるが,非退化ではない. □

補題 A.5 非退化な中心アファイン曲線のパラメータ表示 $\widetilde{\varphi} : \widetilde{I} \to \mathbb{R}^2$ が与えられたとき, $\dfrac{d\xi}{ds}(s) > 0$ をみたすある C^∞ 同相写像 $\xi : I \to \widetilde{I}$ が存在して, $\varphi := \widetilde{\varphi} \circ \xi : I \to \mathbb{R}^2$ が中心アファイン曲線の中心アファイン弧長パラメータ表示であるようにできる.

証明 $\widetilde{\varphi} : \widetilde{I} := [a, b] \to \mathbb{R}^2$ に対して,

$$s_a(t) := \int_a^t \left| \frac{\det\left(\dfrac{d\widetilde{\varphi}}{d\tau}(\tau) \ \dfrac{d^2\widetilde{\varphi}}{d\tau^2}(\tau) \right)}{\det\left(\widetilde{\varphi}(\tau) \ \dfrac{d\widetilde{\varphi}}{d\tau}(\tau) \right)} \right|^{\frac{1}{2}} d\tau$$

とおく (中心アファイン弧長関数). $L := s_a(b)$ とかくと, 非退化条件から s_a は滑らかな逆関数 $\xi : [0, L] \to [a, b]$ をもつ. それが求めるものであることが確かめられる. □

補題 A.6 中心アファイン曲線の中心アファイン弧長パラメータ表示 $\varphi : I \to \mathbb{R}^2$ に対して, $\varepsilon \in \{\pm 1\}$ を符号, $F : I \to GL(2; \mathbb{R})$ を中心アファイン標構とする. $\Omega : I \to M_2(\mathbb{R})$ を

$$\frac{dF}{ds}(s) = F(s)\Omega(s), \quad \forall s \in I \tag{A.1}$$

で定まる写像とすると, $\Omega(s)$ はつぎの形をした 2×2 行列である.

$$\Omega(s) = \begin{bmatrix} 0 & -\varepsilon \\ 1 & \kappa(s) \end{bmatrix}.$$

このとき, 関数 $\kappa \in C^\infty(I)$ はつぎで与えられる.

$$\kappa(s) = \frac{\det\left(\varphi(s) \ \dfrac{d^2\varphi}{ds^2}(s) \right)}{\det\left(\varphi(s) \ \dfrac{d\varphi}{ds}(s) \right)}.$$

この κ を φ の**中心アファイン曲率**という.

証明 $(\varphi'\ \varphi'') = (\varphi\ \varphi') \begin{bmatrix} \Omega_1^1 & \Omega_2^1 \\ \Omega_1^2 & \Omega_2^2 \end{bmatrix}$ より, $\Omega_1^1 = 0, \Omega_1^2 = 1$ は容易にわかる. $\Omega_2^1 = -\varepsilon$ はつぎの通り：

$$\varepsilon = \frac{\det(\varphi'\ \varphi'')}{\det(\varphi\ \varphi')} = \frac{\det(\varphi'\ \Omega_2^1\varphi + \Omega_2^2\varphi')}{\det(\varphi\ \varphi')} = \frac{\Omega_2^1 \det(\varphi'\ \varphi)}{\det(\varphi\ \varphi')} = -\Omega_2^1.$$

後半も同様にしてわかる. □

(A.1) を書きなおすと, 同次 2 階線型常微分方程式

$$\varphi''(s) - \kappa(s)\varphi'(s) + \varepsilon\varphi(s) = 0 \tag{A.2}$$

となることに注意しておく.

曲線論の基本定理 (定理 4.1, 定理 4.3) をこの設定で書きなおすと次のようになる. 証明は Euclid 微分幾何学での場合と同様にできる.

定理 A.7 （1） $\varphi : I \to \mathbb{R}^2, \widetilde{\varphi} : I \to \mathbb{R}^2$ を中心アファイン曲線の中心アファイン弧長パラメータ表示, $\varepsilon, \widetilde{\varepsilon} \in \{\pm 1\}$ をそれぞれの符号, $\kappa, \widetilde{\kappa} \in C^\infty(I)$ をそれぞれの中心アファイン曲率とする. $\widetilde{\varepsilon} = \varepsilon$ かつ任意の $s \in I$ に対して $\widetilde{\kappa}(s) = \kappa(s)$ ならば, ある中心アファイン変換 $\Phi : \mathbb{R}^2 \to \mathbb{R}^2$ が存在して, $\widetilde{\varphi} = \Phi \circ \varphi$ とかける.

（2） $\varepsilon \in \{\pm 1\}$ と区間 I で定義された C^∞ 関数 κ が与えられたとする. このとき, ε を符号, κ を中心アファイン曲率とする中心アファイン曲線の中心アファイン弧長パラメータ表示 $\varphi : I \to \mathbb{R}^2$ が存在する. □

例 A.8 $\det(p\ q) > 0$ をみたす $p, q \in \mathbb{R}^2$ が与えられたとする. 中心アファイン曲線の中心アファイン弧長パラメータ表示 $\varphi : I \to \mathbb{R}^2$ で, $\varphi(0) = p, \dfrac{d\varphi}{ds}(0) = q$ かつ中心アファイン曲率が恒等的に 0 となるものは,

（1） $\varepsilon = +1$ のとき, 原点を中心とする楕円 $\varphi(s) = (\cos s)p + (\sin s)q$,

（2） $\varepsilon = -1$ のとき, 原点を中心とする双曲線 $\varphi(s) = (\cosh s)p + (\sinh s)q$ で与えられる. □

これを得るためには，(A.2) を $\kappa = 0$ として解けばよいが，これは容易であろう．また，もっとなじみの形にしたければ，これらのパラメータ表示を中心アファイン変換 $\Phi(x) := (p\ q)^{-1}x$ と合成すればよい．(1) $\Phi \circ \varphi(s) = {}^t(\cos s, \sin s)$，(2) $\Phi \circ \varphi(s) = {}^t(\cosh s, \sinh s)$ となる．

曲率が恒等的に 0 であるとは曲がっていないことを意味する．Euclid 幾何学においては直線が「曲がっていない曲線」であったが，我々はそれを除外している (例 A.4) ので，この中心アファイン幾何学では上の 2 つがこの役割を担わなければならない．

練習 A.9 定数係数の 2 階線型常微分方程式 (A.2) を解くことによって，中心アファイン曲線の中心アファイン弧長パラメータ表示 $\varphi : I \to \mathbb{R}^2$ で中心アファイン曲率 κ が一定なるものを決定せよ．さらに，$\kappa(s) = s$ なるものを決定せよ． □

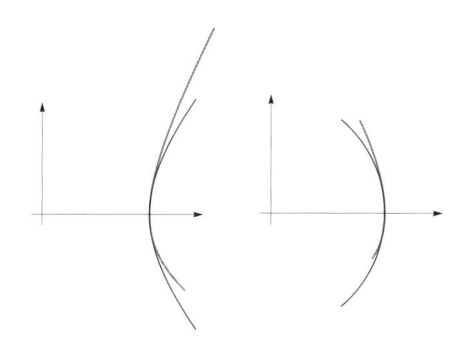

図 **A.1** 左 $\varepsilon = -1, \kappa = 0{,}1$，右 $\varepsilon = +1, \kappa = 0{,}1$

A.2 Tzitzeica 曲面

前回に引き続き，ベクトル空間内の微分幾何学を紹介する．今回は曲面に進もう．F. Klein のアイディアを受けて，20 世紀初頭 G. Tzitzeica (Tzitzéica, Titeica, Ţiţeica などとも綴られる) は，我々がすでに学んだ Euclid 微分幾何学的な量を用いて，中心アファイン変換に関する不変量を構成する仕事をした．

ここではふたたび，第 16 章以前の記法に戻ることにする．それ以降の内容と独立して読めるし，第 21 章以降を学んでいるとしたら，本章の内容を書き換えるのはよい練習問題になるだろう．

記号 A.10　U を $\mathbb{R}^2$ の領域とし，その変数 u^i での偏微分を ∂_i と略記する．$\varphi : U \to \mathbb{R}^3$ を曲面のパラメータ表示とし，$n : U \to S^2 \subset \mathbb{R}^3$ を φ の単位法ベクトル場，$\mathrm{I} = (g_{ij}), \mathrm{II} = (h_{ij}), \{\Gamma_{ij}^k\}$ を φ の第 1，第 2 基本量，Christoffel 記号とする：

$$\partial_i \partial_j \varphi = \sum_k \Gamma_{ij}^k \partial_k \varphi + h_{ij} n, \quad g_{ij} = \langle \partial_i \varphi, \partial_j \varphi \rangle.$$

$K \in C^\infty(U)$ で φ の Gauss 曲率をあらわす．C^∞ 関数 $\rho := \langle \varphi, n \rangle$ を原点に関する φ の **Euclid 支持関数** とよぶ．$\rho(u)$ は原点と平面 $\mathcal{T}_{\varphi(u)}\varphi(U)$ との符号つき距離をあらわす．空間をその平面で分割したとき $n(u)$ がさす側に原点があるときが負の値になる． □

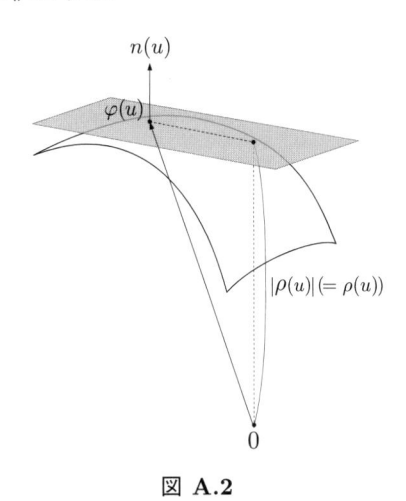

図 A.2

注意 A.11　$\rho(u) \neq 0$ と $\{\partial_1 \varphi(u), \partial_2 \varphi(u), \varphi(u)\}$ が一次独立であることは同値である．

実際，$\rho = \langle |\partial_1 \varphi \times \partial_2 \varphi|^{-1} \partial_1 \varphi \times \partial_2 \varphi, \varphi \rangle = |\partial_1 \varphi \times \partial_2 \varphi|^{-1} \det(\partial_1 \varphi\ \partial_2 \varphi\ \varphi)$ よりすぐにわかる． □

定理 A.12 (G. Tzitzeica, 1908 年) $\varphi : U \to \mathbb{R}^3$ を曲面のパラメータ表示とし，その Gauss 曲率 K，原点に関する Euclid 支持関数 ρ は 0 にはならないと仮定する．このとき，$K\rho^{-4}$ が定数関数であるという性質は中心アファイン変換に関して不変である．すなわち，$\Phi : \mathbb{R}^3 \to \mathbb{R}^3$ を中心アファイン変換とし，$\widetilde{\varphi} := \Phi \circ \varphi : U \to \mathbb{R}^3$ の Gauss 曲率を $\widetilde{K}$，原点に関する Euclid 支持関数を $\widetilde{\rho}$ とすると，$K\rho^{-4}$ が定数であることと $\widetilde{K}\widetilde{\rho}^{-4}$ が定数であることとは同値である． □

もしも $K\rho^{-4}$ が中心アファイン不変量でかければ定理を証明できる．より正確にいえば，$\log|K\rho^{-4}|$ の微分を中心アファイン不変量であらわすことができれば十分である．中心アファイン幾何学として曲面論の設定をしてゆこう．

定義 A.13 (1) $\varphi : U \to \mathbb{R}^3$ が**中心アファイン曲面のパラメータ表示**であるとは，任意の $u \in U$ に対して，$\{\partial_1\varphi(u), \partial_2\varphi(u), \varphi(u)\}$ が一次独立であることをいう．

(2) 中心アファイン曲面のパラメータ表示 φ に対して，つぎで $\left\{{i \atop j\,k}\right\}, \alpha_{ij} \in C^\infty(U)$ を定義する ($i, j, k = 1, 2$).

$$\partial_i \partial_j \varphi(u) = \left\{{1 \atop i\,j}\right\}(u) \partial_1 \varphi(u) + \left\{{2 \atop i\,j}\right\}(u) \partial_2 \varphi(u) + \alpha_{ij}(u) \varphi(u). \quad (A.3)$$

(3) 中心アファイン曲面のパラメータ表示 φ が**非退化**であるとは，任意の $u \in U$ に対して 行列 $\alpha(u) := \begin{bmatrix} \alpha_{11}(u) & \alpha_{12}(u) \\ \alpha_{21}(u) & \alpha_{22}(u) \end{bmatrix}$ が正則となることをいう． □

Euclid 空間の場合 (定義 10.1) と同様，式 (A.3) で $\left\{{i \atop j\,k}\right\}, \alpha_{ij}$ が定まることに注意する．(A.3) は，Euclid 微分幾何学における Gauss の公式に相当している．この場合は Weingarten の公式に相当するものは存在しない．

$\alpha(u)$ は Euclid 微分幾何学における第 2 基本量に相当する 2×2 行列である．これを φ の u における**中心アファイン基本量**とよぶ．また，$\{\left\{{i \atop j\,k}\right\}(u)\}$ を φ の u における**中心アファイン Christoffel 記号**とよぶ．

さらに,第 22 章と同様に $\alpha = \alpha_{11}(du^1)^2 + 2\alpha_{12}du^1 du^2 + \alpha_{22}(du^2)^2$ と理解し,これを φ の **中心アファイン基本形式** とよぶ.中心アファイン基本量と同じ記号を用いてももはや問題あるまい.

注意 A.14 $\left\{{}^{\ i}_{j\,k}\right\}, \alpha_{ij}$ は中心アファイン変換に関して不変である.すなわち,$A \in GL(3;\mathbb{R})$ に対して $\widetilde{\varphi}(u) = A\varphi(u)$ とすると,$\widetilde{\varphi}$ は中心アファイン曲面のパラメータ表示で,これに対して同様に定めたものを $\widetilde{\left\{{}^{\ i}_{j\,k}\right\}}, \widetilde{\alpha}_{ij}$ とかくと,$\widetilde{\left\{{}^{\ i}_{j\,k}\right\}} = \left\{{}^{\ i}_{j\,k}\right\}, \quad \widetilde{\alpha}_{ij} = \alpha_{ij}$ がなりたつ.

実際,$\widetilde{\varphi}$ が中心アファイン曲面のパラメータ表示になることは $\det(\partial_1\widetilde{\varphi}\ \partial_2\widetilde{\varphi}\ \widetilde{\varphi}) = \det A \det(\partial_1\varphi\ \partial_2\varphi\ \varphi)$ からわかる.また,後半は

$$0 = \partial_i\partial_j\widetilde{\varphi} - [\sum_k \widetilde{\left\{{}^{\ k}_{i\,j}\right\}}\partial_k\widetilde{\varphi} + \widetilde{\alpha}_{ij}\widetilde{\varphi}] = \cdots$$
$$= A[\sum_k (\left\{{}^{\ k}_{i\,j}\right\} - \widetilde{\left\{{}^{\ k}_{i\,j}\right\}})\partial_k\varphi + (\alpha_{ij} - \widetilde{\alpha}_{ij})\varphi]$$

からわかる. □

以後,中心アファイン不変量 $\left\{{}^{\ i}_{j\,k}\right\}, \alpha_{ij}$ と Euclid 不変量の関係を調べてゆく.

補題 A.15 上の設定で,$K \neq 0$ なる点で

$$n(u) = \sum_{i,j} h^{ij}(u)(\partial_j \log|\rho|)(u)\partial_i\varphi(u) + \rho(u)^{-1}\varphi(u) \tag{A.4}$$

がなりたつ.

証明 $\varphi = a^1\partial_1\varphi + a^2\partial_2\varphi + bn$ とおくとき,

$$b = \rho, \qquad a^i = -\sum_j h^{ij}\partial_j\rho\ (i=1,2)$$

を示せばよい.第 1 式は ρ の定義からただちに得られる.第 2 式はつぎのとおり.

$$\partial_j\rho = \langle\partial_j\varphi, n\rangle + \langle\varphi, \partial_j n\rangle = \langle\varphi, \partial_j n\rangle = \langle\sum_l a^l\partial_l\varphi + \rho n, -\sum_{k,i} g^{ki}h_{ij}\partial_k\varphi\rangle$$

$$= -\sum_{l,k,i} a^l g^{ki} h_{ij} \langle \partial_l \varphi, \partial_k \varphi \rangle = -\sum_{l,k,i} a^l g^{ki} h_{ij} g_{lk} = -\sum_{l,i} a^l \delta^i_l h_{ij}$$
$$= -\sum_i a^i h_{ij}.$$

この両辺に $\mathrm{I\!I} = (h_{ij})$ の逆行列の (i,j) 成分 h^{ij} をかけて，j について和をとればよい．$K \neq 0$ より $\det \mathrm{I\!I} \neq 0$ となり逆行列が存在することに注意せよ．□

補題 A.16 上の設定で，$K \neq 0$ なる点で

$$\begin{Bmatrix} k \\ i\, j \end{Bmatrix}(u) = \Gamma^k_{ij}(u) + h_{ij}(u) \sum_l h^{kl}(u) \partial_l \log |\rho|(u), \tag{A.5}$$

$$\alpha_{ij}(u) = \rho(u)^{-1} h_{ij}(u) \tag{A.6}$$

がなりたつ．

証明 (A.4) を用いて Euclid 幾何学の Gauss の公式を書き換える．

$$\partial_i \partial_j \varphi = \sum_k \Gamma^k_{ij} \partial_k \varphi + h_{ij} n$$
$$= \sum_k \Gamma^k_{ij} \partial_k \varphi + h_{ij} \left\{ \sum_{k,l} h^{kl} (\partial_l \log |\rho|) \partial_k \varphi + \rho^{-1} \varphi \right\}$$
$$= \sum_k \left\{ \Gamma^k_{ij} + h_{ij} \sum_l h^{kl} (\partial_l \log |\rho|) \right\} \partial_k \varphi + \rho^{-1} h_{ij} \varphi$$

を中心アファイン幾何学の Gauss の公式 (A.3) と比較することにより，(A.5) (A.6) を得る． □

補題 A.17 上の設定で，

$$\sum_k \Gamma^k_{ik}(u) = \partial_i \log(\det \mathrm{I})^{1/2}(u), \tag{A.7}$$

$$\sum_k \begin{Bmatrix} k \\ i\, k \end{Bmatrix}(u) = \partial_i \log\{|\rho|(\det \mathrm{I})^{1/2}\}(u) \tag{A.8}$$

がなりたつ．

証明 定理 10.7 と練習 1.12 を用いて，

$$\sum_k \Gamma_{ik}^k = \frac{1}{2}\sum_{k,l} g^{kl}(\partial_i g_{lk} + \partial_k g_{il} - \partial_l g_{ik}) = \frac{1}{2}\sum_{k,l} g^{kl}\partial_i g_{lk}$$
$$= \frac{1}{2}\mathrm{tr}(\mathrm{I}^{-1}\partial_i \mathrm{I}) = \frac{1}{2}\det \mathrm{I}^{-1}\partial_i \det \mathrm{I} = \frac{1}{2}\partial_i \log(\det \mathrm{I})$$

となり (A.7) を得る．(A.8) は (A.5) と (A.7) から容易に得られる． □

定理 A.12 の証明 $\partial_i \log|K\rho^{-4}|$ が中心アファイン不変量であることを示す．実際，(A.6) より

$$\log|K\rho^{-4}| = \log|\det \mathrm{I\!I}(\det \mathrm{I})^{-1}\rho^{-4}| = \log|\rho^2 \det\alpha(\det \mathrm{I})^{-1}\rho^{-4}|$$
$$= \log|\det\alpha| - 2\log|\rho(\det \mathrm{I})^{1/2}|$$

となるから，(A.8) より

$$\partial_i \log|K\rho^{-4}| = \partial_i \log|\det\alpha| - 2\sum_k \begin{Bmatrix} k \\ i\,k \end{Bmatrix}$$

を得る．右辺は中心アファイン不変量で書かれている．とくに，$\partial_i \log|K\rho^{-4}| = 0$ は中心アファイン変換で不変な性質である．これで定理が証明できた． □

Tzitzeica 自身はこのような性質をもつ曲面のパラメータ表示を S 曲面とよんだらしいが，我々は彼の研究にちなみ，定理で扱った性質をもつ曲面のことを Tzitzeica 曲面とよぶことにする．中心アファイン不変量を用いて定義しておくと，つぎのようになる．

定義 A.18 非退化な中心アファイン曲面のパラメータ表示 $\varphi : U \to \mathbb{R}^3$ が **Tzitzeica** 曲面のパラメータ表示であるとは，

$$\partial_i \log|\det\alpha|(u) - 2\sum_k \begin{Bmatrix} k \\ i\,k \end{Bmatrix}(u) = 0, \quad i = 1, 2 \quad (\mathrm{A.9})$$

がなりたつことをいう． □

なお，ここでは深入りしないが，Tzitzeica 曲面は原点中心の固有アファイン球面とよばれるものと同じものである．Tzitzeica 曲面はどんなものか，典型的な例をあげておく．

例 A.19 (1) 球面のパラメータ表示 (たとえば (10.4)) は, Gauss 曲率が一定 $K = r^{-2}$ かつ原点からの Euclid 支持関数が定数 $\rho = -r$ であるから, Tzitzeica 曲面のパラメータ表示である.

楕円面のパラメータ表示

$$\varphi(u^1, u^2) = \begin{bmatrix} a\cos u^1 \cos u^2 \\ b\cos u^1 \sin u^2 \\ c\sin u^1 \end{bmatrix} \quad (abc \neq 0) \tag{A.10}$$

は, Gauss 曲率, 原点からの Euclid 支持関数はともに一定ではない. しかし, これは球面から中心アファイン変換で得られるので, (10.4) と同様な中心アファイン幾何学的な性質をもつはずである. ゆえにこれは Tzitzeica 曲面のパラメータ表示である.

(2) Euclid 微分幾何学ではあまり顧みられなかったつぎの簡単な式で与えられる曲面のパラメータ表示は, Tzitzeica 曲面のパラメータ表示として中心アファイン幾何学的対象として重要である. 、

$$\varphi(u^1, u^2) = \begin{bmatrix} u^1 \\ u^2 \\ (u^1 u^2)^{-1} \end{bmatrix}. \tag{A.11}$$

$$\varphi(u^1, u^2) = \begin{bmatrix} u^1 \\ u^2 \\ \{(u^1)^2 + (u^2)^2\}^{-1} \end{bmatrix}. \tag{A.12}$$

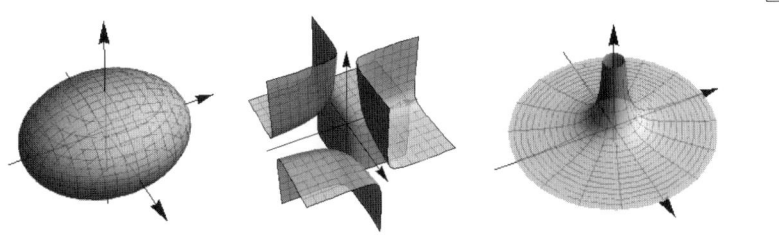

□

図 A.3 左 : (A.10), 中 : (A.11), 右 : (A.12)

A.3 曲面論

第 12 章で扱った曲面論の基本定理について，ベクトル空間内の微分幾何学版を定式化しよう．さらに後半は，前回紹介した Tzitzeica 曲面をあらわす微分方程式を記述する．

記号 A.20 $\varphi : U \to \mathbb{R}^3$ を非退化な中心アファイン曲面のパラメータ表示とする．

$$\partial_i \partial_j \varphi(u) = \begin{Bmatrix} 1 \\ i\,j \end{Bmatrix}(u) \partial_1 \varphi(u) + \begin{Bmatrix} 2 \\ i\,j \end{Bmatrix}(u) \partial_2 \varphi(u) + \alpha_{ij}(u) \varphi(u)$$

で定まった 中心アファイン Christoffel 記号 $\begin{Bmatrix} k \\ i\,j \end{Bmatrix}$，中心アファイン基本量 α_{ij} に対して，

$R^i{}_{jkl}(u) :=$

$$\partial_k \begin{Bmatrix} i \\ j\,l \end{Bmatrix}(u) - \partial_l \begin{Bmatrix} i \\ j\,k \end{Bmatrix}(u) + \sum_{h=1}^{2} \left(\begin{Bmatrix} h \\ j\,l \end{Bmatrix}(u) \begin{Bmatrix} i \\ h\,k \end{Bmatrix}(u) - \begin{Bmatrix} h \\ j\,k \end{Bmatrix}(u) \begin{Bmatrix} i \\ h\,l \end{Bmatrix}(u) \right),$$

$$\alpha_{ij,k}(u) := \partial_k \alpha_{ij}(u) - \sum_{l=1}^{2} \alpha_{lj}(u) \begin{Bmatrix} l \\ i\,k \end{Bmatrix}(u) - \sum_{l=1}^{2} \alpha_{il}(u) \begin{Bmatrix} l \\ j\,k \end{Bmatrix}(u)$$

とおく (定義 13.1 参照)． □

補題 A.21 中心アファイン曲面のパラメータ表示 $\varphi : U \to \mathbb{R}^3$ に対して，

$$R^i{}_{jkl}(u) = -\alpha_{jl}(u) \delta^i_k + \alpha_{jk}(u) \delta^i_l \tag{A.13}$$

および

$$\alpha_{ij,k}(u) = \alpha_{ik,j}(u) \tag{A.14}$$

がなりたつ．ここで，$i, j, k, l = 1, 2$ かつ $u \in U$ で，δ^i_j は Kronecker のデルタ記号をあらわす． □

第 12 章と同様に，(A.13) を Gauss の方程式，(A.14) を Codazzi の方程式とよぶ．

証明は，
$$0 = \partial_k \partial_l \partial_j \varphi - \partial_l \partial_k \partial_j \varphi$$
$$= \cdots = \sum_i \{R^i{}_{jkl} + \alpha_{jl}\delta^i_k - \alpha_{jk}\delta^i_l\}\partial_i \varphi + \{\alpha_{jl,k} - \alpha_{jk,l}\}\varphi$$

から導かれる．もちろん，第 12 章を参考にして，標構 $F: U \to GL(3; \mathbb{R})$ を上手に設定してから，(12.3) を用いることによっても，同等の結果が得られる．

補題 A.22 上の設定で，
$$R_{ij}(u) := \sum_{k=1}^{2} R^k{}_{jki}(u)$$
とおくと
$$\alpha_{ij}(u) = -R_{ij}(u)$$
がなりたつ．とくに，中心アファイン基本量は中心アファイン Christoffel 記号とその 1 階微分係数を用いてあらわせる．

証明 Gauss の方程式 (A.13) において，$i = k = p$ として和をとると，$-\sum_p R^p{}_{jpl} = \sum_p (\alpha_{jl}\delta^p_p - \alpha_{jp}\delta^p_l) = 2\alpha_{jl} - \alpha_{jl} = \alpha_{jl}$ を得る． □

これにより，中心アファイン曲面のパラメータ表示から導かれる本質的な量は中心アファイン Christoffel 記号であることがわかる．たとえば，φ が Tzitzeica 曲面のパラメータ表示であることは，(A.9) に代入して，$\{{}^{k}_{ij}\}$ が

$$\partial_l \log|\det(R_{ij}(u))| - 2\sum_k \begin{Bmatrix} k \\ l\,k \end{Bmatrix}(u) = 0, \quad l = 1, 2 \qquad (\text{A.15})$$

をみたすこととあらわせる．

定理 12.1 と系 13.6 の中心アファイン幾何学版はつぎのようになる．それらと同じ方針で証明ができる．

定理 A.23 (1) 中心アファイン曲面のパラメータ表示 $\varphi, \widetilde{\varphi}: U \to \mathbb{R}^3$ に対して，それぞれの中心アファイン Christoffel 記号を $\{{}^{k}_{ij}\}, \widetilde{\{{}^{k}_{ij}\}}$ とする．任

意の $u \in U$ について $\{{}^{\;k}_{ij}\}(u) = \widetilde{\{{}^{\;k}_{ij}\}}(u)$ ならば，ある中心アファイン変換 Φ: $\mathbb{R}^3 \to \mathbb{R}^3$ が存在して $\widetilde{\varphi} = \Phi \circ \varphi$ とかける．

（2） $\mathbb{R}^2$ の単連結領域 U 上与えられた C^∞ 関数の組 $\{{}^{\;k}_{ij}\}$ が下の方程式 (A.16) をみたすと仮定する．このとき，$\{{}^{\;k}_{ij}\}$ を中心アファイン Christoffel 記号とする中心アファイン曲面のパラメータ表示 $\varphi : U \to \mathbb{R}^3$ が存在する．

$$\begin{Bmatrix} k \\ i\,j \end{Bmatrix}(u) = \begin{Bmatrix} k \\ j\,i \end{Bmatrix}(u),$$

$$R_{ij}(u) = R_{ji}(u),$$

$$R_{ij,k}(u) - R_{ik,j}(u) = 0, \tag{A.16}$$

$$R_{ij,k}(u) := \partial_k R_{ij}(u) - \sum_{l=1}^{2} R_{lj}(u)\begin{Bmatrix} l \\ i\,k \end{Bmatrix}(u) - \sum_{l=1}^{2} R_{il}(u)\begin{Bmatrix} l \\ j\,k \end{Bmatrix}(u).$$
□

ここでは深入りできないが，今後のために名前だけ挙げておくと，R_{ij} は Ricci テンソル場，(A.16) は $\{{}^{\;k}_{ij}\}$ の「射影平坦性」とそれぞれ関係がある．

つぎにアファイン基本量がきれいに見える座標の場合に，Tzitzeica 曲面のパラメータ表示をあらわす方程式を書き下そう．

補題 A.24 $\varphi : U \to \mathbb{R}^3$ を非退化な中心アファイン曲面のパラメータ表示とし，中心アファイン基本量が $\alpha_{11} = \alpha_{22} = 0$ かつ $\alpha_{12} = \alpha_{21} =: \lambda > 0$ であるとする．

（1） Codazzi 方程式 (A.14) は

$$\begin{Bmatrix} 1 \\ 1\,1 \end{Bmatrix}(u) - \begin{Bmatrix} 2 \\ 1\,2 \end{Bmatrix}(u) = \lambda^{-1}(u)\partial_1 \lambda(u),$$

$$\begin{Bmatrix} 2 \\ 2\,2 \end{Bmatrix}(u) - \begin{Bmatrix} 1 \\ 2\,1 \end{Bmatrix}(u) = \lambda^{-1}(u)\partial_2 \lambda(u) \tag{A.17}$$

となる．

（2） φ がさらに Tzitzeica 曲面のパラメータ表示であるとき，(A.17) と

$$\left\{\begin{matrix}1\\1\,2\end{matrix}\right\}(u) = \left\{\begin{matrix}2\\1\,2\end{matrix}\right\}(u) = 0,$$
$$\left\{\begin{matrix}1\\1\,1\end{matrix}\right\}(u) = \lambda^{-1}(u)\partial_1\lambda(u), \quad \left\{\begin{matrix}2\\2\,2\end{matrix}\right\}(u) = \lambda^{-1}(u)\partial_2\lambda(u) \tag{A.18}$$

は同値である.

証明 (1) α_{ij} の仮定と $\alpha_{ij,k}$ の定義から,$0 = \alpha_{11,2} - \alpha_{12,1} = \cdots = -\partial_1\alpha_{12} + \alpha_{12}(\{{1 \atop 1\,1}\} - \{{2 \atop 1\,2}\})$ となる.第 2 式は $0 = \alpha_{21,2} - \alpha_{22,1}$ を計算すればよい.

(2) Tzitzeica 曲面の定義式 (A.9) に条件を代入すると,

$$\left\{\begin{matrix}1\\1\,1\end{matrix}\right\}(u) + \left\{\begin{matrix}2\\1\,2\end{matrix}\right\}(u) = \lambda^{-1}(u)\partial_1\lambda(u),$$
$$\left\{\begin{matrix}1\\2\,1\end{matrix}\right\}(u) + \left\{\begin{matrix}2\\2\,2\end{matrix}\right\}(u) = \lambda^{-1}(u)\partial_2\lambda(u)$$

となる.このとき (A.17) から (A.18) が示される. □

補題 A.25 (1) $\varphi: U \to \mathbb{R}^3$ を Tzitzeica 曲面のパラメータ表示とし,中心アファイン基本量が $\alpha_{11} = \alpha_{22} = 0$ かつ $\alpha_{12} = \alpha_{21} =: \lambda > 0$ であるとする.$a, b \in C^\infty(U)$ を

$$a(u) := \left\{\begin{matrix}2\\1\,1\end{matrix}\right\}(u)\lambda(u), \quad b(u) := \left\{\begin{matrix}1\\2\,2\end{matrix}\right\}(u)\lambda(u) \tag{A.19}$$

で定める.このとき,Gauss 方程式 (A.13) は

$$\partial_2\partial_1 \log \lambda(u) = \lambda(u) - a(u)b(u)\lambda(u)^{-2},$$
$$\partial_2 a(u) = \partial_1 b(u) = 0 \tag{A.20}$$

となる.

(2) 逆に,1 変数関数 $a = a(u^1), b = b(u^2)$ と微分方程式 (A.20)$_1$ をみたす正の関数 λ に対して,関数 $\{{k \atop i\,j}\}$ を (A.18)(A.19) をみたすように定める.このとき,$\{{k \atop i\,j}\}$ は,方程式 (A.16)(A.15) をみたす.

証明 (1) $R^i{}_{jkl}$ の定義に (A.18)(A.19) を代入すると,

$$\begin{aligned}
R^1{}_{112} - (-\alpha_{12}\delta^1_1 + \alpha_{11}\delta^1_2) &= \cdots = -\partial_2\partial_1 \log \lambda - ab\lambda^{-2} + \lambda, \\
R^1{}_{212} - (-\alpha_{22}\delta^1_1 + \alpha_{21}\delta^1_2) &= \cdots = \lambda^{-1}\partial_1 b, \\
R^2{}_{112} - (-\alpha_{12}\delta^2_1 + \alpha_{11}\delta^2_2) &= \cdots = -\lambda^{-1}\partial_2 a, \\
R^2{}_{212} - (-\alpha_{22}\delta^2_1 + \alpha_{21}\delta^2_2) &= \cdots = \partial_1\partial_2 \log \lambda + ab\lambda^{-2} - \lambda
\end{aligned}$$

となる. (2) は今までの議論を逆にたどれば証明できる. □

ここで, (A.18)(A.19) を代入した形で Gauss の公式 (A.3) を書いておこう.

$$\begin{cases}
\partial_1\partial_1\varphi(u) = \lambda(u)^{-1}\partial_1\lambda(u)\ \partial_1\varphi(u) + a(u)\lambda(u)^{-1}\ \partial_2\varphi(u), \\
\partial_1\partial_2\varphi(u) = \hspace{13em} \lambda(u)\varphi(u), \\
\partial_2\partial_2\varphi(u) = b(u)\lambda(u)^{-1}\ \partial_1\varphi(u)\ \ \ + \lambda(u)^{-1}\partial_2\lambda(u)\ \partial_2\varphi(u).
\end{cases}$$
(A.21)

補題 A.26 上の設定のもとで, 正の 1 変数関数 a, b に対して, α, β をつぎの微分方程式をみたす 1 変数関数とする.

$$\frac{d\alpha}{ds}(s) = a(\alpha(s))^{-1/3}, \quad \frac{d\beta}{ds}(s) = b(\beta(s))^{-1/3}.$$

$F: (\mathbb{R}^2 \supset)V \ni (v^1, v^2) \mapsto (\alpha(v^1), \beta(v^2)) \in U$ がパラメータ変換を与えているとき, $\psi := \varphi \circ F : V \to \mathbb{R}^3$ とし, $\mu \in C^\infty(V)$ を

$$\mu(v^1, v^2) := \lambda \circ F(v^1, v^2)\frac{d\alpha}{ds}(v^1)\frac{d\beta}{ds}(v^2)$$

とおく. このとき, (A.21) は

$$\begin{cases}
\dfrac{\partial^2\psi}{\partial v^1 \partial v^1}(v) = \mu(v)^{-1}\dfrac{\partial\mu}{\partial v^1}(v)\ \dfrac{\partial\psi}{\partial v^1}(v) + \mu(v)^{-1}\ \dfrac{\partial\psi}{\partial v^2}(v), \\
\dfrac{\partial^2\psi}{\partial v^1 \partial v^2}(v) = \hspace{13em} \mu(v)\psi(v), \\
\dfrac{\partial^2\psi}{\partial v^2 \partial v^2}(v) = \mu(v)^{-1}\ \dfrac{\partial\psi}{\partial v^1}(v)\ \ \ + \mu(v)^{-1}\dfrac{\partial\mu}{\partial v^2}(v)\ \dfrac{\partial\psi}{\partial v^2}(v)
\end{cases}$$
(A.22)

と同値である. さらに, (A.20)$_1$ は,

$$\frac{\partial^2 \log \mu}{\partial v^1 \partial v^2}(v) = \mu(v) - \mu(v)^{-2} \tag{A.23}$$

と同値である. □

今までのことをまとめると，つぎのようにいうことができる.

定理 A.27 (1) 中心アファイン基本量が各点で不定値になる Tzitzeica 曲面のパラメータ表示 φ が与えられたとき，あるパラメータ変換 F が存在して，$\psi := \varphi \circ F : V \to \mathbb{R}^3$ が Gauss の公式 (A.22) をみたす．このとき，中心アファイン基本量は $\alpha = \begin{bmatrix} 0 & \mu \\ \mu & 0 \end{bmatrix}$ とあらわし，μ は (A.23) をみたす.

(2) 逆に，$\mu \in C^\infty(V)$ が微分方程式 (A.23) をみたすとき，(A.22) をみたす Tzitzeica 曲面のパラメータ表示 $\psi : V \to \mathbb{R}^3$ が存在する． □

微分方程式 (A.23) は，Tzitzeica 方程式とよばれることがある.

$\mu(v) \equiv 1$ は (A.23) の自明な解で，それに対応する Tzitzeica 曲面のパラメータ表示は，

$$\psi(v^1, v^2) = \begin{bmatrix} 2\cos\{\frac{\sqrt{3}}{2}(v^1 - v^2)\} \exp\{-\frac{1}{2}(v^1 + v^2)\} \\ 2\sin\{\frac{\sqrt{3}}{2}(v^1 - v^2)\} \exp\{-\frac{1}{2}(v^1 + v^2)\} \\ \exp\{v^1 + v^2\} \end{bmatrix} \tag{A.24}$$

で与えられる．これは，(A.12) をパラメータ変換したものにすぎない.

例 A.28 $\mu(v^1, v^2) := 1 - \dfrac{3}{2}\left[\cosh\{\dfrac{1}{2}(v^1 + v^2)\}\right]^{-1}$ は，Tzitzeica 方程式 (A.23) の解で，それに対応する Tzitzeica 曲面のパラメータ表示は，

$\psi(v^1, v^2) =$

$$\begin{bmatrix} 2\cos\{\frac{\sqrt{3}}{2}(v^1 - v^2)\} \left[1 + \sqrt{3}\tanh\{\frac{\sqrt{3}}{2}(v^1 + v^2)\}\right] \exp\{-\frac{1}{2}(v^1 + v^2)\} \\ 2\sin\{\frac{\sqrt{3}}{2}(v^1 - v^2)\} \left[1 + \sqrt{3}\tanh\{\frac{\sqrt{3}}{2}(v^1 + v^2)\}\right] \exp\{-\frac{1}{2}(v^1 + v^2)\} \\ 2\left[2 - \sqrt{3}\tanh\{\frac{\sqrt{3}}{2}(v^1 + v^2)\}\right] \exp\{v^1 + v^2\} \end{bmatrix}$$
$$\tag{A.25}$$

で与えられる. すなわち, ψ はこの μ に対して (A.22) をみたす. ただし, ψ は 2 直線 $v^1 + v^2 = \pm 3^{-1/2} \log(2+\sqrt{3})$ 上では中心アファイン曲面のパラメータ表示になっていない. □

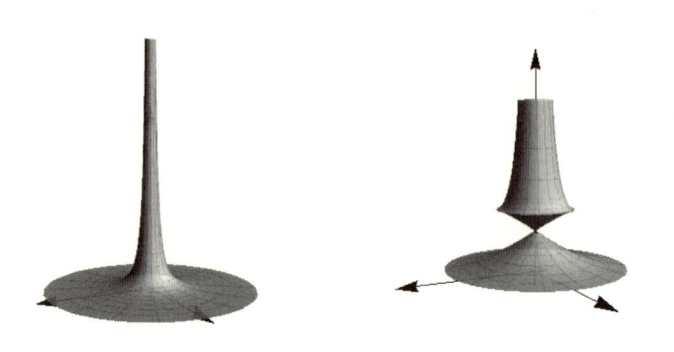

図 **A.4** 左：(A.24), 右：(A.25)

練習 A.29 $\varphi : U \to \mathbb{R}^3$ を中心アファイン基本量が各点で不定値になる中心アファイン曲面のパラメータ表示とする. $\lambda, \mu, \nu, a, b \in C^\infty(U)$ を

$$\lambda := \alpha_{12} = \alpha_{21}, \quad \alpha_{11} = \alpha_{22} = 0,$$

$$\mu := \begin{Bmatrix} 1 \\ 1\,2 \end{Bmatrix}, \ \nu := \begin{Bmatrix} 2 \\ 1\,2 \end{Bmatrix}, \ a := \begin{Bmatrix} 2 \\ 1\,1 \end{Bmatrix}\lambda, \ b := \begin{Bmatrix} 1 \\ 2\,2 \end{Bmatrix}\lambda$$

と定めると, Gauss の公式はつぎのようになる:

$$\begin{cases} \partial_1 \partial_1 \varphi = (\lambda^{-1}\partial_1 \lambda + \nu)\partial_1 \varphi + a\lambda^{-1}\partial_2 \varphi, \\ \partial_1 \partial_2 \varphi = \mu\, \partial_1 \varphi \qquad\quad + \nu\, \partial_2 \varphi \qquad\qquad + \lambda \varphi, \\ \partial_2 \partial_2 \varphi = b\lambda^{-1}\partial_1 \varphi \qquad + (\lambda^{-1}\partial_2 \lambda + \mu)\partial_2 \varphi. \end{cases}$$

このとき, Gauss-Codazzi の方程式はつぎで与えられることを示せ.

$$\begin{cases} \partial_1 \partial_2 \log \lambda + ab\lambda^{-2} - \lambda = \mu\nu, \quad \partial_1 \mu = \partial_2 \nu, \\ \partial_1 b = \lambda \partial_2 \mu - \mu \partial_2 \lambda, \quad \partial_2 a = \lambda \partial_1 \nu - \nu \partial_1 \lambda. \end{cases}$$

□

付録 B
Euclid 空間内の超曲面論

B.1 テンソル場と共変微分

 本章では，新しい書き方で曲面論を復習しつつ，超曲面論 (n 次元版) を構築する．とくに，第 13 章に出てきた $R^i{}_{jkl}, h_{ij,k}, a^i_{j,k}$ の正体を明らかにしたい．この章を通して M を $\mathbb{R}^n$ の領域とし，第 16 章以前の記法を採用しているが，M を可微分多様体と考えて定式化しなおすことが可能である．

記号 B.1 点 $x \in M$ を始点とするベクトル v を

$$v = \sum_{\alpha=1}^n v^\alpha \left(\frac{\partial}{\partial x^\alpha}\right)_x, \quad v^\alpha \in \mathbb{R}$$

とあらわすことにする．記号 $\left(\frac{\partial}{\partial x^1}\right)_x, \ldots, \left(\frac{\partial}{\partial x^n}\right)_x$ を基底とする n 次元ベクトル空間を

$$T_x M := \left\{ v = \sum_{\alpha=1}^n v^\alpha \left(\frac{\partial}{\partial x^\alpha}\right)_x \;\middle|\; v^\alpha \in \mathbb{R} \right\}$$

とかく． □

 この書き方は，点 x を始点とするベクトル v を点 x での v 方向への微分と見直していることに由来する．実際，$f \in C^\infty(M)$ に対して，

$$\left.\frac{d}{dt}\right|_{t=0} f(x+tv) = \sum_{\alpha=1}^n v^\alpha \frac{\partial f}{\partial x^\alpha}(x)$$

を思い出そう．$v \in T_x M$ に対してこの値を $vf \in \mathbb{R}$ とかく．

定義 B.2 (1) $TM := \bigsqcup_{x \in M} T_x M$ とおく．ここで，$A \sqcup B$ は集合 A と B の非交和集合をあらわす．集合としては $TM = M \times \mathbb{R}^n$ と思えばよい．

(2) 写像 $X : M \to TM$ が M の**ベクトル場**であるとは，任意の点 $x \in M$ に対して，$X(x) \in T_x M$ がなりたつことをいう．

ベクトル場 X に対して M 上の関数 X^α が一意的に存在して，$X(x) = \sum_{\alpha=1}^n X^\alpha(x) \left(\frac{\partial}{\partial x^\alpha}\right)_x$ とかける．このとき，$X = \sum_{\alpha=1}^n X^\alpha \frac{\partial}{\partial x^\alpha}$ とかく．

(3) 各 X^α が滑らかな関数のとき，ベクトル場 X を**滑らかなベクトル場**とよび，その全体を $\Gamma(TM)$ であらわす：

$$\Gamma(TM) := \left\{ X = \sum_{\alpha=1}^n X^\alpha \frac{\partial}{\partial x^\alpha} \;\middle|\; X^\alpha \in C^\infty(M) \right\}. \qquad \square$$

各点 x に対して，その点を始点とするベクトルを対応させる写像をベクトル場とよんでいるにすぎない．重力場，電場，磁場などを想像すればなじみやすい概念だろう．以下，断らない限り，今まで通り滑らかなものを扱う．

定義 B.3 (1) ベクトル空間 $T_x M$ の**双対空間**を $T_x M^*$ とかく：

$$T_x M^* := \{ \omega : T_x M \to \mathbb{R} \mid \text{線型} \}.$$

また，$\left\{ \left(\frac{\partial}{\partial x^1}\right)_x, \ldots, \left(\frac{\partial}{\partial x^n}\right)_x \right\}$ の双対基を $\{(dx^1)_x, \ldots, (dx^n)_x\}$ とかく：

$$(dx^\alpha)_x \left(\left(\frac{\partial}{\partial x^\beta}\right)_x \right) = \delta^\alpha_\beta.$$

(2) ベクトル空間 $\underbrace{T_x M^* \times \cdots \times T_x M^*}_{p} \times \underbrace{T_x M \times \cdots \times T_x M}_{q}$ 上の多重線型関数全体のなす n^{p+q} 次元ベクトル空間を $T_x M^{(p,q)}$ とかく：

$T_x M^{(p,q)}$
$:= \{ f : T_x M^* \times \cdots \times T_x M^* \times T_x M \times \cdots \times T_x M \to \mathbb{R} \mid \text{多重線型} \}$
$= \bigg\{ f = \sum_{\alpha_1, \ldots, \beta_q} f^{\alpha_1 \cdots \alpha_p}_{\beta_1 \cdots \beta_q} \left(\frac{\partial}{\partial x^{\alpha_1}}\right)_x \otimes \cdots \otimes \left(\frac{\partial}{\partial x^{\alpha_p}}\right)_x \otimes (dx^{\beta_1})_x \otimes \cdots \otimes (dx^{\beta_q})_x$
$\bigg| f^{\alpha_1 \cdots \alpha_p}_{\beta_1 \cdots \beta_q} \in \mathbb{R} \bigg\}.$

(3) $TM^{(p,q)} := \bigsqcup_{x \in M} T_x M^{(p,q)}$ とおく．集合としては $TM^{(p,q)} = M \times \mathbb{R}^{n^{(p+q)}}$ と思えばよい．

(4) 写像 $F: M \to TM^{(p,q)}$ が M の (p,q) 型**テンソル場**であるとは，任意の点 $x \in M$ に対して，$F(x) \in T_x M^{(p,q)}$ がなりたつことをいう．

(5) 定義 B.2 と同様にして，M 上の滑らかなテンソル場全体を $\Gamma(TM^{(p,q)})$ とかく：

$$\Gamma(TM^{(p,q)}) := \left\{ F = \sum_{\alpha_1, \dots, \beta_q} F^{\alpha_1 \cdots \alpha_p}_{\beta_1 \cdots \beta_q} \frac{\partial}{\partial x^{\alpha_1}} \otimes \cdots \otimes \frac{\partial}{\partial x^{\alpha_p}} \otimes dx^{\beta_1} \otimes \cdots \otimes dx^{\beta_q} \,\middle|\, F^{\alpha_1 \cdots \alpha_p}_{\beta_1 \cdots \beta_q} \in C^\infty(M) \right\}. \quad \square$$

定義から，$T_x M^{(0,1)} = T_x M^*$ や $T_x M^{(1,0)} = T_x M$ がただちにわかる．$T_x M^{(1,1)} = \{T_x M \to T_x M \mid $ 線型 $\}$ となることも注意する．$\Gamma(TM^*) = \Gamma(TM^{(0,1)})$ の元，すなわち $(0,1)$ 型テンソル場は **1-形式**とよばれることがある．

定義 B.4 ベクトル場 $X = \sum_{\alpha=1}^n X^\alpha \frac{\partial}{\partial x^\alpha}, Y = \sum_{\alpha=1}^n Y^\alpha \frac{\partial}{\partial x^\alpha} \in \Gamma(TM)$ と関数 $f \in C^\infty(M)$ に対して，つぎのように定める．

(1) $X + Y := \sum_{\alpha=1}^n (X^\alpha + Y^\alpha) \frac{\partial}{\partial x^\alpha} \in \Gamma(TM)$. $fX := \sum_{\alpha=1}^n (fX^\alpha) \frac{\partial}{\partial x^\alpha} \in \Gamma(TM)$.

(2) $Xf := \sum_{\alpha=1}^n X^\alpha \frac{\partial f}{\partial x^\alpha} \in C^\infty(M)$.

(3) $[X, Y] := \sum_{\alpha, \beta=1}^n \left(X^\beta \frac{\partial Y^\alpha}{\partial x^\beta} - Y^\beta \frac{\partial X^\alpha}{\partial x^\beta} \right) \frac{\partial}{\partial x^\alpha} \in \Gamma(TM)$. このとき，$[X, Y]f = X(Yf) - Y(Xf) \in C^\infty(M)$ がなりたつ． $\square$

練習 B.5 (1) (p,q) 型テンソル場 $F \in \Gamma(TM^{(p,q)})$ と $\omega^i \in \Gamma(TM^*), X_j \in \Gamma(TM)$ に対して，

$$T(\omega^1, \dots, \omega^p, X_1, \dots, X_q)(x)$$

$$:= F(x)(\omega^1(x), \ldots, \omega^p(x), X_1(x), \ldots, X_q(x)) \in \mathbb{R}$$

とおくと, $T(\omega^1, \ldots, \omega^p, X_1, \ldots, X_q) \in C^\infty(M)$ である. このようにして得られる写像

$$T : \underbrace{\Gamma(TM^*) \times \cdots \times \Gamma(TM^*)}_{p} \times \underbrace{\Gamma(TM) \times \cdots \times \Gamma(TM)}_{q} \to C^\infty(M)$$

は多重 $C^\infty(M)$ 線型写像である. とくに $f \in C^\infty(M)$ に対して,

$$T(f\omega^1, \ldots, \omega^p, X_1, \ldots, X_q) = \cdots = T(\omega^1, \ldots, \omega^p, X_1, \ldots, fX_q)$$
$$= fT(\omega^1, \ldots, \omega^p, X_1, \ldots, X_q)$$

がなりたつことを示せ.

(2) 逆に, 写像

$$T : \underbrace{\Gamma(TM^*) \times \cdots \times \Gamma(TM^*)}_{p} \times \underbrace{\Gamma(TM) \times \cdots \times \Gamma(TM)}_{q} \to C^\infty(M)$$

が多重 $C^\infty(M)$ 線型写像ならば, (p,q) 型テンソル場 $F \in \Gamma(TM^{(p,q)})$ が存在して, T は (1) のようにして得られることを示せ. □

以下, テンソル場を上のような多重 $C^\infty(M)$ 線型写像と同一視することが多い.

M が $\mathbb{R}^n$ の領域であることにもう一度注意してから, つぎの定義をおく. ベクトル場の方向微分を考えることに相当する.

定義 B.6 $Y = \sum_{\alpha=1}^{n} Y^\alpha \dfrac{\partial}{\partial x^\alpha} \in \Gamma(TM)$ とする.

(1) 点 $x \in M$ に対して, 写像 $D : T_x M \times \Gamma(TM) \ni (v, Y) \mapsto D_v Y \in T_x M$ をつぎで定める:

$$D_v Y := \sum_{\alpha=1}^{n} (vY^\alpha) \left(\frac{\partial}{\partial x^\alpha}\right)_x \in T_x M.$$

(2) 写像 $D : \Gamma(TM) \times \Gamma(TM) \ni (X, Y) \mapsto D_X Y \in \Gamma(TM)$ をつぎで定める:

$$D_X Y := \sum_{\alpha=1}^{n} (XY^\alpha)\frac{\partial}{\partial x^\alpha} \in \Gamma(TM).$$

2つの写像を同じ D であらわしているが，この場合は心配はあるまい．$V \in \Gamma(TM)$ で $V(x) = v$ のとき，$D_V Y(x) = D_v Y$ となるからである．(1) の D が基本であるが，以下表舞台には登場しない．

定義から，$D_{\frac{\partial}{\partial x^\alpha}}\frac{\partial}{\partial x^\beta} = 0$ であることがすぐにわかる．もう少し性質をみておこう．

観察 B.7 $E := TM, \nabla := D$ とかくとき，$\nabla : \Gamma(TM) \times \Gamma(E) \to \Gamma(E)$ は $X, X_i \in \Gamma(TM), \xi, \xi_i \in \Gamma(E), f, f_i \in C^\infty(M)$ に対して，つぎをみたす．

$$\nabla_{f_1 X_1 + f_2 X_2}\xi = f_1 \nabla_{X_1}\xi + f_2 \nabla_{X_2}\xi, \tag{B.1}$$

$$\nabla_X(\xi_1 + \xi_2) = \nabla_X \xi_1 + \nabla_X \xi_2, \tag{B.2}$$

$$\nabla_X(f\xi) = (Xf)\xi + f\nabla_X \xi. \tag{B.3}$$

□

(B.2)(B.3) から導かれるが，$\lambda_i \in \mathbb{R}$ に対して，

$$\nabla_X(\lambda_1 \xi_1 + \lambda_2 \xi_2) = \lambda_1 \nabla_X \xi_1 + \lambda_2 \nabla_X \xi_2$$

がなりたつことにも注意しておこう．D の性質を一般化してつぎの言葉を用意する．

定義 B.8 $\nabla : \Gamma(TM) \times \Gamma(E) \to \Gamma(E)$ が M 上の E の**接続**であるとは，∇ が (B.1), (B.2), (B.3) をみたすことをいう．このとき，$\nabla_X \xi$ を ∇ に関する ξ の X での**共変微分**という． □

練習 B.9 ∇ を M 上の TM の接続とする．$X, X_j, Y, Y_j \in \Gamma(TM)$ とし，$x_0 \in M$ とする．$X_1(x_0) = X_2(x_0)$ のとき $\nabla_{X_1}Y(x_0) = \nabla_{X_2}Y(x_0)$ となることを示せ．$Y_1(x_0) = Y_2(x_0)$ かつ $\nabla_X Y_1(x_0) \neq \nabla_X Y_2(x_0)$ となる例をつくれ． □

例 B.10 M 上の TM の接続 $\nabla : \Gamma(TM) \times \Gamma(TM) \to \Gamma(TM)$ に対して, $\nabla^{(0,1)} : \Gamma(TM) \times \Gamma(TM^*) \to \Gamma(TM^*)$, $\nabla^{(0,2)} : \Gamma(TM) \times \Gamma(TM^{(0,2)}) \to \Gamma(TM^{(0,2)})$, $\nabla^{(1,1)} : \Gamma(TM) \times \Gamma(TM^{(1,1)}) \to \Gamma(TM^{(1,1)})$ をつぎで定める:

$$(\nabla_X^{(0,1)}\omega)(Y) := X\{\omega(Y)\} - \omega(\nabla_X Y),$$

$$(\nabla_X^{(0,2)}\alpha)(Y,Z) := X\{\alpha(Y,Z)\} - \alpha(\nabla_X Y, Z) - \alpha(Y, \nabla_X Z),$$

$$(\nabla_X^{(1,1)}A)(Y) := \nabla_X\{A(Y)\} - A(\nabla_X Y).$$

ここで, $X, Y, Z \in \Gamma(TM), \omega \in \Gamma(TM^*), \alpha \in \Gamma(TM^{(0,2)}), A \in \Gamma(TM^{(1,1)})$ である.

このとき, (1) $\nabla^{(0,1)}$ は M 上の TM^* の接続, (2) $\nabla^{(0,2)}$ は M 上の $TM^{(0,2)}$ の接続, (3) $\nabla^{(1,1)}$ は M 上の $TM^{(1,1)}$ の接続になる.

M 上の $TM^{(p,q)}$ の接続 $\nabla^{(p,q)}$ も同様に定義できる. 混乱のないときは, これらをすべて同じ ∇ であらわすことにする.

(1) の証明 まず, $\nabla_X^{(0,1)}\omega \in \Gamma(TM^*)$ を示す. 練習 B.5 より, 写像 $\nabla_X^{(0,1)}\omega : \Gamma(TM) \to C^\infty(M)$ が $C^\infty(M)$ 線型であることを示せばよい. ここでは,

$$\left(\nabla_X^{(0,1)}\omega\right)(fY) = f\left(\nabla_X^{(0,1)}\omega\right)(Y), \quad X, Y \in \Gamma(TM), f \in C^\infty(M)$$

だけを確かめておく.

$$(左辺) = X\{\omega(fY)\} - \omega(\nabla_X(fY)) = X\{f\omega(Y)\} - \omega(\nabla_X(fY))$$
$$= (Xf)\omega(Y) + fX\{\omega(Y)\} - \omega((Xf)Y + f\nabla_X Y)$$
$$= f[X\{\omega(Y)\} - \omega(\nabla_X Y)] = (右辺).$$

つぎに, $\nabla^{(0,1)}$ が M 上の TM^* の接続であることを示す. (B.1), (B.2), (B.3) がなりたつことを示せばよい. ここでは, (B.3) だけを確かめておく.

$$\left(\nabla_X^{(0,1)}(f\omega)\right)(Y) = X\{f\omega(Y)\} - f\omega(\nabla_X Y)$$
$$= (Xf)\omega(Y) + fX\{\omega(Y)\} - f\omega(\nabla_X Y)$$
$$= (Xf)\omega(Y) + f\left(\nabla_X^{(0,1)}(\omega)\right)(Y)$$

となるから，$\nabla_X^{(0,1)}(f\omega) = (Xf)\omega + f\nabla_X^{(0,1)}\omega$ を得る． □

接続 $\nabla : \Gamma(TM) \times \Gamma(E) \to \Gamma(E)$ は，$\nabla : \Gamma(E) \ni \xi \mapsto \nabla \xi \in \Gamma(E \otimes T^*M)$ と理解できる．たとえば，$\nabla^{(0,1)}\omega \in \Gamma(TM^{(0,2)})$ で，$(\nabla^{(0,1)}\omega)(X,Y) := (\nabla_Y^{(0,1)}\omega)(X)$ とかかれることもある．

練習 B.11◇ M 上の TM の接続 ∇ に対して，
$$T^\nabla(X,Y) := \nabla_X Y - \nabla_Y X - [X,Y],$$
$$R^\nabla(X,Y)Z := \nabla_X \nabla_Y Z - \nabla_Y \nabla_X Z - \nabla_{[X,Y]}Z$$
と定義する．ここで，$X, Y, Z \in \Gamma(TM)$ である．このとき，$T^\nabla \in \Gamma(TM^{(1,2)})$，$R^\nabla \in \Gamma(TM^{(1,3)})$ となることを示せ． □

この $T^\nabla \in \Gamma(TM^{(1,2)})$ を ∇ の**捩率テンソル場**，$R^\nabla \in \Gamma(TM^{(1,3)})$ を ∇ の**曲率テンソル場**とよぶ．一般に，M 上の E の接続 $\nabla : \Gamma(TM) \times \Gamma(E) \to \Gamma(E)$ に対して，上と同じ式で $R^\nabla(X,Y)\xi$ ($X,Y \in \Gamma(TM)$, $\xi \in \Gamma(E)$) が定義される．

練習 B.12◇ D を定義 B.6 で定めた $\mathbb{R}^n$ 上の $T\mathbb{R}^n$ の接続とする．このとき，$T^D = 0$ かつ $R^D = 0$ を示せ． □

この $D : \Gamma(T\mathbb{R}^n) \times \Gamma(T\mathbb{R}^n) \to \Gamma(T\mathbb{R}^n)$ を $\mathbb{R}^n$ の**標準接続**とよぶ．

M を可微分多様体として考えている読者のために，つぎを注意しておきたい．定義 B.2 (1) で $TM = M \times \mathbb{R}^n$ とかいたが，M が可微分多様体の場合は一般になりたたない．たとえば，$M = S^2$ の場合は成立しない．ただし，n 次元可微分多様体 M に対して TM には $2n$ 次元可微分多様体の構造が自然に定義できることがわかる．

B.2 Gauss-Codazzi の方程式再論

前節で準備した記法を用いて，曲面論の基本定理の Gauss-Codazzi の方程式 (13.1), (13.2) を超曲面に対して導出してみよう．

定義 B.13 U を $\mathbb{R}^n$ の領域とする. 単射な C^∞ 写像 $\varphi: U \to \mathbb{R}^{n+1}$ が**超曲面のパラメータ表示**であるとは, 任意の $u \in U$ に対して $\left\{ \dfrac{\partial \varphi}{\partial u^1}(u), \ldots, \dfrac{\partial \varphi}{\partial u^n}(u) \right\}$ が一次独立, すなわち, rank $d\varphi = n$ がなりたつことをいう. □

定義 B.14 (1) $\varphi^{-1} T\mathbb{R}^{n+1} := \bigsqcup_{u \in U} T_{\varphi(u)} \mathbb{R}^{n+1}$ とおく. 集合としては $\varphi^{-1} T\mathbb{R}^{n+1} = U \times \mathbb{R}^{n+1}$ と思えばよい.

(2) 写像 $\xi: U \to \varphi^{-1} T\mathbb{R}^{n+1}$ が φ に沿った $\mathbb{R}^{n+1}$ のベクトル場であるとは, 任意の点 $u \in U$ に対して, $\xi(u) \in T_{\varphi(u)} \mathbb{R}^{n+1}$ がなりたつことをいう.

φ に沿った $\mathbb{R}^{n+1}$ のベクトル場 ξ に対して, U 上の関数 ξ^α が一意的に存在して, $\xi(u) = \sum_{\alpha=1}^{n+1} \xi^\alpha(u) \left(\dfrac{\partial}{\partial x^\alpha} \right)_{\varphi(u)}$ とかける. このとき, $\xi = \sum_{\alpha=1}^{n+1} \xi^\alpha \left(\dfrac{\partial}{\partial x^\alpha} \right)_\varphi$ とかく.

(3) 各 ξ^α が滑らかな関数のとき, ξ を φ に沿った $\mathbb{R}^{n+1}$ の滑らかなベクトル場とよび, その全体を $\Gamma(\varphi^{-1} T\mathbb{R}^{n+1})$ であらわす:

$$\Gamma(\varphi^{-1} T\mathbb{R}^{n+1}) = \left\{ \xi = \sum_{\alpha=1}^{n+1} \xi^\alpha \left(\dfrac{\partial}{\partial x^\alpha} \right)_\varphi \;\middle|\; \xi^\alpha \in C^\infty(U) \right\}.$$

□

定義 B.15 (1) $\varphi: U \to \mathbb{R}^{n+1}$ と $u \in U$ に対して, n 次元ベクトル空間 $T_u U$ から $n+1$ 次元ベクトル空間 $T_{\varphi(u)} \mathbb{R}^{n+1}$ への写像 $(d\varphi)_u$ を

$$(d\varphi)_u \left(\sum_{i=1}^n v^i \left(\dfrac{\partial}{\partial u^i} \right)_u \right) := \sum_{\alpha=1}^{n+1} \sum_{i=1}^n v^i \dfrac{\partial \varphi^\alpha}{\partial u^i}(u) \left(\dfrac{\partial}{\partial x^\alpha} \right)_{\varphi(u)}$$

と定める. このとき, $(d\varphi)_u : T_u U \to T_{\varphi(u)} \mathbb{R}^{n+1}$ は線型写像である.

(2) $\varphi: U \to \mathbb{R}^{n+1}$ に対して, 写像 $\varphi_* : \Gamma(TU) \to \Gamma(\varphi^{-1} T\mathbb{R}^{n+1})$ をつぎで定める:

$$(\varphi_* V)(u) := (d\varphi)_u V(u), \quad V \in \Gamma(TU),\ u \in U.$$

□

基底 $\left\{ \left(\dfrac{\partial}{\partial u^1} \right)_u, \ldots, \left(\dfrac{\partial}{\partial u^n} \right)_u \right\}$ と $\left\{ \left(\dfrac{\partial}{\partial x^1} \right)_{\varphi(u)}, \ldots, \left(\dfrac{\partial}{\partial x^{n+1}} \right)_{\varphi(u)} \right\}$ に関する線型写像 $(d\varphi)_u$ の表現行列が $\left(\dfrac{\partial \varphi^\alpha}{\partial u^i}(u) \right)$ (今まで $d\varphi(u)$ と書いていた行

列) となるように定義されていることに注意する.

この記号を用いると, $\varphi_* \dfrac{\partial}{\partial u^i}$ は定義から $\displaystyle\sum_{\alpha=1}^{n+1} \dfrac{\partial \varphi^\alpha}{\partial u^i} \left(\dfrac{\partial}{\partial x^\alpha}\right)_\varphi$ であるが, これは今まで $\dfrac{\partial \varphi}{\partial u^i}$ と書いていたものと同じものをあらわしている.

また, $f \in C^\infty(U)$ と $V \in \Gamma(TU)$ に対して,

$$\varphi_*(fV) = f\varphi_* V \tag{B.4}$$

がなりたつことも注意する.

記号 B.16 ベクトル $v_j = {}^t(v_j^1, \ldots, v_j^{n+1}) \in \mathbb{R}^{n+1}$ $(j = 1, \ldots, n)$ に対して,

$$v_1 \wedge \cdots \wedge v_n := {}^t(\det \begin{bmatrix} v_1^2 & \cdots & v_n^2 \\ \vdots & & \vdots \\ v_1^{n+1} & \cdots & v_n^{n+1} \end{bmatrix},$$

$$\det \begin{bmatrix} v_1^3 & \cdots & v_n^3 \\ \vdots & & \vdots \\ v_1^{n+1} & \cdots & v_n^{n+1} \\ v_1^1 & \cdots & v_n^1 \end{bmatrix}, \ldots, \det \begin{bmatrix} v_1^1 & \cdots & v_n^1 \\ \vdots & & \vdots \\ v_1^n & \cdots & v_n^n \end{bmatrix}) \in \mathbb{R}^{n+1}$$

とおく. □

このとき, $e_j := {}^t(\delta_j^1, \ldots, \delta_j^{n+1}) \in \mathbb{R}^{n+1}$ とかくと, 形式的には

$$v_1 \wedge \cdots \wedge v_n = \det \begin{bmatrix} v_1^1 & \cdots & v_n^1 & e_1 \\ \vdots & & \vdots & \vdots \\ v_1^{n+1} & \cdots & v_n^{n+1} & e_{n+1} \end{bmatrix}$$

とあらわせる. たとえば, $e_1 \wedge \cdots \wedge e_n = e_{n+1}$ がなりたつ. $n = 2$ のとき, $v_1 \wedge v_2$ は定義 2.5 のベクトル積 $v_1 \times v_2$ と同じである.

注意 B.17 今まで安易に使ってきた Euclid 内積 $\langle\ ,\ \rangle$ は, 本来, 各点

$x \in \mathbb{R}^{n+1}$ におけるベクトル空間 $T_x\mathbb{R}^{n+1}$ 上の正定値対称双線型形式と解釈すべきだから，$\langle\ ,\ \rangle \in \Gamma(T\mathbb{R}^{n+1(0,2)})$ と理解できる．

$$\left\langle \left(\frac{\partial}{\partial x^\alpha}\right)_x, \left(\frac{\partial}{\partial x^\beta}\right)_x \right\rangle_{(x)} = \delta_{\alpha\beta}$$

となるように定められていた．

行列式 det も $\det \in \Gamma(T\mathbb{R}^{n+1(0,n+1)})$ のように理解することが可能である．$\det_{(x)} : T_x\mathbb{R}^{n+1} \times \cdots \times T_x\mathbb{R}^{n+1} \to \mathbb{R}$ は交代な多重線型写像 で，

$$\det{}_{(x)} \left(\left(\frac{\partial}{\partial x^1}\right)_x, \ldots, \left(\frac{\partial}{\partial x^{n+1}}\right)_x \right) = 1$$

をみたす． □

場合によっては，

$$\langle\ ,\ \rangle \in \Gamma(\varphi^{-1}T\mathbb{R}^{n+1(0,2)}), \quad \det \in \Gamma(\varphi^{-1}T\mathbb{R}^{n+1(0,n+1)})$$

と解釈すべきこともある．混同してもほとんど問題ないし，考えている点も明らかな場合が多いので，$\langle\ ,\ \rangle$ や det と点を明記しないで使うことにする．

定義 B.18 超曲面のパラメータ表示 $\varphi : U \to \mathbb{R}^{n+1}$ に対して，

$$\begin{aligned}\widetilde{n}(u) &:= \left\{(d\varphi)_u \left(\frac{\partial}{\partial u^1}\right)_u\right\} \wedge \cdots \wedge \left\{(d\varphi)_u \left(\frac{\partial}{\partial u^n}\right)_u\right\} \in T_{\varphi(u)}\mathbb{R}^{n+1}, \\ n(u) &:= \langle \widetilde{n}(u), \widetilde{n}(u) \rangle^{-1/2} \widetilde{n}(u) \quad \in T_{\varphi(u)}\mathbb{R}^{n+1}\end{aligned} \quad (\text{B.5})$$

と定める．この φ に沿った $\mathbb{R}^{n+1}$ のベクトル場 $n \in \Gamma(\varphi^{-1}T\mathbb{R}^{n+1})$ を φ の**単位法ベクトル場**とよぶ．このとき，$u \in U$ に対して

$$\langle n(u), (d\varphi)_u v \rangle = 0, \quad \forall v \in T_uU, \tag{B.6}$$

$$\langle n(u), n(u) \rangle = 1, \tag{B.7}$$

$$\det((d\varphi)_u \left(\frac{\partial}{\partial u^1}\right)_u, \ldots, (d\varphi)_u \left(\frac{\partial}{\partial u^n}\right)_u, n(u)) > 0 \tag{B.8}$$

がなりたつ． □

単位法ベクトル場については，曲面の場合と同様に，性質 (B.6)(B.7) が重要である．これらから n は符号を除いて一意的に定まり，さらに (B.8) を仮定すると n が (B.5) で与えられることがわかる．

定義 B.19 写像 $D : \Gamma(TU) \times \Gamma(\varphi^{-1}T\mathbb{R}^{n+1}) \ni (X, \xi) \mapsto D_X\xi \in \Gamma(\varphi^{-1}T\mathbb{R}^{n+1})$ をつぎで定める：

$$D_X\xi(u) := \sum_{\alpha=1}^{n+1} (X\xi^\alpha)(u) \left(\frac{\partial}{\partial x^\alpha}\right)_{\varphi(u)}.$$

このとき，D は U 上の $\varphi^{-1}T\mathbb{R}^{n+1}$ の接続である (U 上の $\varphi^{-1}T\mathbb{R}^{n+1}$ の**標準接続**という)．　□

この D も定義 B.6 (あるいは練習 B.12) と同様に定めていることに注意する．

この記号を用いると，$D_{\frac{\partial}{\partial u^i}}\varphi_*\frac{\partial}{\partial u^j}$ は定義から $\sum_{\alpha=1}^{n+1} \frac{\partial^2\varphi^\alpha}{\partial u^i\partial u^j}\left(\frac{\partial}{\partial x^\alpha}\right)_\varphi$ であるが，これは今まで $\frac{\partial^2\varphi}{\partial u^i\partial u^j}$ と書いていたものと同じものをあらわしている．

補題 B.20 $\varphi : U \to \mathbb{R}^{n+1}$ を超曲面のパラメータ表示とし，$n \in \Gamma(\varphi^{-1}T\mathbb{R}^{n+1})$ と $D : \Gamma(TU) \times \Gamma(\varphi^{-1}T\mathbb{R}^{n+1}) \to \Gamma(\varphi^{-1}T\mathbb{R}^{n+1})$ は上の通りとする．このとき，任意の $u \in U$ に対して，ベクトル空間の直和分解

$$T_{\varphi(u)}\mathbb{R}^{n+1} = (d\varphi)_u T_u U \oplus \mathbb{R}n(u)$$

がなりたつ．この分解を用いて，記号 ∇, h, A, τ を，任意の $X, Y \in \Gamma(TU)$ についてつぎがなりたつように定める：

$$D_X\varphi_*Y = \varphi_*\nabla_X Y + h(X, Y)n, \qquad (B.9)$$

$$D_X n = -\varphi_* AX + \tau(X)n. \qquad (B.10)$$

このとき，(1) ∇ は U 上の TU の接続，(2) $h \in \Gamma(TU^{(0,2)})$，(3) $A \in \Gamma(TU^{(1,1)})$，(4) $\tau = 0 \in \Gamma(TU^*)$ である．　□

この $\nabla \colon \Gamma(TU) \times \Gamma(TU) \to \Gamma(TU)$ を D の φ による**誘導接続**,この h を φ の**第2基本形式**,この A を φ の**型作用素**あるいは**形作用素**とよぶ.

証明 まず,$(d\varphi)_u \colon T_u U \to T_{\varphi(u)} \mathbb{R}^{n+1}$ は単射だから,$\nabla \colon \Gamma(TU) \times \Gamma(TU) \to \Gamma(TU)$ が定義できていることに注意する.これが接続であることを示すには,(B.1), (B.2), (B.3) をみたすことを確かめればよい.また,h がテンソル場であることをいうには,練習 B.5 より $h \colon \Gamma(TU) \times \Gamma(TU) \to C^\infty(U)$ が $C^\infty(U)$ について双線型であることを確かめればよい.

$f \in C^\infty(U)$ に対して,(B.4) と (B.9) より

$$D_X(f\varphi_* Y) = D_X \varphi_*(fY)$$
$$= \varphi_* \nabla_X (fY) + h(X, fY) n \qquad (\text{B.11})$$

がなりたつ.一方,D が接続であることを用いると

$$D_X(f\varphi_* Y) = (Xf)\varphi_* Y + f D_X \varphi_* Y$$
$$= (Xf)\varphi_* Y + f\{\varphi_* \nabla_X Y + h(X, Y) n\}$$
$$= \varphi_*\{(Xf)Y + f\nabla_X Y\} + f h(X, Y) n \qquad (\text{B.12})$$

を得る.(B.11) と (B.12) の φ_* 成分 (接空間成分) と n 成分 (法空間成分) をそれぞれ比較すると,

$$\nabla_X(fY) = (Xf)Y + f\nabla_X Y, \quad h(X, fY) = f h(X, Y)$$

がわかる.第1式から (B.3) が示せた.第2式からは h が第2成分について $C^\infty(U)$ 線型であることをいうための一性質が導かれた.

そのほかの必要な性質も同様にして導くことができる. □

注意 B.21 (B.9), (B.10) と定義 11.5 の Gauss-Weingarten の公式

$$\frac{\partial^2 \varphi}{\partial u^i \partial u^j} = \sum_{k=1}^n \Gamma_{ij}^k \frac{\partial \varphi}{\partial u^k} + h_{ij} n, \quad \frac{\partial n}{\partial u^i} = -\sum_{k=1}^n a_i^k \frac{\partial \varphi}{\partial u^k}$$

を比較すると,

$$\nabla_{\frac{\partial}{\partial u^i}} \frac{\partial}{\partial u^i} = \sum_{k=1}^n \Gamma_{ij}^k \frac{\partial}{\partial u^k},$$

$$h\left(\frac{\partial}{\partial u^i}, \frac{\partial}{\partial u^j}\right) = h_{ij}, \quad A\frac{\partial}{\partial u^i} = \sum_{k=1}^{n} a_i^k \frac{\partial}{\partial u^k}$$

という関係が得られる．とくに，Christoffel 記号 $\{\Gamma_{ij}^k\}$ は，φ の誘導接続 ∇ の「係数」と理解できる． □

練習 B.22 定義 13.1 の $R^i{}_{jkl}, h_{ij,k}, a^i_{j,k}$ に対して，

$$\begin{aligned}
R^\nabla\left(\frac{\partial}{\partial u^k}, \frac{\partial}{\partial u^l}\right)\frac{\partial}{\partial u^j} &= \sum_i R^i{}_{jkl} \frac{\partial}{\partial u^i}, \\
\left(\nabla_{\frac{\partial}{\partial u^k}} h\right)\left(\frac{\partial}{\partial u^i}, \frac{\partial}{\partial u^j}\right) &= h_{ij,k}, \quad \left(\nabla_{\frac{\partial}{\partial u^k}} A\right)\frac{\partial}{\partial u^j} = \sum_i a^i_{j,k} \frac{\partial}{\partial u^i}
\end{aligned} \tag{B.13}$$

がなりたつことを示せ． □

パラメータ変換に関して，練習 21.12 でみたように，第 2 基本量と Christoffel 記号は性質が大きく異なっていた．これは，一方がテンソル場の係数で，他方はそうでないからという説明ができる．

練習 B.23 超曲面のパラメータ表示 $\varphi : U \to \mathbb{R}^{n+1}$ に対して，$g \in \Gamma(TU^{(0,2)})$ を

$$g_u(v,w) := g(u)(v,w) := \langle (d\varphi)_u v, (d\varphi)_u w \rangle, \quad \forall v, w \in T_u U,$$

と定めて，φ の**第 1 基本形式**あるいは誘導計量とよぶ．h, A を φ の第 2 基本形式，型作用素とすると，

$$g(AX, Y) = h(X, Y) = g(X, AY), \quad \forall X, Y \in \Gamma(TU),$$

がなりたつことを示せ． □

練習 B.24 D の φ による誘導接続 ∇ と φ の第 1 基本形式 g に対して，

$$\begin{aligned}
T^\nabla(X, Y) &= 0, \\
(\nabla_X g)(Y, Z) &= 0, \quad \forall X, Y, Z \in \Gamma(TU),
\end{aligned}$$

がなりたつことを示せ．また，第 2 基本形式 h が対称であること ($h(X,Y) = h(Y,X)$) を示せ． □

定理 B.25　$\varphi: U \to \mathbb{R}^{n+1}$ を超曲面のパラメータ表示とし，∇, h, A をその誘導接続，第 2 基本形式，型作用素とする．このとき，$X, Y, Z \in \Gamma(TU)$ に対して，つぎの Gauss-Codazzi 方程式がなりたつ．

$$R^\nabla(X,Y)Z = h(Y,Z)AX - h(X,Z)AY, \tag{B.14}$$

$$(\nabla_X h)(Y,Z) = (\nabla_Y h)(X,Z), \tag{B.15}$$

$$(\nabla_X A)Y = (\nabla_Y A)X. \tag{B.16}$$

証明　Gauss の公式 $D_Y \varphi_* Z = \varphi_* \nabla_Y Z + h(Y,Z)n$ を微分して

$$\begin{aligned}
D_X D_Y \varphi_* Z &= D_X \{\varphi_* \nabla_Y Z + h(Y,Z)n\} \\
&= \varphi_* \nabla_X \nabla_Y Z + h(X, \nabla_Y Z)n \\
&\quad + \{Xh(Y,Z)\}n - h(Y,Z)\varphi_* AX \\
&= \varphi_* \{\nabla_X \nabla_Y Z - h(Y,Z)AX\} \\
&\quad + \{h(X, \nabla_Y Z) + Xh(Y,Z)\}n
\end{aligned} \tag{B.17}$$

を得る．X と Y を入れ替えて，

$$\begin{aligned}
-D_Y D_X \varphi_* Z &= \varphi_*\{-\nabla_Y \nabla_X Z + h(X,Z)AY\} \\
&\quad + \{-h(Y, \nabla_X Z) - Yh(X,Z)\}n,
\end{aligned} \tag{B.18}$$

また $T^\nabla = 0$ を用いることにより，

$$\begin{aligned}
& -D_{[X,Y]} \varphi_* Z \\
&= \varphi_*\{-\nabla_{[X,Y]} Z\} + \{-h([X,Y], Z)\}n \\
&= \varphi_*\{-\nabla_{[X,Y]} Z\} + \{-h(\nabla_X Y, Z) + h(\nabla_Y X, Z)\}n
\end{aligned} \tag{B.19}$$

を得る．(B.17), (B.18), (B.19) を加え，例 B.10 に注意して整理すると

$$\begin{aligned}
& R^D(X,Y)\varphi_* Z \\
&= \varphi_*\{R^\nabla(X,Y)Z - h(Y,Z)AX + h(X,Z)AY\} \\
&\quad + \{(\nabla_X h)(Y,Z) - (\nabla_Y h)(X,Z)\}n
\end{aligned}$$

となる．$R^D = 0$ なので，その φ_* 成分から (B.14) が，n 成分から (B.15) が得られる．

Weingarten の公式 $D_Y n = -\varphi_* AY$ を微分して，同様に計算すると，

$$R^D(X, Y)n$$
$$= \varphi_*\{-(\nabla_X A)Y + (\nabla_Y A)X\}$$
$$+ \{-h(X, AY) + h(Y, AX)\}n$$

となり，φ_* 成分から (B.16) が得られる． □

なお，n 成分から得られる式 $h(X, AY) = h(Y, AX)$ は練習 B.23 から得られて非自明なものではない．

超曲面さらには余次元が高い場合の部分多様体に対する存在と一意性に関する基本定理は，たとえば [7, IV, p.71] を見よ．

あとがき—参考文献と練習のヒント

参考文献

　読者が本書を通して，幾何学に興味を持ちより深く学びたくなってくれたとしたら，それは著者の本望である．最後にいくつか文献を紹介しておこう．
　まず，次の2冊は本書の内容を補ってくれる教科書で，本書の練習問題に取り組む際も参考になるはずである．

> [1]　A. Gray, E. Abbena and S. Salamon, Modern Differential Geometry of Curves and Surfaces with MATHEMATICA, third edition, CRC Press, 2006

> [2]　J. Lee, Introduction to Topological Manifolds, second edition, Springer, 2010

　英語の文献をわざわざ挙げたのは，内容はもちろんだが，この機会に挑戦してみてほしいという願いからである．
　本書は，微分積分学，線型代数学，位相空間論，常微分方程式論のそれぞれの基礎は既知としたが，それらはすべて本シリーズで提供される．ほかにはたとえば，

> [3]　佐武一郎，線型代数学，裳華房，1974

は古くから有名な本である．本編の講義は多様体の幾何学へむけてなされているため，曲線論は簡単に通り過ぎてしまった．[1], [9] のほか，たとえば

> [4]　西川青季，幾何学，朝倉書店，2002

を参考にするとよい．
　本書を終えた読者は，まずは可微分多様体論を学ぶのがよいだろう．本シリーズでは

[5] 秋田利之・石川剛郎, 多様体とホモロジー, 数学書房

が予定されていて, 参考書もそこでの紹介を待ちたい. ここでは, 可微分多様体論の教科書というわけではないが,

[6] V. Guillemin and A. Pollack, 三村護訳, 微分位相幾何学, 現代数学社, 1998

だけを挙げておく. Gauss-Bonnet の定理の偶数次元超曲面版も勉強できる. 本書の内容に近い, 微分幾何学の参考書としては,

[7] M. Spivak, A Comprehensive Introduction to Differential Geometry (5 vols), Publish or Perish, 1979

を薦める. 5 巻に及ぶ大作なので通読は難しいが第 2 巻あるいは第 3 巻をまず見るのもよいだろう. なお, 第 5 巻末に古典的な教科書のリストがあり参考になる. 日本語の教科書もたくさんあるし, どれもそれぞれの良さがある.

[8] 剱持勝衛, 曲面論講義, 培風館, 2000

[9] 梅原雅顕・山田光太郎, 曲線と曲面, 裳華房, 2002/2015

は, この分野のまさにプロフェッショナルが書いたもので, まじめに取り組めば濃い内容を勉強できる. よりモダンな言葉使いの (超) 曲面論に触れたいなら,

[10] 野水克己, 現代微分幾何入門, 裳華房, 1981

を手に取ってみるとよい. Einstein の相対論に用いられた Lorentz 幾何学についても触れられている.

幾何学の対象は, 本書で扱ったような曲線や曲面にとどまらない. 現在は,

[11] 日本数学会編集, 岩波数学辞典, 第 4 版, 岩波書店, 2007

やインターネット等で情報を得るのは非常に容易である. 最後に, 教科書風ではないが数学のリアリティーを堪能できる副読本や, 幾何学に興味を持った初学者が書名からは辿りつきにくそうな本等をいくつか挙げておく.

[12] 北大数学科編中村郁監修,北大高校生講座数学の並木道,日本評論社,2004

[13] 熊原啓作,行列・群・等質空間,日本評論社,2001

[14] 井ノ口順一,リッカチのひ・み・つ,日本評論社,2010

[15] 大森英樹,力学的な微分幾何,日本評論社,1989

[16] 松本幸夫,4次元のトポロジー,日本評論社,1991/2009

[17] 泉屋周一・佐野貴志ほか,幾何学と特異点,共立出版,2001

[18] 浦川肇,変分法と調和写像,裳華房,1990

　練習のヒントの中にもいくつか文献をあげておいたので参考にしてほしい.著者のホームページには参考文献の追加や本書の画像などを掲載している.これも参照して頂きたい.

　Gauss-Bonnetの定理を主要なテーマにした初等的な教科書をつくるのは,Beethovenの交響曲を演奏するようなものである.幾多のレパートリーの中でもっとも重要なものとしてずっと演奏されてきたし,これからもそうであるに違いない.一方で聴く側からすると食傷気味かもしれないが,どんな拙い演奏だって真摯に接すれば感動するし新しい魅力を発見することだってできる.本書を書き終えた今となっては,この性質を頼りにしたいと思っている.

練習のヒント

1.10 $A(t)A^{-1}(t) = 1_n$ を微分せよ. **1.11** [3, p.84]. **1.12** (1) $e_i := (\delta_i^j) := {}^t(0,\ldots,0,1,0,\ldots,0) \in \mathbb{R}^n$ とする. $X = (x_1 \ldots x_n), A = (a_1 \ldots a_n)$ とおくと, $x_i = Xe_i$ かつ $x_i' = Xa_i$ であるから, 練習 1.11 を用いて, $(\det X)' = \det(x_1' \, x_2 \ldots x_n) + \cdots + \det(x_1 \ldots x_{n-1} \, x_n') = \det(Xa_1 \, Xe_2 \ldots Xe_n) + \cdots + \det(Xe_1 \ldots Xe_{n-1} \, Xa_n) = \det(X(a_1 \, e_2 \ldots e_n)) + \cdots + \det(X(e_1 \ldots e_{n-1} \, a_n)) = \det X \{\det(a_1 \, e_2 \ldots e_n) + \cdots + \det(e_1 \ldots e_{n-1} \, a_n)\} = \det X \operatorname{tr} A$ を得る. (2) は, $y(t) := \det X(t)$ とおくと, (1) より, y は微分方程式 $y'(t) = y(t)\operatorname{tr} A(t), y(0) = \det X_0$ をみたすから, これを解けばよい. $\det X \neq 0$ より, $X(t)$ は正則行列である.

2.10 C. Weatherburn, Differential geometry of three dimensions, Cambridge Univ. Press, p.6 参照. **2.11** 同 p.15 参照. **2.12** 同 p.26 参照. **2.13**. 同 p.32 および図 1 参照. **2.14** 同 p.18 参照.

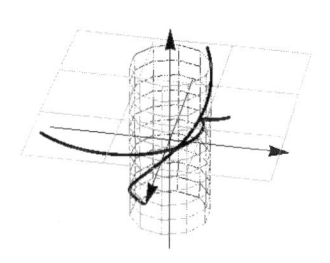

図 1 (2.13) $a = b = 1, s_0 = \sqrt{2}$

3.11 $\varphi : I \to \mathbb{R}^3$ を曲線のパラメータ表示とし, $s_{t_0}(t)$ を $t_0 \in I$ から $t \in I$ までの φ の弧長とする. Euclid 変換 $\Phi : \mathbb{R}^3 \to \mathbb{R}^3$ に対して, $\widetilde{\varphi} := \Phi \circ \varphi$ とし, $\widetilde{s}_{t_0}(t)$ を t_0 から t までの $\widetilde{\varphi}$ の弧長とする. このとき, $\widetilde{s}_{t_0}(t) = s_{t_0}(t)$ がなりたつ. **3.12** [13, p.24]. **3.13** [13, p.28]. **3.14** 井ノ口順一, 幾何学いろいろ, 日本評論社, p. 49 参照. **3.15** [13, p.18]. **3.16** [1, p.242]. **3.17** [9, p.51].

4.6 曲率は C^{r-2} 関数, 捩率は C^{r-3} 関数. **4.7** 練習 1.12 を用いよ.

5.6 [1, p.16]. **5.10** [17, p.38]. **5.11** [9, p.176]. **5.12** [9, p.25, p.179]. この曲線はサイクロイドとよばれている (図 2). **5.13** [9, p.25]. **5.14** [1, p.136]. 練習 5.15 も参照せよ. **5.15** 井ノ口順一, 曲線とソリトン, 朝倉書店, p.24 参照.

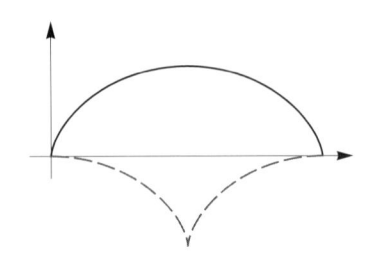

図 2 サイクロイド φ とその縮閉線

6.7 [1, p.204]. **6.11** 補題 6.5 と同様. ただし, $\widetilde{F} = (\widetilde{e}_1 \, \widetilde{e}_2 \, \widetilde{e}_3)$, $F = (e_1 \, e_2 \, e_3)$ をそれぞれの Frenet 標構とすると, $\widetilde{F} = (-e_1 \circ \xi_r \, e_2 \circ \xi_r \, -e_3 \circ \xi_r)$ となる.
6.12 (1) 小沢哲也, 平面図形の位相幾何, 培風館, p.4 参照. (2) たとえば, $f(x) = \frac{d-c}{b-a}(x-a) + c$, $f(x) = \tan\{\frac{\pi}{b-a}(x-a) - \frac{\pi}{2}\}$. **6.13** (6.3) $\kappa(t) = a^{-1}$, $\tau(t) = 0$. (6.4) $\kappa(t) = a(a^2+b^2)^{-1}$, $\tau(t) = b(a^2+b^2)^{-1}$. (6.5) $\kappa(t) = a^{-1}$, $\tau(t) = 0$. (6.6) $\kappa(t) = a(a^2+b^2)^{-1}$, $\tau(t) = b(a^2+b^2)^{-1}$. (6.7) $\kappa(t) = a^{-1}$, $\tau(t) = 0$. (6.8) $\kappa(t) = a(a^2+b^2)^{-1}$, $\tau(t) = -b(a^2+b^2)^{-1}$. **6.14** (6.9) $\kappa(t) = 3^{-1}(t^2+1)^{-2}$, $\tau(t) = 3^{-1}(t^2+1)^{-2}$. (6.10) $\kappa(t) = \tau(t) = 2^{-1}$. (6.11) $\kappa(t) = (\cosh t)^{-2}$, $\tau(t) = 0$. (6.12) $\kappa(0) = 0$, $t \neq 0$ のとき $\kappa(t) =$

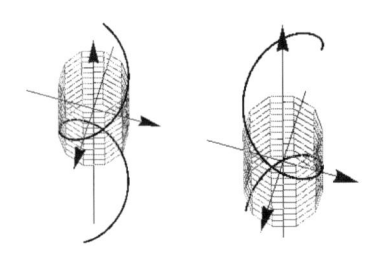

図 3 左: (6.6), 右: (6.8)

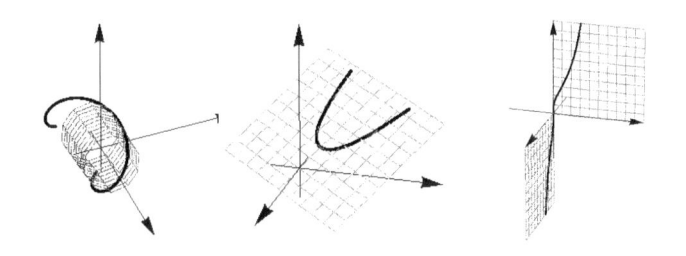

図 4 左：(6.10), 中：(6.11), 右：(6.12)

$t^{-4}|1-2|t||e^{-1/|t|}(1+t^{-4}e^{-2/t})^{-3/2}$. $\tau(t) = 0$. **6.15** [1, p.15]. **6.16** $\tau(t) = 1$. **6.17** [17, p.43]. 包絡線のパラメータ表示は $\varphi(t) = {}^t(-4t^3, 3t^2 + 1/2)$ で与えられ，放物線 C の縮閉線になっている．図 5 参照．**6.18** C_1 は半径 $\sqrt{2/3}$ の円であるから，曲率 $\sqrt{3/2}$, 捩率 0 である．C_2 は曲線のパラメータ表示 $[-2\pi, 2\pi] \ni t \mapsto \varphi(t) = {}^t(1+\cos t, \sin t, 2\sin(t/2))$ をもち，曲率は $\kappa(t) = (\sqrt{13+3\cos t})(3+\cos t)^{-3/2}$, 捩率は $\tau(t) = (6\cos(t/2))(13+3\cos t)^{-1}$ であたえられる．これは Viviani の曲線とよばれている (図 6.3(右))．**6.19** [1, p.74] [6, p.26]. **6.21** [15, p.132]. **6.23** [1, p.87].

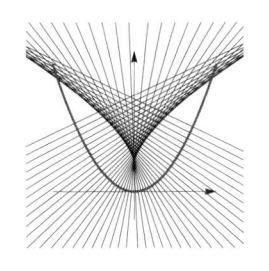

図 5

7.5 I.M. シンガー・J.A. ソープ，赤攝也監訳，トポロジーと幾何学入門，培風館, p.51 参照．**7.11** [4, p.70].

8.5 図 6 参照．**8.6** 図 7 参照．**8.7** (1) $d \neq 0$ のときは性質 (RS) をもち, $d = 0$ のときはもたない．図 8 参照．(2) もたない．図 9 参照．

図 6

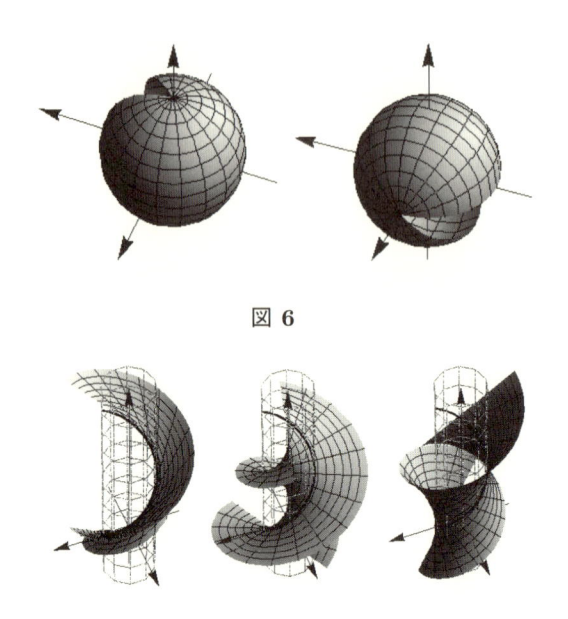

図 7 線織面，左：φ_1，中：φ_2，右：φ_3

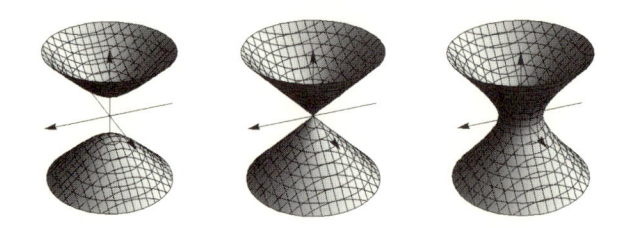

図 8 (1) 左：$d=-1$，中：$d=0$，右：$d=1$

9.7 (1) $n(u) = \dfrac{1}{\sqrt{\{f'(u^1)\}^2 + \{g'(u^1)\}^2}} \begin{bmatrix} -g'(u^1)\cos u^2 \\ -g'(u^1)\sin u^2 \\ f'(u^1) \end{bmatrix}$. (2) $n(u) = |\gamma'(u^1) + u^2 e'(u^1)|^{-1}\{(\gamma'(u^1) + u^2 e'(u^1)) \times e(u^1)\}$. **9.8** 図 10, 11 参照．ただし，変数 u^1 は，$\mathbb{R}$ 全体ではなく，0 の近傍のみを描画させている．

図 9 (2)

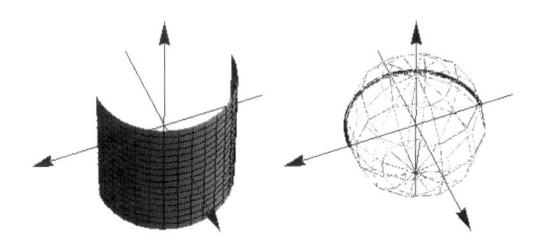

図 10 (1) 左 $\varphi(U)$, 右 $n(U)$

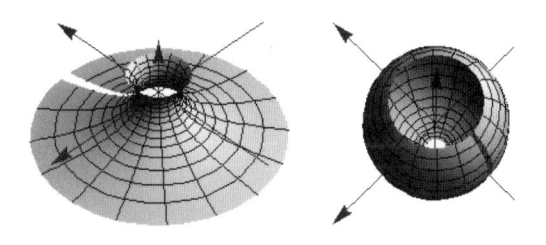

図 11 (2) 左 $\varphi(U)$, 右 $n(U)$

10.9, **11.12**, **14.17** (球面のパラメータ表示)

(10.3) $U = \{u^2 + v^2 < r^2\}$. $n(u,v) = r^{-1}\varphi(u,v)$. $\mathrm{I}(u,v) = (r^2 - u^2 - v^2)^{-1} \begin{bmatrix} r^2 - v^2 & uv \\ uv & r^2 - u^2 \end{bmatrix}$. $\mathrm{I\!I}(u,v) = -r^{-1}\mathrm{I}(u,v)$. $\mathrm{A}(u,v) = -r^{-1}1_2$.
$\Gamma^1_{11}(u,v) = r^{-2}(r^2 - u^2 - v^2)^{-1}u(r^2 - v^2)$, $\Gamma^1_{12}(u,v) = r^{-2}(r^2 - u^2 - v^2)^{-1}u^2 v$, $\Gamma^1_{22}(u,v) = r^{-2}(r^2 - u^2 - v^2)^{-1}u(r^2 - u^2)$, $\Gamma^2_{11}(u,v) = r^{-2}(r^2 - $

$u^2 - v^2)^{-1}v(r^2 - v^2)$, $\varGamma_{12}^2(u,v) = r^{-2}(r^2 - u^2 - v^2)^{-1}uv^2$, $\varGamma_{22}^2(u,v) = r^{-2}(r^2 - u^2 - v^2)^{-1}v(r^2 - u^2)$. $K(u,v) = r^{-2}$. $H(u,v) = -r^{-1}$.

(10.4) $U = \{-\pi/2 < u < \pi/2, -\pi < v < \pi\}$. $n(u,v) = -r^{-1}\varphi(u,v)$. $\mathrm{I}(u,v) = r^2 \begin{bmatrix} 1 & 0 \\ 0 & \cos^2 u \end{bmatrix}$. $\mathrm{II}(u,v) = r^{-1}\mathrm{I}(u,v)$. $\mathrm{A}(u,v) = r^{-1}1_2$. $\varGamma_{11}^1(u,v) = \varGamma_{12}^1(u,v) = \varGamma_{11}^2(u,v) = \varGamma_{22}^2(u,v) = 0$, $\varGamma_{22}^1(u,v) = \cos u \sin u$, $\varGamma_{12}^2(u,v) = -\tan u$. $K(u,v) = r^{-2}$. $H(u,v) = r^{-1}$.

(10.5) $U = \{-\infty < u < \infty, -\pi < v < \pi\}$. $n(u,v) = -r^{-1}\varphi(u,v)$. $\mathrm{I}(u,v) = r^2\{\cosh u\}^{-2}1_2$. $\mathrm{II}(u,v) = r^{-1}\mathrm{I}(u,v)$. $\mathrm{A}(u) = r^{-1}1_2$. $\varGamma_{12}^1(u,v) = \varGamma_{11}^2(u,v) = \varGamma_{22}^2(u,v) = 0$, $\varGamma_{11}^1(u,v) = \varGamma_{12}^2(u,v) = -\varGamma_{22}^1(u,v) = -\tanh u$. $K(u,v) = r^{-2}$. $H(u,v) = r^{-1}$.

(10.6) $U = \{-\pi < u < \pi, -r < v < r\}$. $n(u,v) = r^{-1}\varphi(u,v)$. $\mathrm{I}(u,v) = \begin{bmatrix} r^2 - v^2 & 0 \\ 0 & r^2(r^2-v^2)^{-1} \end{bmatrix}$. $\mathrm{II}(u,v) = -r^{-1}\mathrm{I}(u,v)$. $\mathrm{A}(u) = -r^{-1}1_2$. $\varGamma_{11}^1(u,v) = \varGamma_{12}^2(u,v) = \varGamma_{22}^1(u,v) = 0$, $\varGamma_{11}^2(u,v) = r^{-2}(r^2-v^2)v$, $\varGamma_{12}^1(u,v) = -\varGamma_{22}^2(u,v) = -(r^2-v^2)^{-1}v$. $K(u,v) = r^{-2}$. $H(u,v) = -r^{-1}$.

(10.7) $U = \{-\infty < u < \infty, -\infty < v < \infty,\}$. $n(u,v) = -r^{-1}\varphi(u,v)$. $\mathrm{I}(u,v) = 4r^4\{u^2 + v^2 + r^2\}^{-2}1_2$. $\mathrm{II}(u,v) = r\mathrm{I}(u,v)$. $\mathrm{A}(u,v) = r^{-1}1_2$. $\varGamma_{11}^1(u,v) = -\varGamma_{22}^1(u,v) = \varGamma_{12}^2(u,v) = -2(u^2 + v^2 + r^2)^{-1}u$, $\varGamma_{12}^1(u,v) = -\varGamma_{11}^2(u,v) = \varGamma_{22}^2(u,v) = -2(u^2 + v^2 + r^2)^{-1}v$. $K(u,v) = r^{-2}$. $H(u,v) = r^{-1}$.

10.10, **11.13**, **14.18**

(10.8) **Beltrami** の擬球面. 例 14.9 参照. $U = \{0 < u < 2\pi, 0 < v\}$. 図 14.3 は $U = \{0 < u < 2\pi - 0.1, 0.1 < v < 3\}$ を描画. $n(u,v) = \begin{bmatrix} \sqrt{1-e^{-2v/a}}\cos u \\ \sqrt{1-e^{-2v/a}}\sin u \\ e^{-v/a} \end{bmatrix}$. $\mathrm{I}(u,v) = \begin{bmatrix} a^2 e^{-2v/a} & 0 \\ 0 & 1 \end{bmatrix}$.

$\mathrm{II}(u,v) = e^{-v/a}\begin{bmatrix} -a(1-e^{-2v/a})^{1/2} & 0 \\ 0 & a^{-1}(1-e^{-2v/a})^{-1/2} \end{bmatrix}$.

$$A(u,v) = a^{-1} \begin{bmatrix} -e^{v/a}(1-e^{-2v/a})^{1/2} & 0 \\ 0 & e^{-v/a}(1-e^{-2v/a})^{-1/2} \end{bmatrix}.$$

$\Gamma_{11}^1(u,v) = \Gamma_{22}^1(u,v) = \Gamma_{12}^2(u,v) = \Gamma_{22}^2(u,v) = 0,\ \Gamma_{12}^1(u,v) = -a^{-1}$,
$\Gamma_{11}^2(u,v) = ae^{-2v/a}.\ K(u,v) = -a^{-2}.$
$H(u,v) = 1/2 a^{-1} e^{-v/a}(1-e^{-2v/a})^{-1/2}(2-e^{2v/a}).$

(10.9) **懸垂面**. $U = \{0 < u < 2\pi, -\infty < v < \infty\}$. 図 12(左) は $U = \{0 < u < 2\pi - 0.1, -2 < v < 2\}$ を描画. $n(u,v) = (v^2 + a^2)^{-1/2} \begin{bmatrix} a\cos u \\ a\sin u \\ -v \end{bmatrix}$.

$I(u,v) = \begin{bmatrix} v^2+a^2 & 0 \\ 0 & 1 \end{bmatrix}.\ II(u,v) = a \begin{bmatrix} -1 & 0 \\ 0 & (v^2+a^2)^{-1} \end{bmatrix}.\ A(u,v) = a(v^2+a^2)^{-1} \begin{bmatrix} -1 & 0 \\ 0 & 1 \end{bmatrix}.\ \Gamma_{11}^1(u,v) = \Gamma_{22}^1(u,v) = \Gamma_{12}^2(u,v) = \Gamma_{22}^2(u,v) = 0,\ \Gamma_{12}^1(u,v) = v(v^2+a^2)^{-1},\ \Gamma_{11}^2(u,v) = -v.\ K(u,v) = -a^2(v^2+a^2)^{-2},\ H(u,v) = 0.$

(10.10) **常螺旋面**. $U = \{0 < u < 2\pi, -\infty < v < \infty\}$. 図 12(中) は $U = \{0 < u < 2\pi - 0.1, -2 < v < 2\}$ を描画. $n(u,v) = (v^2+a^2)^{-1/2} \begin{bmatrix} -a\sin u \\ a\cos u \\ -v \end{bmatrix}$, $I(u,v) = \begin{bmatrix} v^2+a^2 & 0 \\ 0 & 1 \end{bmatrix}.\ II(u,v) = a(v^2+a^2)^{-1/2} \begin{bmatrix} 0 & 1 \\ 1 & 0 \end{bmatrix}.\ A(u,v) = a(v^2+a^2)^{-3/2} \begin{bmatrix} 0 & 1 \\ v^2+a^2 & 0 \end{bmatrix}.$

$\Gamma_{11}^1(u,v) = \Gamma_{22}^1(u,v) = \Gamma_{12}^2(u,v) = \Gamma_{22}^2(u,v) = 0,\ \Gamma_{12}^1(u,v) = v(v^2+a^2)^{-1}$,
$\Gamma_{11}^2(u,v) = -v.\ K(u,v) = -a^2(v^2+a^2)^{-2},\ H(u,v) = 0.$

(10.11) **一葉双曲面**. $U = \{0 < u < 2\pi, -\infty < v < \infty\}$. 図 12(右) は $U = \{0 < u < 2\pi - 0.1, -2 < v < 2\}$ を描画. $n(u,v) = ((a^2+1)v^2 +$

$a^2)^{-1/2} \begin{bmatrix} a(\cos u - v \sin u) \\ a(\sin u + v \cos u) \\ -v \end{bmatrix}$, $\mathrm{I}(u,v) = \begin{bmatrix} v^2+1 & 1 \\ 1 & a^2+1 \end{bmatrix}$. $\mathrm{II}(u,v) =$
$-a((a^2+1)v^2+a^2)^{-1/2} \begin{bmatrix} v^2+1 & 1 \\ 1 & 0 \end{bmatrix}$.

$\mathrm{A}(u,v) = -a((a^2+1)v^2+a^2)^{-3/2} \begin{bmatrix} (a^2+1)v^2+a^2 & a^2+1 \\ 0 & -1 \end{bmatrix}$. $\Gamma^1_{22}(u,v) =$
$\Gamma^2_{22}(u,v) = 0$, $\Gamma^1_{11}(u,v) = -\Gamma^2_{12}(u,v) = v((a^2+1)v^2+a^2)^{-1}$, $\Gamma^1_{12}(u,v) = (a^2+1)v((a^2+1)v^2+a^2)^{-1}$, $\Gamma^2_{11}(u,v) = -(v^3+v)((a^2+1)v^2+a^2)^{-1}$.
$K(u,v) = -a^2((a^2+1)v^2+a^2)^{-2}$, $H(u,v) = -1/2a((a^2+1)v^2+a^2)^{-3/2}((a^2+1)v^2+a^2-1)$.

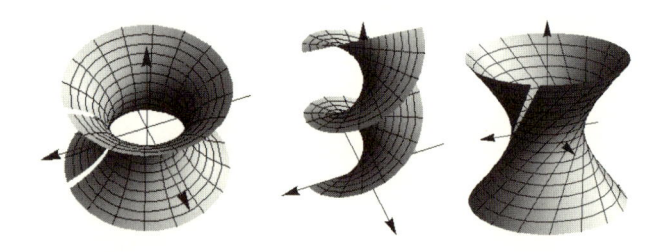

図 12 懸垂面 (10.9), 常螺旋面 (10.10), 一葉双曲面 (10.11)

(10.12) 懸垂面, 常螺旋面を含む極小曲面の随伴族. $U = \{0 < u < 2\pi, -2 < v < 2\}$. 図 13 は $U = \{0 < u < 2\pi - 0.1, -2 < v < 2\}$ を描画. $n(u,v) =$
$(v^2+a^2)^{-1/2} \begin{bmatrix} a\cos u \\ a\sin u \\ -v \end{bmatrix}$, $\mathrm{I}(u,v) = \begin{bmatrix} v^2+a^2 & 0 \\ 0 & 1 \end{bmatrix}$.

$\mathrm{II}(u,v) = a \begin{bmatrix} -\cos t & (v^2+a^2)^{-1/2}\sin t \\ (v^2+a^2)^{-1/2}\sin t & (v^2+a^2)^{-1}\cos t \end{bmatrix}$. $\mathrm{A}(u,v) = a(v^2+$
$a^2)^{-3/2} \begin{bmatrix} -(v^2+a^2)^{1/2}\cos t & \sin t \\ (v^2+a^2)\sin t & (v^2+a^2)^{1/2}\cos t \end{bmatrix}$. $\Gamma^1_{11}(u,v) = \Gamma^1_{22}(u,v) =$

$\Gamma_{12}^2(u,v) = \Gamma_{22}^2(u,v) = 0$, $\Gamma_{12}^1(u,v) = v(v^2+a^2)^{-1}$, $\Gamma_{11}^2(u,v) = -v$.
$K(u,v) = -a^2(v^2+a^2)^{-2}$, $H(u,v) = 0$.

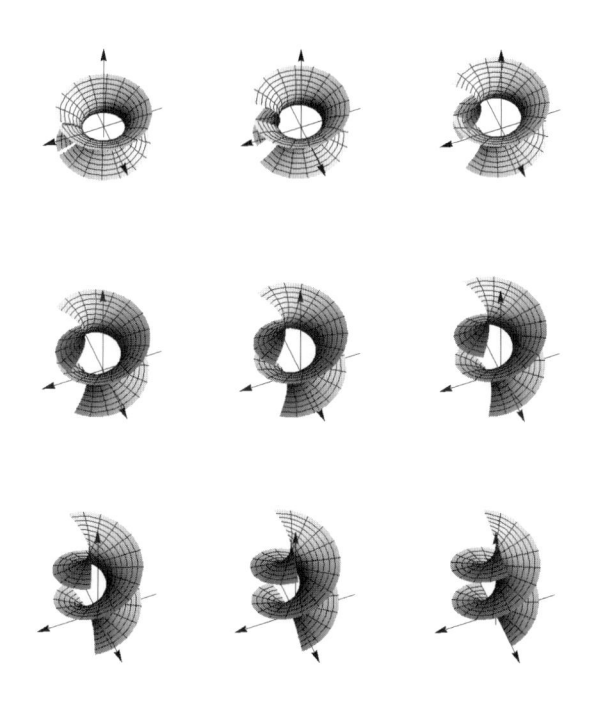

図 13 左上は $t=0$ の図. t を増加させてゆき，右下が $t=\pi/2$ の図.

10.11, 12.7, 14.19

(1) **グラフ型曲面.** $\mathrm{I}(u^1, u^2) = \begin{bmatrix} 1 + \{\partial_1 f(u)\}^2 & \partial_1 f(u)\partial_2 f(u) \\ \partial_1 f(u)\partial_2 f(u) & 1 + \{\partial_2 f(u)\}^2 \end{bmatrix}$.

$\mathrm{I\!I}(u^1, u^2) = \dfrac{1}{\sqrt{\{\partial_1 f(u)\}^2 + \{\partial_2 f(u)\}^2 + 1}} \begin{bmatrix} \partial_1\partial_1 f(u) & \partial_2\partial_1 f(u) \\ \partial_1\partial_2 f(u) & \partial_2\partial_2 f(u) \end{bmatrix}$. $K = \{1 + (\partial_1 f)^2 + (\partial_2 f)^2\}^{-2}\{\partial_1\partial_1 f \partial_2\partial_2 f - (\partial_1\partial_2 f)^2\}$. $H = 1/2\{1 + (\partial_1 f)^2 + (\partial_2 f)^2\}^{-3/2}[\partial_1\partial_1 f\{1 + (\partial_2 f)^2\} - 2\partial_1\partial_2 f \partial_1 f \partial_2 f + \partial_2\partial_2 f\{1 + (\partial_1 f)^2\}]$.

(2) **回転面.** 例 14.9 参照. $H = 1/2\{(f'^2 + g'^2)^{-1/2} f^{-1} g' + (f'^2 + g'^2)^{-3/2}(f'g'' - f''g')\}$.

(3) 線織面. $\mathrm{I}(u^1, u^2) = \begin{bmatrix} |\gamma'(u^1) + u^2 e'(u^1)|^2 & 0 \\ 0 & 1 \end{bmatrix}$.

$\mathrm{I\!I}(u^1, u^2) = \dfrac{1}{|\gamma'(u^1) + u^2 e'(u^1)|}$
$\begin{bmatrix} \det(\gamma''(u^1) + u^2 e''(u^1)\ \gamma'(u^1) + u^2 e'(u^1)\ e(u^1)) & \det(e'(u^1)\ \gamma'(u^1)\ e(u^1)) \\ \det(e'(u^1)\ \gamma'(u^1)\ e(u^1)) & 0 \end{bmatrix}$.
$K(u,v) = -|\gamma'(u) + ve'(v)|^{-4} \det(e'(u)\ \gamma'(u)\ e(u))^2$. $H(u,v) = 1/2|\gamma'(u) + ve'(v)|^{-3} \det(\gamma''(u) + e''(u)\ \gamma'(u) + ve'(u)\ e(u))$. **10.12** [3, p.200].

11.10 $g(v, \mathrm{A}w) = \langle v, \mathrm{I}\mathrm{A}w \rangle = \langle v, \mathrm{I}(\mathrm{I}^{-1}\mathrm{I\!I})w \rangle = \langle v, \mathrm{I\!I}w \rangle = \langle {}^t\mathrm{I\!I}v, w \rangle = \langle \mathrm{I\!I}v, w \rangle$
$= \langle \mathrm{I}\,\mathrm{I}^{-1}\,\mathrm{I\!I}v, w \rangle = \langle \mathrm{I}^{-1}\mathrm{I\!I}v, {}^t\mathrm{I}w \rangle = \langle \mathrm{A}v, \mathrm{I}w \rangle = g(\mathrm{A}v, w)$. **11.11** [3, p.152].

12.6 F, Ω_j に対して，$X, A_j : I_1 \times I_2 \to M_n(\mathbb{R})$，$y, z, b_j : I_1 \times I_2 \to \mathbb{R}^n$，$w : I_1 \times I_2 \to \mathbb{R}$ を $F = \begin{bmatrix} X & y \\ {}^t z & w \end{bmatrix}$, $\Omega_j = \begin{bmatrix} A_j & b_j \\ 0 & 0 \end{bmatrix}$ とおくと，(1) $\partial_j X = X A_j$ かつ $X(0) = 1_n$, (2) $\partial_j y = X b_j$ かつ $y(0) = 0$, (3) $\partial_j z = {}^t A_j z$ かつ $z(0) = 0$, (4) $\partial_j w = {}^t z b_j$ かつ $w(0) = 1$ を得る．(3) から $z = 0$ を得て，さらに (4) から $w = 1$ がわかる．(1) と練習 1.12 から $X(u) \in GL(n; \mathbb{R})$ を得て，$F(u) \in G$ がわかる．

13.4 練習 1.10 と補題 10.8(2) を用いて，$a^i_{j,k} = \sum_l g^{il} h_{lj,k}$ を導く．[10, p.111] 参照．**13.7** 窪田忠彦・佐々木重夫，微分幾何学，岩波書店，p.85 参照．**13.8** [1, p.540]. **13.9** 砂田利一，曲面の幾何，岩波書店，p.163 参照．

14.8 [1, p.533]. **14.10** [1, p.534]. **14.12** [1, p.687]. **14.13** P. Stäckel と A. Wangerin の例とよばれている．$K_1(u) = K_2(u) = -(1 + (u^1)^2)^{-2}$. 図 14 は，ともに $U = \{0.1 < u^1 < 3,\ 0 < u^2 < 2\pi - 0.1\}$ を描画している．**14.15** [1, p.400]. **14.16** φ の主曲率を λ_j とすると，$2H = \lambda_1 + \lambda_2$, $K = \lambda_1 \lambda_2$ であることに注意すればよい．**14.20** [9, p.80]. **14.21** [9, p.77]. **14.22** L. Eisenhart, A treatise on the differential geometry of curves and surfaces, Dover Publications, p.193 参照．**14.23** [1, p.736]. **14.24** [8, p.107].

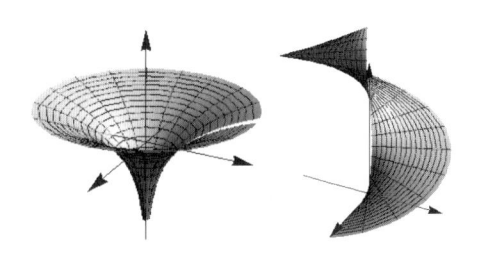

図 14　左：$\varphi_1(U)$. 右：$\varphi_2(U)$ 常螺旋面

15.9 [1, p.570]. **15.10** [9, p.97]. **15.11** [1, p.882]. **15.13** [9, p.83]. **15.15** [7, III, p.276]. **15.16** [9, p.86]. **15.17** [1, p.397]. **15.18** [1, p.558]. **15.19** [1, p.561]. **15.21** [1, p.468]. **15.22** 金谷健一，形状 CAD と図形の数学，共立出版，p.58 参照.

16.8 荻上紘一，多様体，共立出版，p.127 参照. **16.9** 図 16.2(右) を参照. **16.10** $\int_{\varphi(D)} 1 d\mu = 4\sqrt{2}\pi$, $\int_{\varphi(D)} f d\mu = 8\sqrt{2}\pi$. **16.11** $\int_{\varphi_j(D)} d\mu = 2\pi(b-a)$ がわかる．練習 10.9 も参照．図 15 は Archimedes の墓に描かれたといわれている. **16.12** [9, p.109].

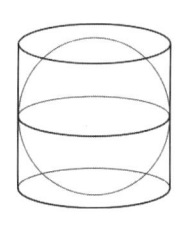

図 15

17.9 図 16 の太線部分が境界. **17.11** 定義を確認するだけで容易にできる. **17.12** [2, p.55]. **17.14** [2, p.110]. 志賀浩二，多様体論，岩波書店，p.56 参照. **17.15** (1)(2)(3) が一致することを示せ. **17.16** [2, p.128].

18.4 [2, p.101]. **18.7**, **18.8** [2, p.170]. **18.9** C. コスニオフスキ，トポロ

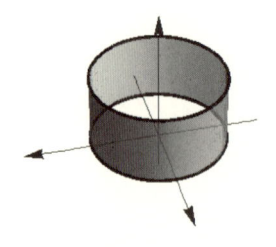

図 16

ジー入門，東京大学出版会，p.36 参照．**18.10** 同 p.75 参照．**18.11** [1, p.343].
18.12 $r = 1/\sqrt{3}$.

19.10 $S^2 \sharp (2p+q) \mathbb{R}P^2$. **19.11** (1) S^2, (2) $S^2 \sharp 3 \mathbb{R}P^2$. **19.12** [2, p.171].

20.7 P. アレクサンドロフ，位相幾何学 I，共立出版，p.112 参照．**20.10** [2, p.152]. **20.11** [16, p.63]. **20.12** [16, p.73].

21.10 (1) 例 8.4(1) 参照．(2) 練習 8.5 参照．(3) U を練習 10.9 の解答と同じ範囲にするとき，たとえば $\varphi_2(u,v) := r(\cosh u)^{-1} \begin{bmatrix} -\cos v \\ \sinh u \\ \sin v \end{bmatrix}$ ととればよい．(4) 例 8.4(2) 参照．**21.11** [3, p.120, p.158]. **21.12** [10, p.73]. **21.13**. [1, p.374].

22.8, **22.9** [9, p.199], [7, III, p.320]. **22.10** 練習 16.12 と M. do Carmo, Differential geometry of curves and surfaces, Prentice Hall, p.286 参照．
22.11 $g = (\cosh(2u^1) + \cosh(2u^2))\{\cosh(2u^1)(du^1)^2 + \cosh(2u^2)(du^2)^2\} = \{2 + 4(v^2)^2\}(dv^1)^2 + 8v^1v^2 dv^1 dv^2 + \{2 + 4(v^1)^2\}(dv^2)^2$, $h = \{\cosh(2u^1) + \cosh(2u^2)\}\{\cosh(2u^1)\cosh(2u^2)\}^{-1/2}\{(du^1)^2 - (du^2)^2\} = -4\{1 + 2(v^1)^2 + 2(v^2)^2\}^{-1/2} dv^1 dv^2$. φ_1 は双曲放物面の曲率線座標系，φ_2 は漸近座標系になっている．図 17 参照．

23.9 T はトーラスで $\phi(T)$ は $\mathbb{R}^3$ 内の回転面である．$\int_T K_g d\mu_g = 0$. **23.10**

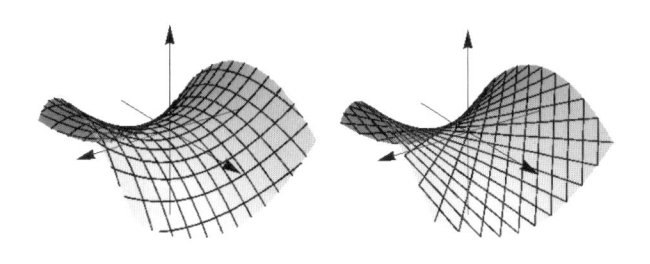

図 17 左：$\varphi_1(u)$. 右：$\varphi_2(v)$

中内伸光，幾何学は微分しないと，現代数学社，p.138 参照.

24.9 大槻富之助，微分幾何学，朝倉書店，p.187 参照.

A.9 符号が ε，中心アファイン曲率が定数 κ の中心アファイン曲線は，つぎで与えられる曲線 (と中心アファイン合同) である．図 A.1 も参照せよ．

(i) $\varepsilon = -1$ の場合．$\varphi(s) = \dfrac{1}{\lambda + \lambda^{-1}} \left[\begin{array}{c} \lambda \exp(-\lambda^{-1}s) + \lambda^{-1} \exp(\lambda s) \\ -\exp(-\lambda^{-1}s) + \exp(\lambda s) \end{array} \right]$,

$\lambda := \frac{1}{2}(\kappa + \sqrt{\kappa^2 + 4})$.

(ii) $\varepsilon = 1$ の場合．

(ii-1) $|\kappa| > 2$ のとき，$\varphi(s) = \dfrac{1}{\lambda - \lambda^{-1}} \left[\begin{array}{c} \lambda \exp(\lambda^{-1}s) - \lambda^{-1} \exp(\lambda s) \\ -\exp(\lambda^{-1}s) + \exp(\lambda s) \end{array} \right]$,

$\lambda := \frac{1}{2}(\kappa + \sqrt{\kappa^2 - 4})$.

(ii-2) $\kappa = +2$ のとき，$\varphi(s) = \left[\begin{array}{c} \exp(s) - s\exp(s) \\ s\exp(s) \end{array} \right]$.

(ii-3) $\kappa = -2$ のとき，$\varphi(s) = \left[\begin{array}{c} \exp(-s) + s\exp(-s) \\ s\exp(-s) \end{array} \right]$.

(ii-4) $|\kappa| < 2$ のとき，$\varphi(s) = \left[\begin{array}{c} \exp(\alpha s)\cos(\beta s) - \alpha\beta^{-1}\exp(\alpha s)\sin(\beta s) \\ \beta^{-1}\exp(\alpha s)\sin(\beta s) \end{array} \right]$,

$\alpha := \frac{1}{2}\kappa$, $\beta := \frac{1}{2}\sqrt{4 - \kappa^2}$.

さらに，$\kappa(s) = s$ となる曲線は，つぎで与えられる．

$\varepsilon = -1$ の場合, $\varphi(s) = \begin{bmatrix} \exp(\dfrac{s^2}{2}) \\ \sqrt{\dfrac{\pi}{2}} \exp(\dfrac{s^2}{2}) \mathrm{erf}(\dfrac{s}{\sqrt{2}}) \end{bmatrix}.$

$\varepsilon = +1$ の場合, $\varphi(s) = \begin{bmatrix} \exp(\dfrac{s^2}{2}) - \sqrt{\dfrac{\pi}{2}} s \, \mathrm{erfi}(\dfrac{s}{\sqrt{2}}) \\ s \end{bmatrix}$, ここで, erf, erfi はつぎで定義される (誤差関数).

$$\mathrm{erf}(z) := \frac{2}{\sqrt{\pi}} \int_0^z \exp(-t^2) dt, \quad \mathrm{erfi}(z) := \frac{1}{\sqrt{-1}} \mathrm{erf}(\sqrt{-1} z).$$

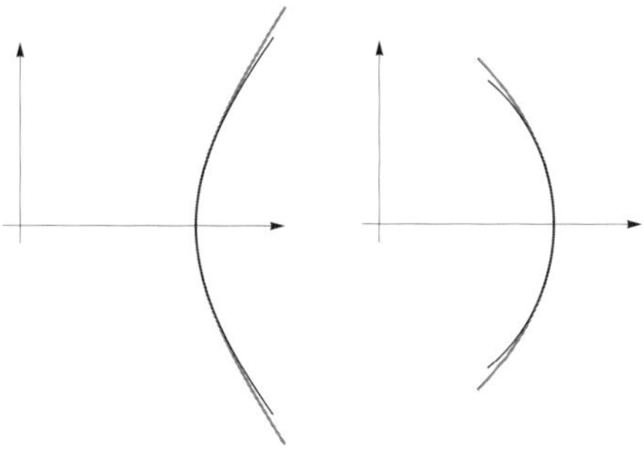

図 18 左 $\varepsilon = -1, \kappa(s) = 0, s$, 右 $\varepsilon = +1, \kappa(s) = 0, s$

A.29 補題 A.25 と同様に計算する.

$$\begin{aligned}
R^1{}_{112} - (-\alpha_{12}\delta^1_1 + \alpha_{11}\delta^1_2) &= -\partial_2\partial_1 \log \lambda - ab\lambda^{-2} + \lambda + \mu\nu + \partial_1\mu - \partial_2\nu, \\
R^1{}_{212} - (-\alpha_{22}\delta^1_1 + \alpha_{21}\delta^1_2) &= \lambda^{-1}\partial_1 b - \partial_2\mu + \mu\lambda^{-1}\partial_2\lambda, \\
R^2{}_{112} - (-\alpha_{12}\delta^2_1 + \alpha_{11}\delta^2_2) &= -\lambda^{-1}\partial_2 a + \partial_1\nu - \nu\lambda^{-1}\partial_1\lambda, \\
R^2{}_{212} - (-\alpha_{22}\delta^2_1 + \alpha_{21}\delta^2_2) &= \partial_1\partial_2 \log \lambda + ab\lambda^{-2} - \lambda - \mu\nu + \partial_1\mu - \partial_2\nu
\end{aligned}$$

を整理すればよい.

B.5 [7, I, p.162]. **B.9** [10, p.71] [7, II, p.241]. **B.11, B.12** [10, p.79]. **B.22** [7, II, p.246, 258] と S. Kobayashi and K. Nomizu, Foundations of differential geometry, vol.I, Interscience, p.144 参照. **B.23, B.24** [10, p.116].

索　引

記　号

$\mathbb{R}^n$　1
| (写像の定義域の制限)　28
det (行列式)　8
$M_n(\mathbb{R})$ (n 次実行列全体)　3
$GL(n;\mathbb{R})$ (n 次実正則行列全体)　8
$O(n)$ (n 次直交行列全体)　20
$SO(n)$ (n 次回転行列全体)　13
$\mathrm{Sym}_n(\mathbb{R})$ (n 次実対称行列全体)　91
$\mathrm{Sym}_n^+(\mathbb{R})$ (n 次実正定値対称行列全体)　91
1_n (n 次単位行列)　13
δ_{ij} (Kronecker のデルタ)　13
$B^n(r)$ (n 次元 Euclid 空間の原点中心半径 r の開球体 (開円板))　134
$\overline{B^n(r)}$ (n 次元 Euclid 空間の原点中心半径 r の閉球体 (閉円板))　138
$S^n(r)$ ($n+1$ 次元 Euclid 空間の原点中心半径 r の球面)　2
S^2 (球面)　137
T (トーラス)　141
$\mathbb{R}P^2$ (射影平面)　139
$\partial_i \varphi$　69
$d\varphi$　62
κ (曲率)　10, 34, 41
τ (捩率)　15, 41
n (単位法ベクトル場)　70, 171
$\mathcal{T}_{x_0}\varphi(U)$ (接平面)　69
$\mathcal{T}_p S$ (接平面)　170

$\varphi_* T_{u_0} U$ (接ベクトル空間)　69
$\phi_* T_p M$ (接ベクトル空間)　170
$T_p M$　170, 209
$\mathrm{I} = (g_{ij})$ (第 1 基本量)　74
g (第 1 基本形式)　176, 221
$\mathrm{II} = (h_{ij})$ (第 2 基本量)　74
h (第 2 基本形式)　178, 220
$\mathrm{A} = (a_j^i)$ (形作用素)　86
A (型作用素)　178, 220
Γ_{ij}^k (Christoffel 記号)　74
K (Gauss 曲率)　103, 170
$R^i{}_{jkl}$　96
R_{ijkl}　98
$h_{ij,k}$　96
κ_g (測地的曲率)　117
κ_n (法曲率)　120
$\int_{\varphi(D)} d\mu$　125
$\int_M d\mu_g$　181
∇ (接続)　213
$\chi(M)$ (Euler 標数)　157

あ　行

Hadamard の定理　184
アトラス　165
アファイン球面　200
位相　132
位相空間　132
位相多様体　134

1-形式　211
一葉双曲面　233
陰関数定理　50
Viviani の曲線　229
埋め込み　180
Euler の公式　162
Euler の定理　121
Euler 標数　157

か　行

開集合　132
回転数　54
回転面　82
外部　133
Gauss 曲率　103, 170
Gauss 写像　70
Gauss の公式　86
Gauss の方程式　96, 202
Gauss-Bonnet の定理　124, 181
可積分条件　93
型作用素　178, 220
形作用素　86, 220
可微分多様体　186
逆関数定理　51
境界　133, 135
共変微分　213
局所座標系　165
局所パラメータ表示　41, 164
曲線　46
曲線のパラメータ表示　4
曲線論の基本定理　28
曲面　134, 164
曲面のパラメータ表示　62
曲面論の基本定理　91, 188
曲率　10, 34, 41

曲率線　122
曲率線座標系　179
曲率テンソル場　215
曲率ベクトル　10
Kuen 曲面　110
Klein の壺　152
グラフ　82
Green の定理　127
Christoffel 記号　74
懸垂面　233
Koenderink の公式　123
剱持の公式　113
勾配ベクトル場　71
Cohn-Vossen の定理　188
Codazzi の方程式　96, 202
弧長　6
弧長パラメータ表示　6
コンパクト　136

さ　行

サイクロイド　228
細分　158
sine-Gordon 方程式　111
座標曲面　63
三角形分割　156
C^∞ 写像　3
C^∞ 同相写像　4
ジーナス　152
自然標構　87
実現　164
射影平面　139
写像に沿ったベクトル場　216
十字帽　145
主曲率　88
縮閉線　38

種数	151, 152	第 1 基本形式	176, 221
商位相	139	第 1 基本量	74
常螺旋	8	対称双線型形式	83
常螺旋面	233	第 2 可算公理	134
伸開線	18	第 2 基本形式	178, 220
随伴族	234	第 2 基本量	74
Stokes の定理	127	楕円面	201
正規曲面	180	多面体	156
正則ホモトープ	55	Darboux 標構	116
正則ホモトピー	55	単位従法線ベクトル	11
正多面体	161	単位主法線ベクトル	11
臍点	88	単位接ベクトル	11
積位相	137	単位法ベクトル	70
接触円	37	単位法ベクトル場	70, 218
接続	213	単純閉曲線	40
絶対全曲率	58	単体	155
接平面	69, 170	単体分割	156
接ベクトル空間	69, 170	単連結	99
全曲率	54	チャート	165
漸近線	120	中心アファイン曲線	191
漸近線座標系	179	中心アファイン曲面	197
漸近方向	120	中心アファイン曲率	193
線織面	65, 82	中心アファイン Christoffel 記号	197
全臍的	88	中心アファイン形式	198
双曲平面	190	中心アファイン基本量	197
双曲放物面	179	中心アファイン弧長パラメータ表示	192
相対位相	133	中心アファイン標構	192
測地線	115	中心アファイン変換	191
測地的極座標系	179	超曲面	216
測地的曲率	117	Tzitzeica 曲面	200
測地的捩率	117	Tzitzeica 方程式	207
速度ベクトル	3	定傾曲線	17
		Dini 曲面	110
た　行		展開図	140
大域的なパラメータ表示	41		

テンソル場　211
等位集合　72
等温座標系　177
同相　133
同相写像　132
等長的　187
トーラス　141, 185
凸　138

な 行

内積　83
内部　133
長さ　6, 53

は 行

Hausdorff 空間　133
はめ込み　40, 45, 164
非退化　11, 41, 197
標準曲面　151
標準接続　215, 219
標準展開 $2n$ 角形　152
標準展開 $4m$ 角形　152
Hilbert の定理　189
Bouquet の公式　19
Fenchel の定理　59
複体　155
符号　192
Frenet-Serret の公式　15
Frenet 標構　13
閉曲線　40
閉曲面　136, 164
平均曲率　111
平行曲面　185
閉包　133
平面曲線のパラメータ表示　32

ベクトル場　210
Beltrami の擬球面　232
辺単体　155
Poincaré 計量　190
法曲率　117, 120
包絡線　49
Boy 曲面　145
ホモトピー　55, 99

ま 行

Meusnier の定理　121
向き　40
向き付け可能　160
向き付け可能な曲面　171
向きを与える C^∞ アトラス　171
向きを保つ　22
Möbius の帯　140
Mercator 地図　177

や 行

Euclid 運動　20
Euclid 距離　21
Euclid 支持関数　196
Euclid 内積　2
Euclid ノルム　2
Euclid 変換　20
有向 n 単体　160
有向曲面　171
誘導計量　221
誘導接続　220
弱い位相　134
4 頂点定理　60

ら 行

卵形線　58

卵形面　184
Liebmann の定理　187
Riemann 計量　186
Riemann 多様体　186
輪郭線　122
Lelieuvre の公式　112
捩率　15, 41
捩率テンソル場　215
連結　136

連結和　148
連続　132
ローマ曲面　145

わ　行

Weyl の定理　185
Weingarten 写像　178
Weingarten の公式　86

古畑 仁
ふるはた・ひとし

略 歴
1967年　松本市生まれ
1990年　東北大学理学部数学科卒業
　　　　同大学院，日本学術振興会特別研究員を経て，
1996年　東北大学大学院情報科学研究科助手
1999年　北海道大学大学院理学研究科講師
現　在　北海道大学大学院理学研究院准教授
　　　　博士(理学)，専門は微分幾何学

テキスト理系の数学 8
きょくめん
曲 面 ── 幾何学基礎講義

2013年 9月 15日　第1版第1刷発行
2022年 1月 30日　第1版第2刷発行

著者　　古畑 仁
発行者　横山 伸
発行　　有限会社　数学書房
　　　　〒101-0051　東京都千代田区神田神保町1-32-2
　　　　TEL　03-5281-1777
　　　　FAX　03-5281-1778
　　　　mathmath@sugakushobo.co.jp
　　　　http://www.sugakushobo.co.jp
　　　　振替口座　00100-0-372475

印刷
製本　　モリモト印刷
組版　　アベリー
装幀　　岩崎寿文

©Hitoshi Furuhata 2013 Printed in Japan
ISBN 978-4-903342-38-2